药物制剂生产设备及车间工艺设计

第二版

唐燕辉　主编

化学工业出版社

·北京·

图书在版编目（CIP）数据

药物制剂生产设备及车间工艺设计/唐燕辉主编．—2版．
北京：化学工业出版社，2005.10（2022.11重印）
ISBN 978-7-5025-7770-4

Ⅰ．药…　Ⅱ．唐…　Ⅲ．①化工制药机械：制剂机械-基本知识②制剂-生产工艺-设计-基本知识　Ⅳ．TQ460

中国版本图书馆CIP数据核字（2005）第125166号

责任编辑：傅聪智　路金辉　　　　装帧设计：潘　虹
责任校对：陶燕华

出版发行：化学工业出版社（北京市东城区青年湖南街13号　邮政编码100011）
印　　装：北京七彩京通数码快印有限公司
720mm×1000mm　1/16　印张16　字数306千字　2022年11月北京第2版第20次印刷

购书咨询：010-64518888　　　　售后服务：010-64518899
网　　址：http://www.cip.com.cn
凡购买本书，如有缺损质量问题，本社销售中心负责调换。

定　　价：48.00元

第二版前言

中国工程院院士、药物制剂国家工程研究中心主任侯惠民研究员指出：“我国的医药落后在药物制剂，而制约我国药物制剂发展的是新颖制剂的工程化，即通过工程化研究制造新的设备、新的流水线来生产新剂型”。1993年教育部在全国高校招生目录中设置了“药物制剂”专业（工科），华东理工大学是首批被批准设置和招生该专业的学校之一。针对我国制剂工业现状和工科高等院校药物制剂专业“制剂工程”课程理论教学没有相对统一的体系，也缺乏合适教学用书的现状，华东理工大学作为教育部“制药工程”专业教学指导分委员会主任单位、全国“制药工程领域”工程硕士培养协作组牵头单位，在教材建设方面做出努力义不容辞。作者结合多年“制剂工程”课程教学一线的探索和工程实践经验的积累，2001年编写了《药物制剂生产专用设备及车间工艺设计》一书。书中结合药物制剂生产工艺流程，论述制剂生产设备及制剂车间工艺设计要求，共两大篇九章。第一篇阐述生产过程中涉及设备的基本构造和生产原理，及生产中常见质量问题的解决方法等；第二篇从“药品生产质量管理规范”和洁净车间要求出发，阐述制剂车间工艺设计的原则、程序和方法，并介绍辅助专业的设计要求。全书由唐燕辉统稿。

该书自2002年1月由化学工业出版社出版以来，受到高校及制药企业的普遍欢迎，在短短两年多的时间里，三次印刷，合计9000册。许多读者来信、来电要求了解更详细的内容，为了感谢广大读者对此书的厚爱，我们在第一版的基础上，对压片设备、制药用水生产系统、多效蒸馏水机等部分内容进行了修订，并补充了湿法制粒、干法制粒、中药浸膏喷雾干燥、高效包衣、水浴灭菌等新设备。与此同时，以该书为主干内容的华东理工大学《制剂工程》课程2005年被评为国家级精品课程，该书的修订对《制剂工程》精品课程的建设亦具有重大意义。在本书的修订过程中得到了中国石化集团上海工程有限公司（原上海医药工业设计院）杨军高级工程师的大力支持，并提出了十分宝贵的意见，同时得到了华东理工大学田禾教授、沈永嘉教授、陈国荣教授等的大力支持，上海中医药大学郑秀棉老师也参与了资料的整理工作，作者在此一并表示感谢。书中不当之处恳请读者批评指正。

编　者

于华东理工大学

2006年1月

第一版前言

药物制剂的生产，系通过一种或若干种药物原料（主药和辅药），按设计目标配以一些辅料或助剂，组成一定的处方，再按一定的工艺流程生产出具有式样美观，分剂量准确，性能稳定，在临床上有显著的医疗或保健效果，使用方便和安全可靠的药物剂型，亦将药物原料加工成药品。

依据药品生产的品种，制药厂机械设备可分为：原料药机械设备，如合成药物、抗生素等的反应器、发酵罐等；制剂机械设备，如粉碎机、压片机、灌装机、制丸机等。而制剂生产所用的机械设备依其在生产流水线中的工序大体上又可以分为：工艺设备、包装设备和辅助设备。

制剂装备是随着制剂工艺的发展与剂型品种的日益增长而发展的；新型的、先进的制剂设备又能促进制剂工业的发展。长期以来，我国制剂品种难以打入国际市场，这与制剂技术落后、制剂机械技术水平低有关。国外几十年来研制药品生产的装备和取得的发展都是围绕装备符合GMP要求为前提的，并不断利用发展的先进技术来改革工艺，改造设备，开发新型的设备。国外新一代制剂设备发展有以下一些特点：结合制剂工艺、新品种的研究，开发新设备；结合制剂工程设计开发新装备；向密闭生产、高效、多功能、连续化、自动化发展；应用新材料、新技术，提高设计水平与制造水平，开发新设备；发展新型先进的质量检测仪器。

制剂车间是由各种制剂设备以系统的、合理的方式组合起来的整体，它根据一定的工艺流程和现场建设条件，通过最经济和安全的途径，由药物原料生产一定数量和符合一定质量要求的药物制剂。

本书主要结合药物制剂生产的工艺流程，论述制剂生产专用设备及制剂车间工艺设计要求。第一篇介绍口服固体制剂和液体灭菌制剂生产过程中一些专用设备的工作原理及基本构造。第二篇从洁净车间“GMP”的要求出发，阐述制剂车间工艺设计的原则、程序和方法，并介绍了辅助专业的设计要求。

本书第一篇由唐燕辉编写，第二篇由华东理工大学工程设计研究院梁伟编写，全书由唐燕辉统稿，缪志康审核。在本书编写过程中得到缪志康、卓超同志的大力支持，他们提出了十分宝贵的意见，作者在此谨表谢意。由于编写时间仓促和作者水平有限，书中不当之处恳请读者指正。

编　者

于华东理工大学

2001年10月

第一版前言

目　　录

第一篇　药物制剂生产设备

第二篇　制剂车间工艺设计

第一篇　药物制剂生产设备

药物都以一定的剂型形式应用于治疗、预防或诊断疾病。随着临床用药的需要、给药途径的扩大和工业生产的机械化与自动化，我国药物剂型的发展经历了以下几个时代：第一代为经简单加工制成的膏丹丸散；第二代为片剂、注射剂、胶囊剂与气雾剂等剂型；第三代缓释、控释给药系统；第四代靶向给药系统；第五代自动释药系统。目前，第二代剂型仍是工业生产中的主要剂型，但它不断与第三、第四、第五代等新剂型和新技术相结合，形成具有新内容的给药系统。随着制剂工艺和剂型的发展，制剂装备也日趋发展。本篇结合药物制剂生产的工艺流程阐述生产设备的基本构造和生产原理。

第一章　口服固体制剂生产设备

目前大多数药物是制成以口服形式给药的固体制剂。由于片剂和胶囊剂在使用过程中具有剂量准确、质量稳定、服用方便等优点，并适于以低成本、高效率的工业化大生产，因此在所有使用的口服固体制剂形式中占了绝大部分。

本章将着重介绍常用的口服固体制剂生产设备，同时还将简要介绍一些生产过程中由设备故障引起的常见质量问题，相应的解决方法和简单的设备维修、保养知识。其中第一节到第五节介绍片剂生产设备，第六节介绍微丸剂生产设备，第七节介绍胶囊剂生产设备，第八节介绍口服固体制剂的包装设备。

第一节　粉碎和筛分设备

一、概述

固体制剂生产前，常常需要对原、辅料进行预处理，其目的如下。

（1）降低固体药物的粒径，增大表面积。增大与液体分散媒体的接触面，可以加快药物的溶出速度，提高药物利用率。

（2）原料、辅料经粉碎后，单位重量微粒数增多，便于混合均匀，并能够提高主药在颗粒中的分散均匀性，提高着色剂或其他辅料成分的分散性。

物料预处理常用的方法为粉碎，因而粉碎技术直接关系到产品的质量和应用性能。

所谓粉碎就是用机械方法克服固体物料内部的凝聚力，并将其破碎的操作。固体物料的粉碎效果常以粉碎细度来表示。粉碎细度定义为：粉碎前后固体药物的平均直径之比值。

$$n=\frac{d}{d_1}$$

式中　d——粉碎前固体药物的平均直径，m；

　　d_1——粉碎后固体药物的平均直径，m。

由于物料颗粒的形状不可能全为球形，因此每一颗粒的尺寸大小常用平均粒径代表。粒径常用的表示方法有以下两种。

(1) 质量平均粒径 d_{cp}

$$d_{cp}=\frac{1}{\sum_{i=1}^{m}\frac{x_i}{d_i}}$$

式中　x_i——i 粒级颗粒的质量百分数，%；

　　d_i——i 粒级颗粒的平均粒径，m。

(2) 算术平均粒径 $\bar{d}$

$$\bar{d}=\sum_{i=1}^{m}x_i d_i$$

式中　x_i，d_i 意义同上。

粉碎过程大多采用机械方式，对一些药物也可能产生不良影响，例如一些多晶型药物经粉碎后，晶型受到破坏，引起药效下降或出现不稳定晶型；粉碎过程产生的热效应可使热不稳定药物发生降解；因表面积增大而使表面吸附空气增加，易氧化药物发生降解，这些现象都将影响制剂质量及稳定性。此外制剂中难溶性药物的释放-吸收与药物的分散状态关系极为密切，粒径大小，对其释放-吸收影响很大。以一般的粉碎方法制得的粗分散状态的粉末，往往生物利用度较低。因此实际生产中应根据药物的性质，采用合适的粉碎机，以达到一定的粉碎程度。

二、粉碎设备

(一) 球磨机

球磨机是较古老的研磨设备。目前在制药工业和精细化工行业中仍被广泛使用。球磨机外形如图 1-1-1 所示。

图 1-1-1　球磨机外形

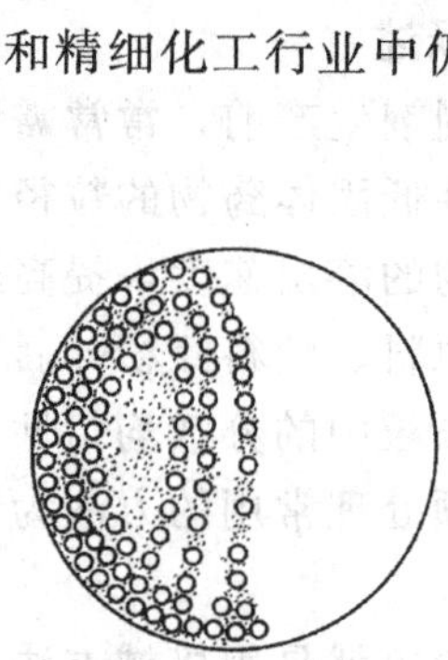

图 1-1-2　球磨机研磨原理

球磨机具有一个回转的筒体，筒体内装有研磨介质。球磨机的研磨原理如图

1-1-2 所示。

当球磨机旋转时，研磨介质由于受离心力的作用贴在筒体内壁上与筒体一起旋转，随之上升到一定高度时，因重力作用自由落下。此外，在球磨机筒体旋转过程中，研磨介质还有滑动和滚动作用，使研磨介质相互产生摩擦、剪切和碰撞等力。物料在上述诸力的作用下研磨成细粉。

球磨机筒体的转速对成品粒径的影响很大，研磨介质在不同转速下，它的运动轨迹有三种，如图 1-1-3 所示。转速过低，研磨介质提升高度不够，冲击力小，研磨效果差；转速适当，如图 1-1-3（a）所示，研磨介质连续不断地被提升，上升一定高度时向下滑动和滚落，两者均发生在物料内，此时研磨效率最高，物料被研磨成细粒子；增加转速，研磨介质被进一步提高后抛落，如图 1-1-3（b）所示，此时研磨效率很差，且容易造成研磨介质的破碎和筒壁的磨损。当转速再进一步提高，离心力起主导作用，物料与研磨介质贴附于筒壁，与筒壁同步旋转，此时完全没有研磨作用，如图 1-1-3（c）所示。

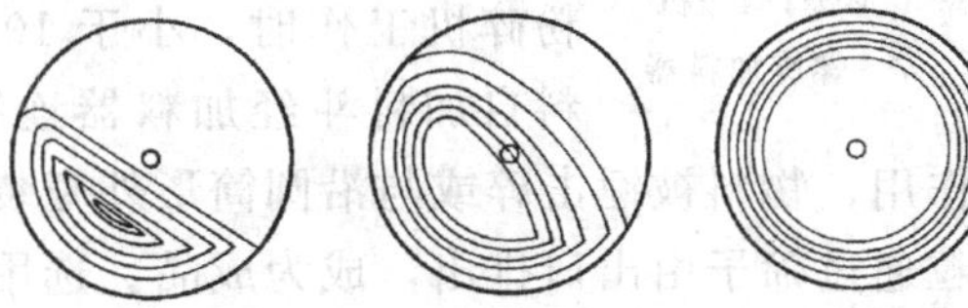

图 1-1-3　研磨介质运动轨迹

假设球磨机筒体的转速达到某一数值，使研磨介质升至最高点（顶点）时而落下，这个转速称为临界转速。临界转速与球磨机直径的关系，可用下式表示。

$$N=\frac{42.2}{\sqrt{D}}$$

式中　N——球磨机临界转速，r/min；

D——球磨机筒体直径，m。

球磨机粉碎效率最高时的转速称为最佳转速。最佳转速一般为临界转速的 60%～85%。

研磨介质的材料有钢球、瓷球，还有无规则形状的鹅卵石等。研磨介质的密度和大小对研磨效率有影响。材料密度越大，研磨效率越高。研磨介质的粒径越大，研磨成品粒径也越大，产量越高；反之研磨介质的粒径越小，研磨成品粒径也越小，产量越低；适宜的研磨介质粒径要视物料的性质以及对成品粒径大小的要求来决定。

球磨机按筒体的形状可以分为以下三种。

（1）短筒球磨机（简称球磨机）。筒体长度与直径比为 1～1.5。

（2）管磨机。筒体长度与直径比为 2～7。

（3）圆锥式球磨机。

球磨机应用范围广，能处理多种物料，特别适合于粉碎结晶性或脆性药物。由于筒体常为封闭系统，能达到无菌无尘要求。但球磨机也存在粉碎时间长，单位产量能耗大，球磨筒在使用之后清洗较为麻烦的缺点。

（二）锤式粉碎机

锤式粉碎机是一种撞击为主的粉碎设备，几乎可用于任何类型的粉碎操作。锤式粉碎机外形结构如图 1-1-4 所示。它是由设置在高速旋转主轴上的 T 形锤、带有衬板的机壳、筛网、加料斗、螺旋加料器等组成。锤式粉碎机主要部件为高速转子，转子上固定着多个 T 形锤。由于锤子是锤式粉碎机的主要磨损件，通常采用优质钢、高锰钢或其他合金钢制作，并要求锤头的形状、大小尺寸和重量能有效地破碎物料。粉碎机工作时，小于 10mm 粒径的固体物料自加料斗经加料器连续定量加入粉碎室粉碎。由于离心力的作用，物料被锤击碎或与沿圆筒形外壳装置的衬板撞击而破碎。粉碎成的微细颗粒通过筛子由出口排出，成为成品。选用不同孔径大小的筛网，从锤式粉碎机中能得到粒径为 4～325 目细度的粉碎物料。

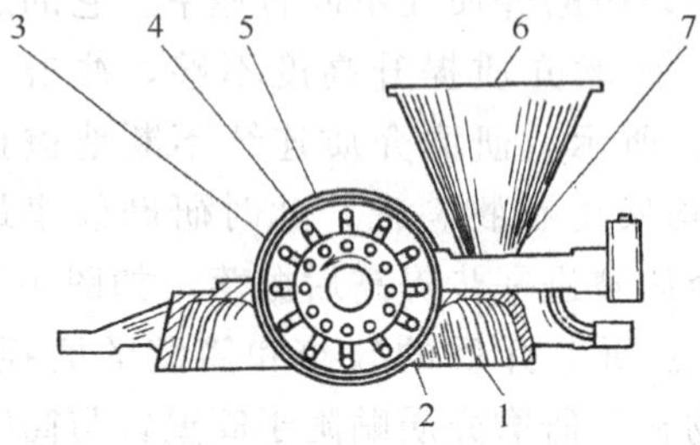

图 1-1-4　锤式粉碎机外形结构

1—成品出口；2—筛；3—T 形锤；4—机壳；5—衬板；6—加料斗；7—螺旋加料器

锤式粉碎机结构简单，操作方便，维修和更换易损件容易。粉碎成品粒度比较均匀，且对原料要求不高。适合实验室和工厂生产不同规格的原料。这类粉碎机主要缺点是机器部件易磨损，产热量大。

（三）振动磨

振动磨是一种超细粉碎设备，它与一般常规球磨机粉碎原理的区别在于前者利用机械使振动磨机筒体产生强烈转动和振动，从而将物料粉碎、磨细，同时将物料均匀混合、分散。

振动磨工作时，筒体内研磨介质的运动方向和主轴旋转方向相反。除了有公转外还有自转。这种运动使研磨介质之间以及研磨介质与筒体之间产生强烈的冲击、摩擦和剪切作用，在短时间内将物料研磨成细小粒子。振动磨按照振动机构的特点可分为惯性式和回转式两大类。惯性振动磨的筒体支撑在弹簧上，当筒体由电机带动旋转时，筒体本身振动，如图 1-1-5 所示。回转式振动磨的筒体支撑

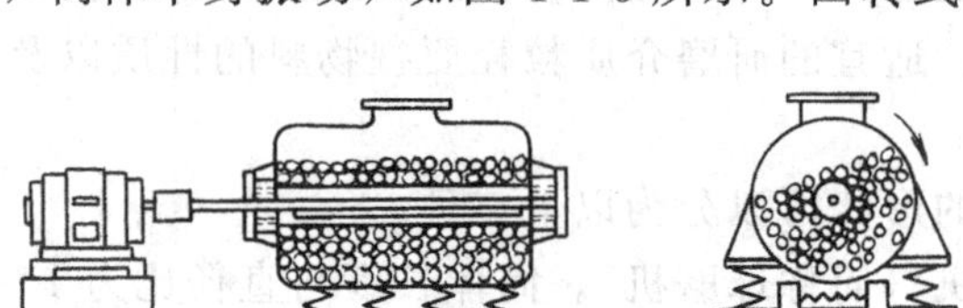

图 1-1-5　惯性振动磨

在弹簧上，主轴的两端有偏心配重，主轴的轴承装在筒体并通过挠性联轴器与电动机相连，如图1-1-6所示。当电动机带动主轴快速旋转时，偏心配重产生的离心力使筒体产生近似椭圆轨迹的运动。这种高速回转的运动使筒体中的研磨介质及物料呈悬浮状态，介质的抛射冲击研磨作用可有效地粉碎物料。

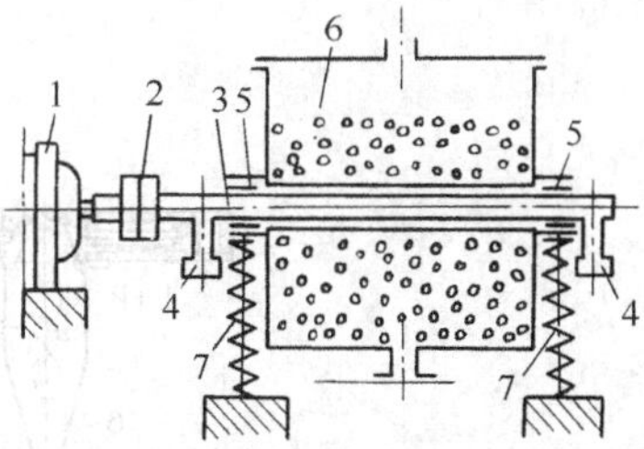

图 1-1-6　回转式振动磨

1—电动机；2—挠性轴套；3—主轴；4—偏心重；5—轴承；6—筒体；7—弹簧

振动磨的研磨介质直径较小，其表面积增大，研磨机会比旋转式球磨机增大许多倍，而且介质充填率较一般球磨机高，约为60%～70%，所以研磨介质冲击次数比球磨机多几万倍。

振动磨具有单位磨机容积产量大，磨碎效率高，占地面积小，流程简单等优点，而且改进磨机筒体使之密封，或充以惰性气体可以用以易燃、易爆、易于氧化的固体物料的粉碎。缺点是机械部件强度及加工要求高，振动噪声大。

（四）气流粉碎机

气流粉碎机又称为流能磨，它与其他超细粉碎设备不同，它的基本粉碎原理是利用高速弹性气流（压缩空气或惰性气体）使物料颗粒之间相互碰撞而达到粉碎目的。由于粉碎由气体完成，整个机器无活动部件，粉碎效率高，可以完成粒径在5μm以下的粉碎，且粉碎粒径分布均匀。

气流粉碎机根据其粉碎方式的特点可分为三类，如图1-1-7所示。

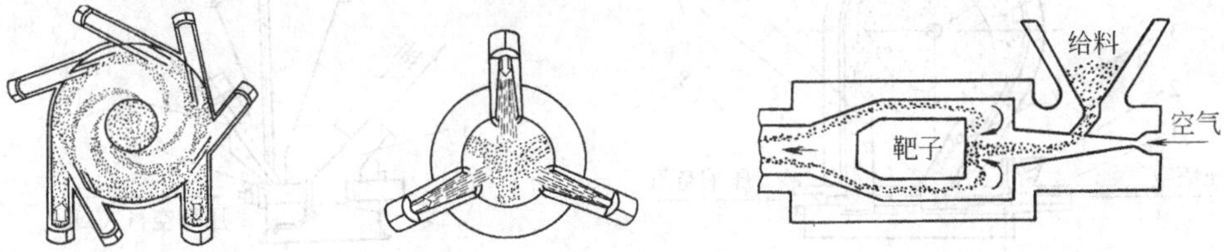

(a) 旋喷式　(b) 对喷式　(c) 靶式

图 1-1-7　气流粉碎机的类型

（1）旋流喷嘴式［图1-1-7（a）］气流粉碎机　沿粉磨室的圆周安装多个（6～12个）喷嘴，各喷嘴都倾斜成一定角度，气流携带物料以较高的压力（0.2～0.9MPa）喷入磨机，在磨机内形成高速旋流，使颗粒彼此之间产生冲击、剪切作用而粉碎。被粉碎颗粒随气流从圆盘中部排出进入空气分级器分出。这类气流粉碎机的粉磨室为扁平圆盘，故又称扁平圆盘气流磨。其结构如图1-1-8所示。扁平圆盘气流粉碎机粉碎能力较低，物料与气流在同一喷嘴给入，气流在粉磨室中高速旋转，故喷嘴与衬里磨损较快，不适于处理较硬物料。

（2）对喷式［图1-1-7（b）］气流粉碎机　基本特点是气流喷嘴相对安装，

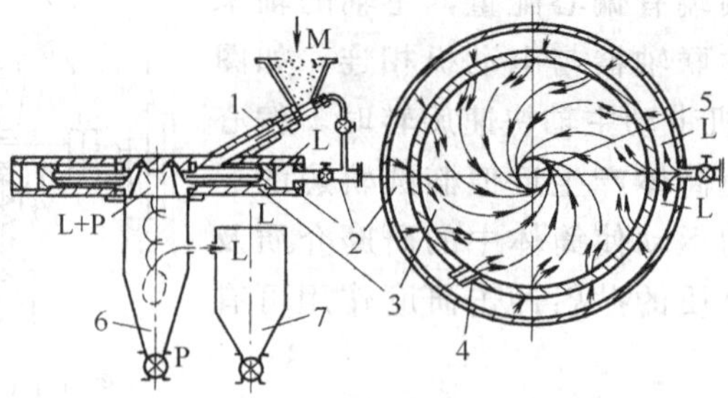

图 1-1-8　扁平圆盘气流磨

1—给料喷嘴；2—压缩空气；3—粉磨室；4—喷嘴；5—旋流区；6—气力旋流器；7—滤尘器；L—气流；M—原料；P—最终产品

这样携带物料的气流进入磨机后直接相对碰撞，加强了粉碎效果。其结构如图1-1-9所示。对喷式气流粉碎机主要有冲击室、分级室、加料斗、两套喷嘴及喷管组成。物料经加料斗送入，从喷嘴喷入的气流将料粒吹入喷管，与对面喷嘴喷射出的气流相互冲击、碰撞、摩擦和剪切达到粉碎。粉碎的颗粒随气流经上导管进入分级室，达到要求的细颗粒经分级后由分级室中心出口管排出；而粗颗粒在旋转气流的离心力作用下，沿分级室周壁经下导管降落到喷嘴前，被喷嘴中喷出的气流加速重新进入冲击室，与对面加入的新物料一起进行再粉碎。

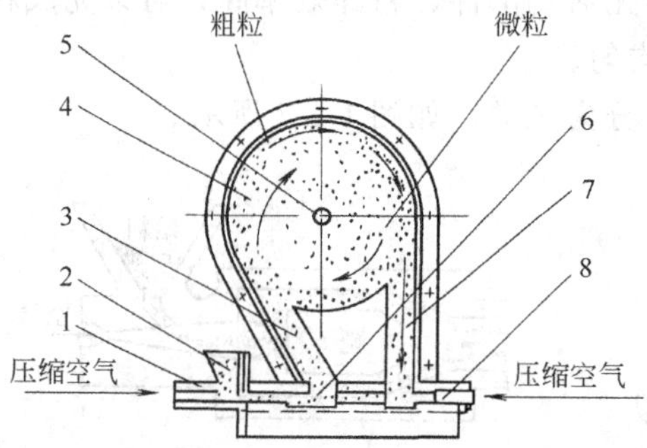

图 1-1-9　对喷式气流粉碎机

1，8—喷嘴；2—加料斗；3—上导管；4—分级室；5—出料口；6—冲击室；7—下导管

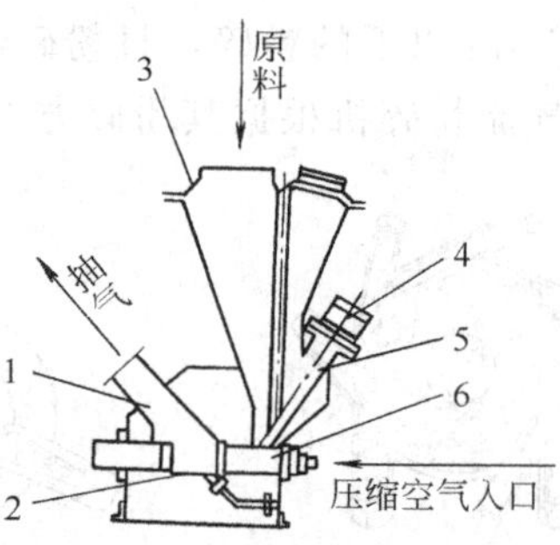

图 1-1-10　靶式超音速Ⅰ型气流粉碎机

1—冲击靶；2—粉碎室；3—加料斗；4—电动机；5—搅拌器；6—喷嘴

(3) 靶式［图 1-1-7 (c)］超音速Ⅰ型气流粉碎机　结构及工作原理如图 1-1-10 所示。它由粉碎室、超音速喷嘴、冲击靶、加料斗及电动机带动的搅拌器构成。物料由加料斗加入，经搅拌器搅拌，均匀地加入到喷嘴管中，物料在喷管中与喷入的超音速气流（2.5 倍音速以上）相混，并得到加速，成为超音速气固混合流。由于料粒在湍流作用下相互冲击、摩擦和剪切后部分粉碎，然后混合流经喷嘴强制射向冲击靶，颗粒进一步受冲击、碰撞、摩擦和剪切作用粉碎成细小颗粒。粉碎的细小颗粒经出口管去分级器分级，分出细颗粒成为成品，粗颗粒回

喷管中与新加入的物料重新再粉碎。

气流粉碎机为目前超细粉碎常用的设备。与一般粉碎机不同的是，由于压缩气体膨胀时的冷却作用，以及粒子与气体间快速的热交换，气流粉碎机在运转时宏观上不产生热量。尤其适用于热敏物质，如抗生素、酶以及低熔点物质的粉碎处理。对于易氧化药物，改用惰性气体进行粉碎，能避免其失效。同时，由于气流粉碎机设备简单，易于对机器和气体进行无菌处理，常用于粉碎无菌粉末。气流粉碎机的进料粒度不能太大，一般控制在 20～100 目，且进料速度应控制均匀，以免堵塞喷嘴。缺点是气流粉碎操作噪声大，产量低。因此仅适用于精细粉碎。

（五）粉碎机的选择

制药工业所需粉碎的物料种类很多，物性各异，粒径要求也各不相同，故应根据具体情况选择适宜的粉碎机。选择粉碎机时，必须考虑以下几个条件。

(1) 生产所需要的粉碎能力。

(2) 被粉碎物料的性质（如密度、硬度、含水量等）和物料颗粒的大小。

(3) 成品所要求的粒径大小、粒度分布、形状。

(4) 供料方式、设备安装操作场所的情况等。

三、筛分设备

筛分是将松散的混合物料通过单层或多层筛面的筛孔，按照粒度分成两种或若干个不同粒级的过程。制药工业所用的原料和辅料以及各工序的中间产品很多，需通过筛选进行分级以获得粒径较均匀的物料。物料的分级对药物制造及提高药品质量是一个重要的操作。工业上使用的筛分机种类很多，可以大致分为物料运动方向与筛面垂直的振动筛和进行旋回运动的旋转筛两大类。

（一）振动筛

振动筛是在激振装置的作用下使筛箱带动箱面产生振动。根据筛箱的运动轨迹不同，振动筛可以分为圆运动振动筛（单轴惯性振动筛）和直线运动振动筛（双轴惯性振动筛）。

1. 圆运动振动筛

这种振动筛是由单轴激振器回转时产生的惯性力迫使筛箱振动。筛箱的运动轨迹为圆形或椭圆形。图 1-1-11 为圆运动振动筛结构示意图。

纯振动筛［图 1-1-11（a）］的轴承中心与皮带轮中心位于同一中心线上，筛子工作时，皮带轮就随筛箱一起振动；自定中心振动筛［图 1-1-11（b）］的皮带轮中心不是位于轴承中心的同一中心线上，而是位于轴承中心和偏心块之间，并保持下述的平衡关系：

$$MA=mr$$

式中 M——筛箱和负荷的总质量，kg；

A——筛箱的振幅，m；

m——偏心块的质量，kg；

r——偏心块的重心至回转中心的距离，m。

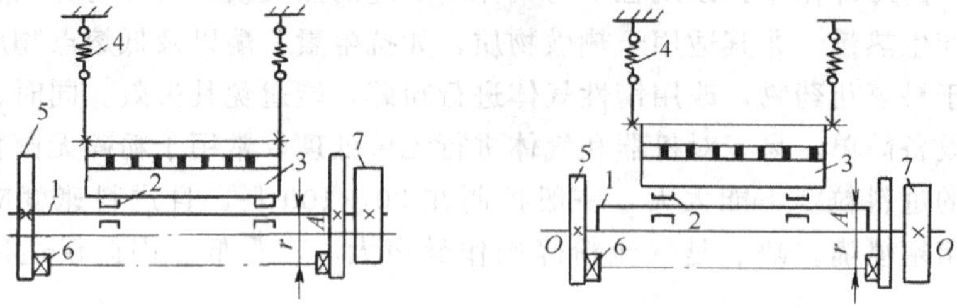

图 1-1-11　圆运动振动筛结构

1—主轴；2—轴承；3—筛箱；4—吊杆弹簧；5—圆盘；6—偏心块；7—皮带轮

当筛子工作时，筛框绕轴线 O-O 做振幅为 A 的圆运动，而皮带轮的轴线只做回转运动，并维持在空间位置不变。这种筛分机克服了皮带轮随筛箱一起振动的缺点。

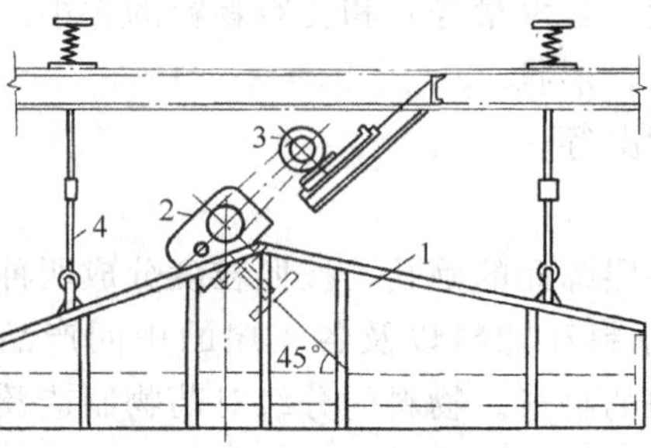

图 1-1-12　悬挂式双轴振动筛

1—筛箱；2—箱式激振器；3—电动机；4—悬挂装置

2. 直线运动振动筛

直线运动振动筛筛箱的振动由激振器产生，激振器有两个装有重量相等的偏心块的主轴，以相同速度作相反方向的旋转。直线运动振动筛有悬挂式和座式两种。图 1-1-12 为悬挂式直线运动振动筛，这种筛分机采用箱式激振器，该激振器结构紧凑，四个偏心块成对地布置在箱体之外，箱体内装有两个齿轮，其作用除传递外并保证两对偏心块的旋转速度相等而转向相反，使筛做直线振动。

（二）筛分机的选择

筛分操作的目的主要为筛出粗粒、筛出细粒和整粒。选择筛分机时应考虑以下几方面因素。

（1）筛选设备所用的筛网规格应按物料粒径选取。

（2）筛面要耐磨损、抗腐蚀，可靠性要好。要求筛分机能够长时间安全可靠运行，筛面的耐磨损性是设备运行可靠的重要保证。采用耐磨橡胶、聚氨酯等高强度、高弹性的材料来制作筛分机的筛面能耐磨损、抗腐蚀，使用寿命比钢筛面（网）长，机器重量减轻，噪声降低。

（3）单位处理能力要高，维修时间短，噪声低。这样既可减小筛子的规格尺寸和占地面积，又可节省能耗。此外要求筛面更换时间短，一般维修时间不超过 1h。

第二节　混合与制粒设备

制粒是片剂生产中主要工艺流程之一，分为湿法制粒和干法制粒。湿法制粒为常用且有效的制粒法，由混合、制湿粒及颗粒干燥三部分组成，其中混合和制湿粒有时在一台机器上完成。干法制粒采用大片法和滚压法，主要通过机械压力使均匀混合的片剂处方压制成片剂或薄片，通过制粒机整粒得到较为均匀的颗粒。该法主要用于对湿、热敏感药物的处理，目前国内较少使用。本节主要介绍制粒中常用的设备。

一、混合设备

混合是一个减少组分非均匀性的过程。混合过程结束，得到混合物。所谓混合物是指由两个或两个以上组分结合形成的状态。这些组分相互间并无固定的比例，混杂在一起的组分是以分离的形式存在。

混合涉及到对流混合、扩散混合和紊流扩散混合三种基本运动形式，在固体和固体的混合过程中，对流混合是惟一的混合机理。所谓对流混合，是指粒子由一个空间位置向另一个空间位置的运动，两种或两种以上组分在相互占有的空间内发生运动，以期达到各组分的均布。混合设备就是利用各种混合装置的不同结构，使粉体物料之间不断产生相对运动，不断改变其相对位置，并且不断克服由于物性差异导致物料分层的趋势。要保证各种粉体的均匀混合，经过工业生产实践，出现了许多类型和形式的混合装置。其中间歇式混合机易控制混合质量，对固体物料配比经常改变的情况比较适应，故制剂行业中用得最多。混合装置按构造分类有容器旋转型和容器固定型。

（一）容器旋转型混合机

1. 混合桶

混合桶是最简单的混合工具，也是典型的容器旋转型混合装置。它由安装在水平轴上不同形状的桶体组成，见图 1-1-13 所示。混合筒能沿轴做不同角度的圆周运动，桶体运动所产生的转力对混合物料施加剪切力，达到混合的目的。目前国内工厂主要使用 V 形或双锥形混合筒混合固体药物。混合筒一般装药量为总容积的 30%～60%。当投料量增大时，所需混合时间将延长。混合筒的混合效果还与转速有关。当转速低时，由于筒体对物料剪切力的下降，所需混合时间也应延长。但若转速过大，则不同药物的细粉易发生分离，也影响混合效果。因此混合筒的动力部分一般均装有调速器，能够根据物料粒度和密度等性质，选择最适宜的旋转速度，在此转速下，粒子在混合筒内的混合状态良好。均一粒径的最适宜转速可由下式计算。

$$N_{\text{opt}}=\frac{C}{D^{0.47}X^{0.14}}$$

式中 N_{opt}——最适宜转速，r/min；

D——混合筒直径，m；

X——混合筒内物料装填率，%（体积分数）；

C——常数，约 54～70，根据物性而定。

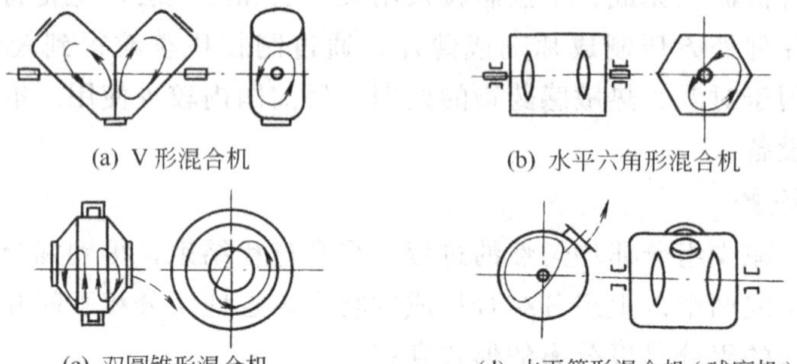

(a) V 形混合机　(b) 水平六角形混合机

(c) 双圆锥形混合机　(d) 水平筒形混合机（球磨机）

图 1-1-13　容器旋转型混合机及物料在其内部运动情况

混合筒结构简单，进料和出料方便，容易清洗，几乎无需特殊的保养和维修。容积也可根据实际生产规模进行设计，是一种较为经济的混合机械。由于混合筒仅依靠筒体运动达到混合目的，故主要适用于密度接近、粒径分布较窄固体间的混合。若对混合筒进行改造，在其水平轴上安装一组高速旋转的桨叶（转速 1200～3000r/min），在筒体自身转动的同时，桨叶对混合料施加搅拌力，改造后的混合筒能用于不同密度和不同粒径物料间的均匀混合。

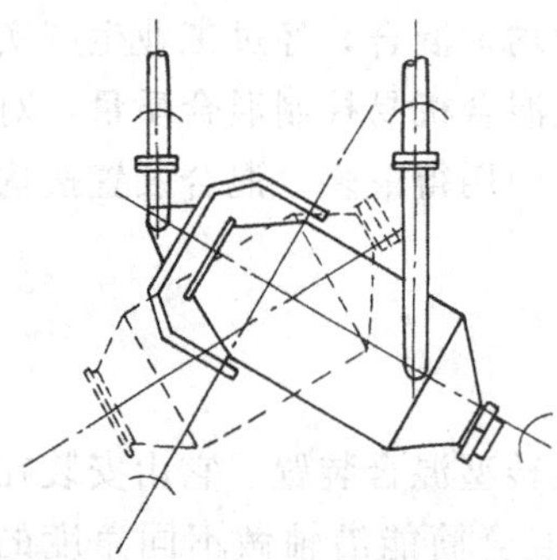

图 1-1-14　HDJ 系列多向运动混合机

2. 三维运动混合机

国内某制药设备厂生产的 HDJ 系列多向运动混合机即为此类混合机，其结构如图 1-1-14 所示。

该混合机由机座、传动系统、电气控制系统、多向运动系统和混合筒等部件组成。由于混合筒具有多方向的运动，筒内的物料在进行自转的同时进行公转，混合点多，混合效果好，避免了一般混合筒因离心力作用所产生的物料偏析和积聚现象，混合均匀度要高于一般混合机，而药物含量的均匀度误差要低于一般混合机。同时 HDJ 系列多向运动混合机的最大装料容积比一般混合筒最大装料容积为筒体全容积的 40%～60%要高得多，可达到筒体全容积的 80%。此外，物料在全密封状态下进行混合，出料时物料在自重作用下顺利出料，不留剩余料，具有不污染、易出料、不积料、易清洗等优点。

HDJ 系列多向运动混合机的主要技术参数如表 1-1-1 所示。

表 1-1-1　HDJ 系列多向运动混合机的主要技术参数

参数＼型号	HDJ-5	HDJ-100	HDJ-200	HDJ-400	HDJ-600
混合桶容积/L	5	100	200	400	600
最大装料容积/L	4	80	150	300	450
最大装料重量/kg	5	80	100	200	300
主轴转速/(r/min)	30	25	25	20	20
电机功率/kW	0.37	1.5	2.2	4	5.5
外形尺寸(长×宽×高)/cm	60×100×100	120×180×150	130×200×150	150×220×150	185×250×165
质量/kg	150	500	800	1200	1500

3. 双臂快夹容器式混合机

SKRH 双臂快夹容器式混合机适用于多品种、产量大的生产场合，比如大产量的片剂、胶囊剂、冲剂等固体原料的混合，是一种符合 GMP 要求的混合设备。一台混合机可以依次夹持多个容器的料斗，只需配置一台混合机及多个料斗，就能满足大批量多品种的混合要求。不必配置许多台固定料斗式混合机，节约投资、节省占地面积，同时省去了转料工序。

SKRH 双臂快夹容器式混合机在混料操作时，先将料斗推入方形回转臂内，臂内压力传感器感知有料斗进入，夹紧装置动作，并将料斗夹紧。气缸驱动锁紧装置。随后，方形回转臂开始提升，使料斗离开地面一定距离以便回转。混合机回转按工艺参数进行混合作业。机器外形见图 1-1-15。

图 1-1-15　SKRH 双臂快夹容器式混合机外形

混合机采用工业微机控制，机、电、液、气一体化，实现了完全自动操作。结构合理、工作平稳、操作简便、工艺参数调整方便；单机可配多种规格和数量的料斗，混合后的物料不出料斗从回转臂上随斗卸下，可直接转入下道工序。这样不但大大提高了混合机的使用效率，同时也可避免因转料造成物料污染。机器料斗“斜夹”的独特设计，能使物料在混合过程中产生多维运动，从而大大提高了混合的均匀度，提高了料斗的转料系数。机上设有多重安全互锁机构，能保证在工作及维护时的安全，并且维修、清洗方便。

（二）容器固定型混合机

1. 槽形混合机

槽形混合机是一种以机械方法对混合物料产生剪切力而达到混合目的的设备。槽形混合机由搅拌轴、混合室、驱动装置和机架组成，其结构如图 1-1-16 所示，搅拌轴为螺带状。根据螺带的个数和旋转方向可将槽形混合机分为单螺带混合机和多螺带混合机。单螺带混合机螺带的旋转方向只有一个，双螺带混合机两根螺带的旋转方向是相反的。

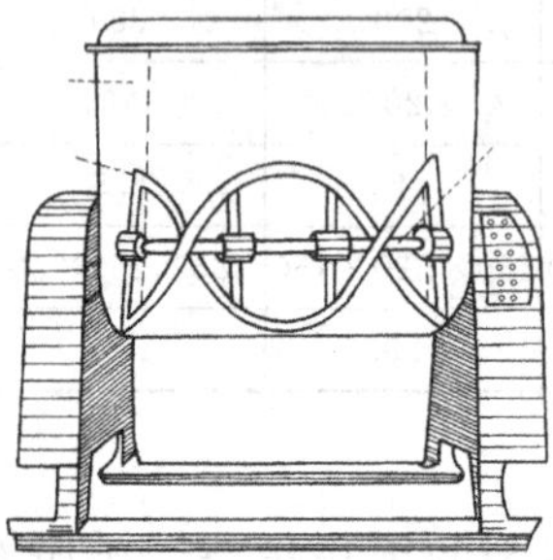

图 1-1-16　槽形混合机

槽形混合机工作时，螺带表面推力带动与其接触的物料沿螺旋方向移动。由于物料之间的相互摩擦作用，使得物料上下翻动，同时一部分物料也沿螺旋方向滑动，形成了螺带推力面一侧部分物料发生螺旋状的轴向移动，而螺带上部与四周的物料又补充到拖曳面，于是发生了螺带中心处物料与四周物料的位置更换，从而达到混合目的。

槽形混合机结构简单，操作维修方便，因而得到广泛应用。但这类混合机的混合强度较小，所需混合时间较长。此外，当两种密度相差较大的物料相混时，密度大的物料易沉积于底部。因此这类混合机比较适合于密度相近物料的混合。

2. 锥形混合机

对于大多数粉粒状物料，锥形混合机都能满足其混合要求。

锥形混合机由锥体部分和传动部分组成。锥体内部装有一个或两个与锥体壁平行的提升螺旋。混合过程主要由螺旋的自转和公转以不断改变物料的空间位置来完成。锥形混合机外形如图 1-1-17 所示。传动部分由电动机、变速装置、横臂传动件组成，使提升螺旋能平稳地调节自转和公转的转速。双螺旋锥形混合机内部结构简图如图 1-1-18 所示。双螺旋锥形混合机工作时，由于螺旋快速自转带动物料自下而上提升，形成两股对称的沿筒体壁上升的螺旋柱物料流，同时横臂带动螺旋公转，使螺柱体外的物料混入螺柱体物料内。整个锥体内的物料不断混掺错位，由锥体中心汇合向下流动，在短时间内达到均匀混合。与单螺旋锥形混合机相比，双螺旋锥形混合机由于有两根螺旋，进一步提高了混合效率。

螺旋锥形混合机搅拌作用力中等，可用于对固体间或固体与液体间的混合。由于物料自上向下在锥体内不断翻滚，不同进料容积能够得到基本一致的混合效果。这类混合机进出料口一般分别固定在锥体的上方和底部。操作时锥体密闭，有利于生产流程安排和改善劳动环境。

在混合装料过程中，靠人工装料，工人劳动强度大，粉尘容易外溢。FH 型混合机自动上料机可以解决这个问题。该机由吸料嘴、布袋过滤器、振打清理器

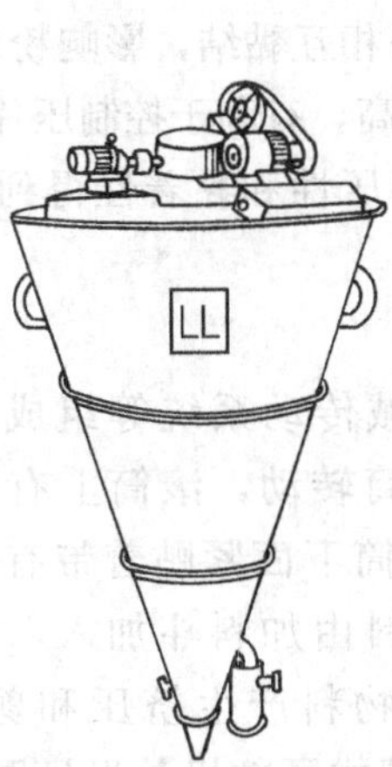

图 1-1-17　锥形混合机外形

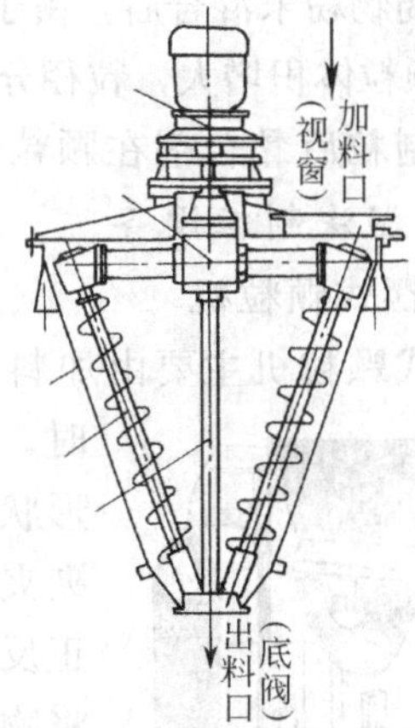

图 1-1-18　双螺旋锥形混合机结构

和真空泵组成，整套系统设计合理，系统拆装方便，操作时不需外接真空或压缩空气，粉料、颗粒料能自动进入各种混合机。设备外形见图 1-1-19。

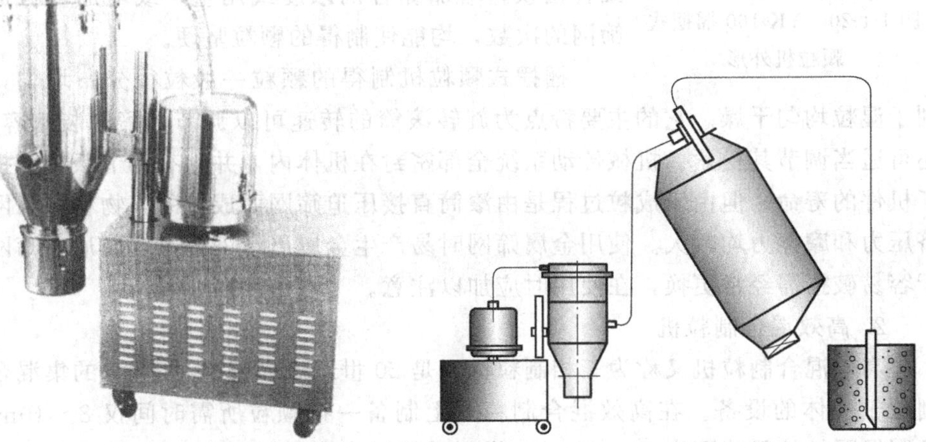

(a) 外形图　　　　(b) 应用实例

图 1-1-19　混合机自动上料机外形

二、制粒设备

原料药物及辅料通过粉碎、混合并制成软材后，一般尚需制成一定粒度的可供压片机填充的颗粒，这一过程可由制粒机完成。通过制粒能够达到以下目的。

(1) 药物和辅料混合时，由于粒径和密度的差异，常易发生组分间的分离，降低药物在混合物中的分散均匀度。制粒过程通过机械方法的均匀混合并添加各种黏合剂，能够阻止颗粒中药物的分离，提高主药含量的均匀度。

(2) 药物粉末混合后，由于粒径小，表面积大，易相互黏结，影响粉末流动性，而制粒后颗粒体积增大，粒径分布均匀，流动性明显提高，有利于控制压片操作。

(3) 制粒后黏合剂在颗粒中分散均匀，粉末的可压性和黏着性得到改善。

(一) 湿法制粒设备

1. 摇摆式颗粒机

摇摆式颗粒机主要由加料斗、滚轴、筛网和机械传动系统等组成。它工作时，机械传动系统带动滚筒转动，滚筒上有七根截面形状为梯形的“刮刀”，滚筒下面紧贴着带有手轮的管夹夹紧的筛网。成团的物料由加料斗加入，由于滚筒正反方向旋转而刮刀对湿物料产生挤压和剪切作用，将物料挤过筛网成粒。摇摆式颗粒机外形见图 1-1-20。

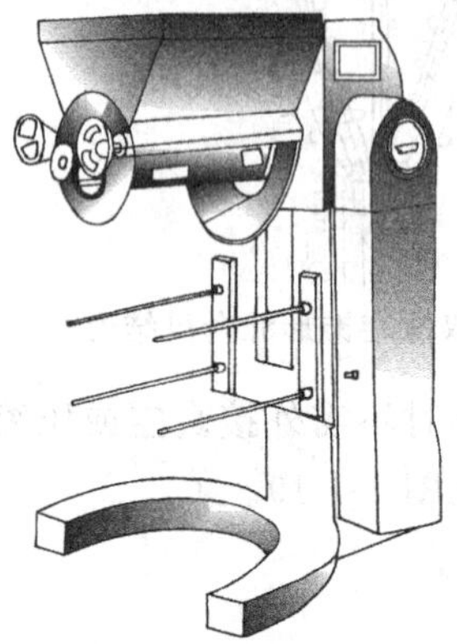

图 1-1-20 YK-160 摇摆式颗粒机外形

摇摆式颗粒机运行时，加料量和筛网位置的松紧直接影响制得颗粒的质量。加料斗中加料量多而筛网夹得比较松时，由于滚筒旋转时能增加软材的黏性，制得的颗粒粒子粗且紧密；反之，则制得的颗粒粒子细且松软。增加黏合剂浓度或用量，或增加软材通过筛网的次数，均能使制得的颗粒坚硬。

摇摆式颗粒机制得的颗粒一般粒径分布均匀，有利于湿粒均匀干燥。它的主要特点为旋转滚筒的转速可以调节，筛网装卸容易，还可适当调节其松紧。机械传动系统全部密封在机体内，并附有调节系统，提高了机件的寿命。但由于成粒过程是由滚筒直接压迫筛网而成粒的，物料对筛网的挤压力和摩擦力均较大。使用金属筛网时易产生金属屑污染处方，而尼龙筛网由于容易破损需经常更换，在使用时应加以注意。

2. 高效混合制粒机

高效混合制粒机又称为三相制粒机，是 20 世纪 80 年代发展起来的集混合与制粒于一体的设备。在高效混合制粒机上制备一批颗粒所需时间仅 8～10min，且制得颗粒粒径范围为 20～80 目，烘干后可以直接用于压片。

高效混合制粒机外形如图 1-1-21 所示。其内部结构见图 1-1-22。

该机设备主要由制粒筒、搅拌桨、切割刀和动力系统组成。当原料、辅料和黏合剂进入制粒筒并盖封后，启动电源，大搅拌桨和小切割刀就按各自的轴进行旋转运动。大搅拌桨主要使物料上下左右翻动并进行均匀混合。小切割刀则将物料切割成粒径均匀的颗粒。由于高效混合制粒机制粒速度迅速且准确，只需将电流表或电压表与小切割刀连接，根据电流或电压读数即能精确控制制粒终点。它与传统的制粒工艺相比黏合剂用量可节约 15%～25%。高效混合制粒机采用全封闭操作，在同一容器内混合制粒，工艺缩减，无粉尘飞扬，符合 GMP 要求。

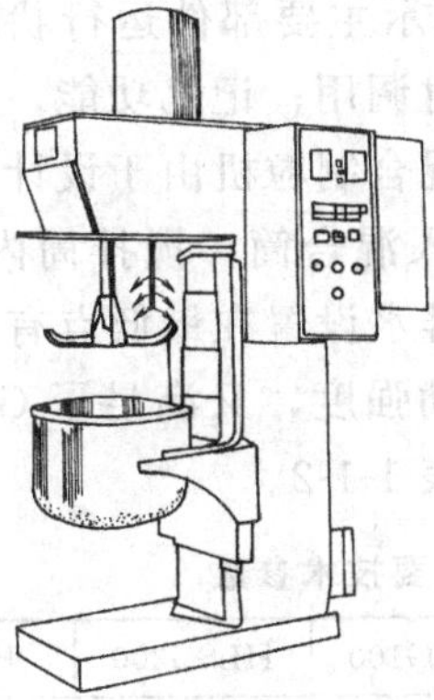

图 1-1-21　高效混合制粒机外形

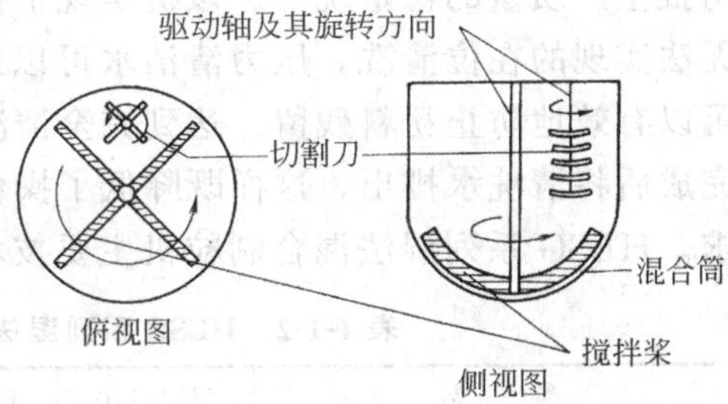

图 1-1-22　高效混合制粒机内部结构

3. HLSG 系列湿法混合制粒机

在传统的湿法混合制粒机基础上，新推出的 HLSG 系列湿法混合制粒机具有如下特点：制粒机筒体采用锥形，物料从锥形筒上方投入，待料斗关闭后由于混合桨的搅拌作用，使物料在容器内做旋转运动，同时物料沿着锥形壁方向由外向中心翻转，形成流动的高效混合状态。锥筒体内壁做镜面抛光，保证了物料不会粘于壁上。严格控制搅拌桨的平直度和筒底的平面度，从而使锅底不会积料。该机的驱动轴与筒体密封采用气密封，防止粉尘进入，避免交叉污染。与药粉接触的部分采用优质不锈钢制成。该系列机离地的高度控制在 0.9m，能直接与沸腾干燥机连接，保证物料的合理周转。图 1-1-23 为 HLSG 系列湿法混合制粒机的工作原理图。

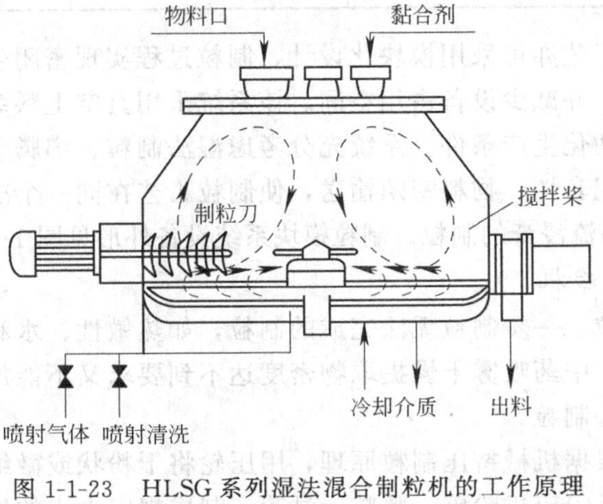

图 1-1-23　HLSG 系列湿法混合制粒机的工作原理

采用变频电机使搅拌桨和制粒刀的速度可以有无数个不同的组合，从而达到所需要的颗粒粒径。既有手动操作又有程控操作，还有记忆功能。在第一次摸索工艺的时候可选择手动操作，一旦工艺成熟时（两桨叶的不同时间、不同速度的匹配)，就可以采用程控操作。控制画面采用实时显示主要部件运行状况，使用时只要把时间、速度等参数输入控制系统，并可随时调用；记忆功能，保证了批与批生产质量的稳定统一。该机实现了传统的湿法混合制粒机由于设计上的原因无法实现的在位清洗，压力清洁水可以通过气隙进入混合筒，搅拌筒内无死角，可以有效地防止粉料残留，达到完全清洗的目的。排水设置在最低点有利于清洗完成后将清洗水排出，这样既降低了操作工人的劳动强度，又满足了GMP的要求。HLSG系列湿法混合制粒机主要技术参数列于表1-1-2。

表1-1-2　HLSG系列湿法混合制粒机主要技术参数

参　数		HLSG10	HLSG50	HLSG100	HLSG200	HLSG300
物料槽	总容量/L	10	50	100	200	300
	投料量/kg	1～3	10～22	15～40	60～100	100～300
	最大内径/mm	294	500	640	800	860
驱动系统	搅拌桨转速/(r/min)	30～500	30～500	20～300	25～500	10～150
	电机功率/kW	2.2	5.5	11	15	22
	切割刀转速/(r/min)	300～3000				
	电机功率/kW	0.8	1.5	4	4	7.5
尺寸重量	长/mm	1550	1980	2200	2500	2400
	总高度/mm	1500	1500	1560	2000	1685
	出口高度/mm	700	700	700	900	800
	宽/mm	550	760	870	1400	1000(不带梯)
	机重/kg	260	400	1540	1100	1800

先进的制粒工艺亦可采用模块化设计，制粒过程实现密闭生产，可避免转序过程的二次污染，并减少设备占用空间。该系统采用真空上料装置，转序提升装置具有较高的自动化生产条件。系统充分考虑湿法制粒、沸腾干燥、总混、整粒等工序间的设备配套性，物料密闭输送，使制粒工艺在同一个净化室内完成。该系统也能进行中药流浸膏的制粒。制粒模块系统设备外形见图1-1-24。

（二）干法制粒机

对于湿法制粒、一步制粒无法完成的制粒，如热敏性、水和酒精不能溶解的药物、抗生素等；中药喷雾干燥提取物密度达不到要求又不能加黏合剂和辅料的药物，适合用干法制粒。

干法制粒是根据机械挤压制粒原理，用压轮将干粉状或微细晶体状原料挤压成薄片，随后通过粉碎机粉碎、整粒、过筛，制成规定大小的均匀颗粒。干法制粒机的制粒工作原理如图1-1-25所示。

1. 干法制粒机的核心部件

压轮是干法制粒机的核心部件，压轮的材质、表面，以及压轮表面处理硬

图 1-1-24　制粒模块系统设备外形

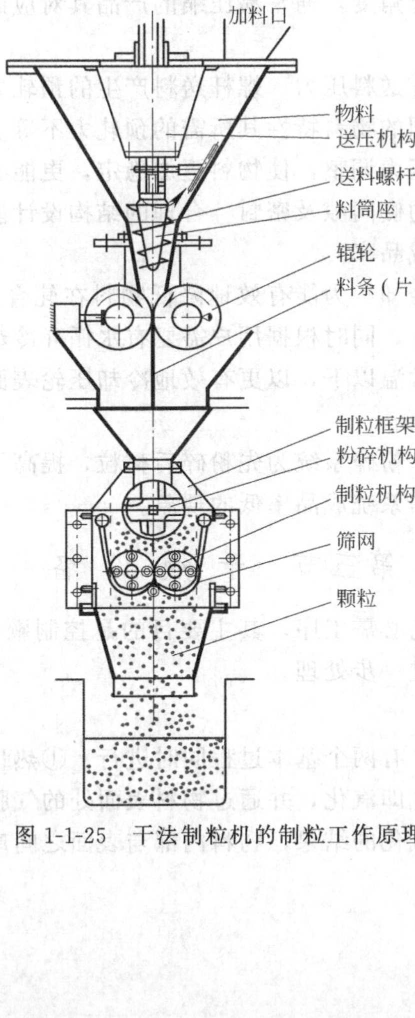

图 1-1-25　干法制粒机的制粒工作原理

度，直接影响到物料的压片效果及压轮的使用寿命。采用特种材料定制，经过高温调质处理，使压轮具有好的塑性、韧性及强度，提高综合机械性能。在压轮的表面，应该与物料产生最大的摩擦力，这样可使物料间产生最大的黏合力，有利于提高轧合效果，最终得到理想的成型物，因此要根据不同的物料选择不同的压轮表面。压轮表面的硬度处理采用国际上较先进的表面硬氮化处理技术，保证表面硬度达到 HV1200°以上，氮化层深度 0.2mm，使压轮有较强的耐磨性，提高抗疲劳强度，并具有较好的抗腐蚀性能。

2. 影响干轧效果的因素

（1）物料特性　物料特性是指物料的可压缩性、流动性、热敏性（含糖黏性）以及物料本身的湿度、含水量等。这些因素将直接决定该物料是否适合进行干法制粒加工，因此在对物料进行干法制粒前必须进行试验，充分了解该物料的特性。

（2）压轮的转速　压轮的转速决定了物料在压轮之间轧合区域内停留时间，直接影响到物料中所含空气被排出的情况。

（3）压轮的间隙　压轮的间隙是指两个压轮之间最近点距离，这个数据与压轮间物料所受压力及所通过的物料数量密切相关，同时调节压轮的间隙，也可以改变其物料轧合时的轧合角度，通常易压缩的产品其对应的轧合角度较大（即压轮的间隙可以调小一点）。

（4）送料系统及螺杆送料压力　螺杆送料产生的预轧力在整个过程中也是相当关键的因素之一，不同的物料特性其所需的预轧力不等。因此合理地调节送料速度及螺杆送料，通过压力调整，使物料更加稳定，更能有效提高干轧效果。

（5）料筒座与压轮的侧间隙及密封　合理的结构设计能最低程度降低侧间隙漏粉，以利于提高产品成品率。

（6）压轮表面的水冷却　为能有效地降低物料在轧合过程中产生的挤压热，采用压轮表面强制水冷却，同时根据用户需要有水循环冷却系统的冰水机，可以把压轮表面温度调节到常温以下，以更有效地冷却压轮表面，提高干轧效果，同时节约水资源，减少污染。

（7）粉碎制粒系统　粉碎系统为先粉碎后整粒，提高了产品成品率，可改变传统摇摆式颗粒机做粉碎系统成品率低的现象。

第三节　干燥设备

干燥是湿法制粒后的必需工序，其主要目的是控制颗粒内一定比例的水分，提高颗粒稳定性，便于进一步处理。

一、干燥过程

湿物料进行干燥时，有两个基本过程同时进行。①热量由热空气传递给湿物料，物料表面上的湿分立即汽化，并通过物料表面处的气膜向物料表面扩散。②由于湿物料表面处湿分汽化的结果，物料内部与表面之间产生浓度差，于是湿分即由物料内部向表面扩散。所以在干燥过程中同时进行着传热和传质过程，且方向相反。

一个完整的干燥操作流程，由加热系统、原料供给系统、干燥系统、除尘系统、气流输送系统、控制系统组成。如图 1-1-26 所示。

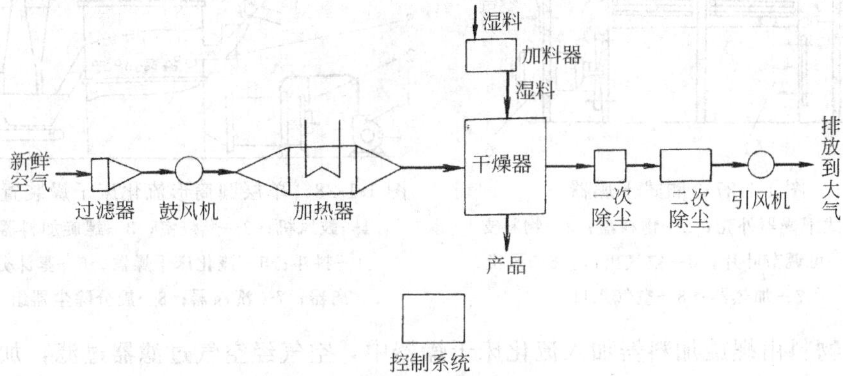

图 1-1-26　干燥操作的流程

二、干燥设备

工业上被干燥的物料种类极其繁多，物料特性千差万别，这就决定了干燥设备类型的多样性。本节介绍固体制剂生产中常用的几种干燥设备。

（一）厢式干燥器

厢式干燥器主要是以热风通过湿物料的表面达到干燥的目的。热风沿着物料表面通过，称为水平气流厢式干燥器；热风垂直穿过物料，称为穿流气流厢式干燥器。厢式干燥器外壁是绝热层，内部结构种类繁多，应根据物料性质、状态和生产能力选用适当结构。图 1-1-27 为厢式干燥器的结构简图。湿颗粒装在浅盘内，置于支架上，物料层厚度一般为 10～100mm，空气由风机送入，经预热器加热到所需温度，吹过物料表面，使物料干燥。空气吹过物料表面的速度，由物料的粒度决定，一般以物料不被气流带走为宜。为节约能源常采用热气循环法，即在气流循环过程中，只排出一部分湿空气，大部分热空气加入部分新鲜空气后继续循环对物料加热。

厢式干燥器的干燥产品含湿量不太均匀，干燥速度慢，干燥时间长，生产能力小，热量利用低。但是，厢式干燥器适应性广，可用来干燥各种状态的物料。特别适用于小批量、多品种的干燥生产，它可及时更换产品，因此实验室、研究所及中小工厂都安装有大小不等的此类设备。对于生产量不大，又是热敏性的或易氧化的物料，可采用具有封闭外壳，在真空条件下操作的真空厢式干燥器。

（二）流化床干燥器

流化床干燥器又名沸腾干燥器，其装置流程如图 1-1-28 所示。

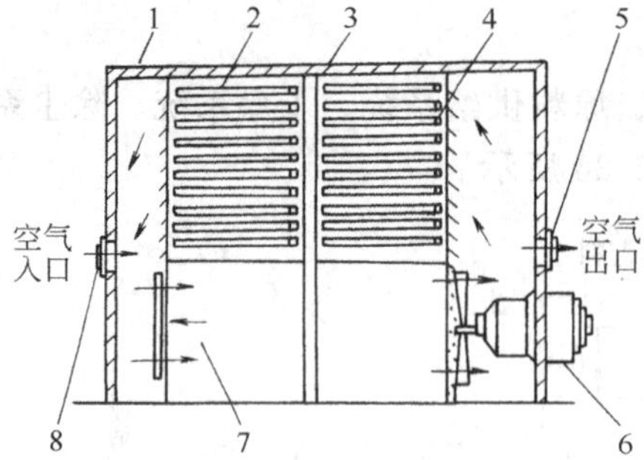

图 1-1-27　厢式干燥器

1—厢式干燥器外壳；2—物料盘；3—物料支架；4—可调节叶片；5—空气出口；6—风机；7—加热器；8—空气入口

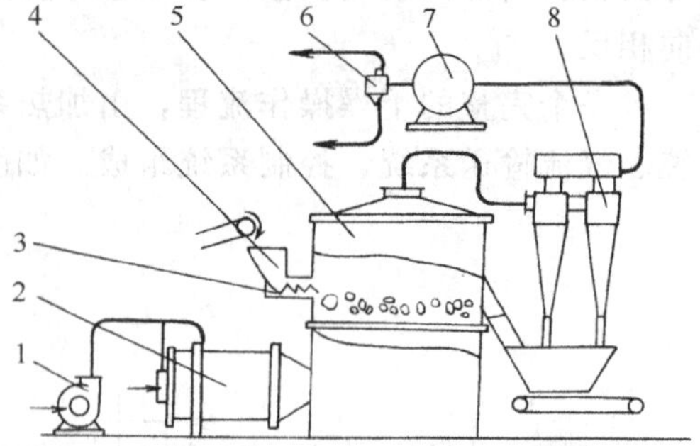

图 1-1-28　单层圆筒形流化床干燥装置流程

1—鼓风机；2—燃烧室；3—螺旋加料器；4—料斗；5—流化床干燥器；6—雾沫分离器；7—洗涤器；8—旋分除尘器组

湿物料由螺旋加料器加入流化床干燥器中，空气经空气过滤器过滤，加热器加热后送入流化床底部经分布板与固体物料相接触，形成流态化，达到气固相的热质交换。物料干燥后由排料口排出。废气由流化床顶部排出，经旋风分离器组回收被带出的产品后放空。

热空气从流化床的筛孔板中进入流化室内，故筛孔板的开孔率直接影响流化质量，理论上开孔率应小一些，但这样气流阻力大，能耗也大。目前，一般采用的开孔率为4%～13%，孔径为1～2mm。流化床使用时一般在筛孔板上再铺一层120目的不锈钢筛网，这样既有利于流化空气的均匀分布，也可防止药物颗粒从筛孔板中漏出。

在气固两相的流化床干燥器中，流化质量可从以下三方面进行考察。

(1) 床层压力波动一般在±3%以内，若压力波动超过±10%，则是不正常流化。

(2) 床层温度（轴向、径向）分布均匀，温差一般在2℃以内。

(3) 床层内不出现沟流或腾涌现象。

在流化床内气体与固体颗粒充分混合，表面更新机会多，大大强化了两相间的传质与传热，因而床层内温度比较均匀。与厢式干燥器相比，流化床干燥器具有物料停留时间短，干燥速率大等特点，对于某些热敏性物质的干燥较为适宜。物料在流化床干燥器内的停留时间可按工艺生产要求进行调整。同一设备既可连续生产又可间隙生产，操作灵活性大。但对被干燥物料在颗粒度上有一定限制，一般物料的粒径以大于30μm，小于6mm较为合适。粒度太小易被气流夹带，粒度太大不易流化。若几种物料混合在一起用流化床进行干燥，则要求几种物料的密度要接近。含水量过高且易黏结成团的物料，一般不适用。

（三）流化床喷雾造粒干燥器

流化床喷雾造粒干燥器的基本工作原理类似于流化床干燥器，只是在其基础上增加了一系列专用设备。流化床喷雾造粒就是在锥形的流化床中先加入药物粉末，然后通入热风流化起来，待床层温度达到一定时，用喷液系统将料液均匀地喷雾到床层上，使粒子相互黏结、长大成粒。在成粒的同时颗粒也受到热空气的加热，最后成为合格的干颗粒。采用流化床喷雾造粒干燥器能将混合、成粒、干燥等工序合并在一台设备上完成，故又称为一步制粒法。

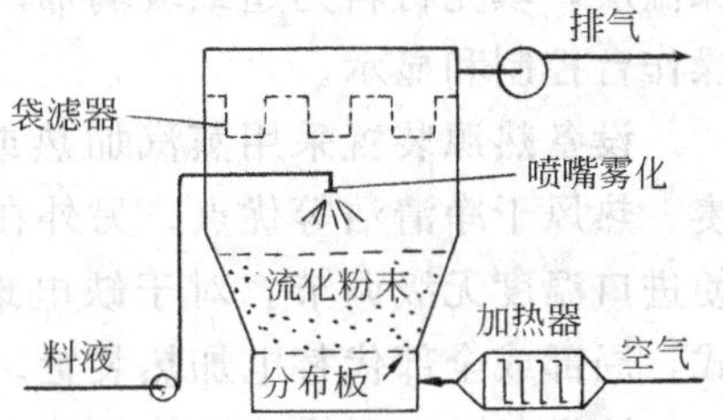

图 1-1-29　流化床喷雾造粒原理

流化床喷雾造粒干燥器由主机和辅助系统两部分组成，结构原理如图 1-1-29 所示。其中主机部分包括流化室、喷液系统、袋滤器等；辅助系统主要由压缩空气系统和风机系统组成。喷液系统包括贮液桶、输送管泵和喷嘴三部分。喷嘴的构造是流化床喷雾造粒干燥器的技术关键之一，要求其喷出的雾滴适中，并有一定的喷射角度。流化系统常用的喷嘴有液压式、气压式和超声波式三种，造粒器中常用气压式。气压式喷嘴主要依靠压缩空气将黏合剂拉成雾点状，并能强制空气旋转，以增加雾化角度。该喷嘴适合对各种黏度黏合剂进行雾化，喷雾速率也可通过空气压力进行调节。

流化床喷雾造粒干燥器的特点如下。

（1）集喷涂、凝聚、干燥、冷却于一体，在一个设备内制成无粉尘颗粒，平均粒径为 0.3～3mm。

（2）设备体积小，生产效率高。

（3）制得的颗粒粒度分布小，含量均匀。

此种干燥设备在间歇操作的制药工业已广泛应用。

（四）压力式喷雾干燥机

压力式喷雾干燥机是一种可以同时完成干燥和制粒的装置，按工艺要求可以调节料液泵的压力、流量、喷孔的大小，得到所需的按一定大小比例的球形颗粒。图 1-1-30 是其设备的外形。

图 1-1-30　压力式喷雾干燥机外形

生产操作时料液通过隔膜泵高压输入，喷出雾状液滴，然后同热空气并流下降，大部分粉粒由塔底排料口收集，废气及其微小粉末经旋风分离器分离，废气由抽风机排出，粉末由设在旋风分离器下端的受粉筒收集，风机出口处还可装备二级除尘器，回收率 96%～98%。设备中与物料接触部分的塔体、管道、分离器的材料，均采用优质不锈钢制造。在塔体内部与外壳之间有足够的保温层，填充材料为超细玻璃棉。塔体设有视镜、光源及控制仪表，由电器控制操作台控制和显示。

设备热源装置采用蒸汽加热或电加热器，具有操作方便、启动快、结构紧凑、热风干净清洁等优点。另外在电气控制柜内装有电加热器的控制调节装置，使进口温度无级调节。对于缺电地区可采用蒸汽加热或燃煤、燃油热风炉等方式，局部或全部代替电加热装置。

该设备具有干燥速度快的特点，料液经过雾化后表面积大大增加，在热风气流中，瞬间就可以蒸发 95%～98%的水分，完成干燥的时间仅需十几秒到几十秒，特别适用于热敏性物料的干燥。

所得产品为球状颗粒，粒度均匀；流动性和溶解性好，质量稳定。根据物料的特性，可以使用热风干燥，也可用冷风造粒，对物料的适应性强。广泛应用于中药、农药、抗生素、医药冲剂等的喷雾干燥制粒过程中。

(五) 中药浸膏喷雾干燥机

中药浸膏高速离心式喷雾装置是离心式喷雾干燥技术在特定物料干燥中的应用，也是利用高速离心式雾化器使物料分散成雾状，与热空气充分接触，完成瞬间干燥，形成粉状成品的干燥装置。

该机采用全封闭形式，所有部件均采用不锈钢制造，配有三级净化装置，过滤后的空气达 C 级要求。筒体与顶部装有冷壁装置，使壁温低于 80℃，干燥塔内装有气刷扫塔装置，经该机干燥后的中药浸膏粉不会出现焦化变质现象，大大增加了收粉率（95%以上），而且不会产生混药现象和粘壁现象。图 1-1-31 是该设备的外形图。

中药浸膏喷雾干燥机与其他高速离心喷雾干燥机相比，具有以下特点：塔体具有冷风夹套；塔体上装有自动振打装置；塔体、管路配有快开清洗孔及排污孔；自动控制恒温加料罐；手工高压洗塔随机附件；与物料接触的部分采用不锈钢制作或全部采用不锈钢制作；物料收集采用两级旋风除尘装置，或一级旋风除尘器和湿式除尘器；进风温度实现自动控制及连续装置；配有气扫装置。中药浸膏喷雾干燥机解决了中药浸膏和植物提取液在其他高速喷雾干燥机中干燥易出现的以下情况：物料粘壁，收粉率低；物料在壁上停留时间长，产生物料的焦化变质现象；设备清洗困难。

三、干燥过程的基本计算

干燥过程的基本计算内容包括水分蒸发量及干燥空气用量。

空气加热的干燥器基本流程示意如图 1-1-32 所示。新鲜空气（其状态为环境温度 T_0，湿度 x_0，热焓 I_0，干空气流量 L）进入空气加热器，加热后（其状态为 T_1，$x_1=x_0$，I_1，L）进入干燥器，在干燥器中物料被干燥，物料含水率

图 1-1-31　中药浸膏喷雾干燥机外形

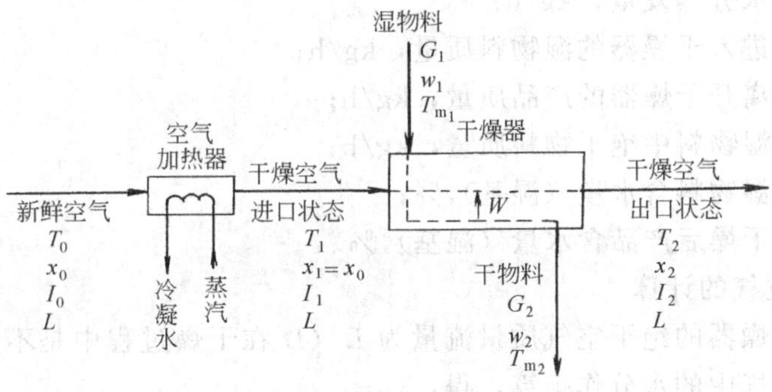

图 1-1-32　空气加热的干燥器基本流程

由 w_1 降至 w_2，物料温度由 T_{m_1} 升至 T_{m_2} 后排出干燥器，而干燥空气温度下降，湿度增加（由于空气携带物料蒸发 W kg/h 水分）后排出干燥器（其状态为 T_2，x_2，I_2，L）。

（一）物料衡算

1. 物料中水分含量的表示法

湿基含水率　湿基含水率（%）定义为：

$$w=\frac{\text{湿物料中水分的质量}}{\text{湿物料的总质量}}\times 100$$

干基含水率　干基含水率（%）定义为：

$$x=\frac{\text{湿物料中水分的质量}}{\text{湿物料中绝干物料质量}}\times 100$$

上述两者的关系为：

$$x=\frac{w}{1-w}$$

例如：已知湿物料 100kg，其中含水分 40kg，此时湿基含水率 $w=40/100=40\%$，干基含水率 $x=40/(100-40)=66.67\%$。

2. 水分蒸发量的计算

通常在设计时已知干燥产品产量 G_2，湿含量 w_1，w_2，确定水分蒸发量。

对干燥器作总物料衡算，可得：

$$G_1=G_2+W$$

对绝干物料作物料衡算，可得：

$$G_c=\frac{G_2(100-w_2)}{100}=\frac{G_1(100-w_1)}{100}$$

由上面两式可得：

$$W=\frac{G_2(w_1-w_2)}{100-w_1}=\frac{G_1(w_1-w_2)}{100-w_2}$$

$$G_1=\frac{G_2(100-w_2)}{100-w_1}$$

式中 W——水分蒸发量，kg/h；

G_1——进入干燥器的湿物料质量，kg/h；

G_2——离开干燥器的产品质量，kg/h；

G_c——湿物料中绝干物料质量，kg/h；

w_1——湿物料含水量（湿基），%；

w_2——干燥后产品含水量（湿基），%。

3. 干燥空气的计算

设通过干燥器的绝干空气质量流量为 L（L 在干燥过程中是不变的）。对进出干燥器的空气中的水分作衡算，得：

$$L(x_2-x_1)=W$$

$$L=\frac{W}{x_2-x_1}$$

式中 L——绝对干燥空气流量，kg/h；

x_1——进干燥器的空气湿度，kg/kg；

x_2——出干燥器的空气湿度，kg/kg。

令

$$l=\frac{L}{W}=\frac{1}{x_2-x_1}$$

式中 l 为比空气用量，即从湿物料中蒸发 1kg 水分所需的干空气量，kg/kg。由上式可见，比空气用量只与空气的最初和最终湿度有关，而与干燥过程所经历的途径无关。

（二）热量衡算

干燥设备由两个基本的组成部分，即预热器和干燥器。

1. 预热器的热量计算

由图 1-1-32，对预热器作热量计算，可以得到加热蒸汽的消耗量。

$$D(i-Tc_{m})=L(I_1-I_0)$$

$$D=\frac{L(I_1-I_0)}{i-Tc_{m}}$$

式中 D——加热蒸汽消耗量，kg/h；

i——进口蒸汽的热焓，kJ/kg；

T——蒸汽冷凝温度，℃；

c_m——水的比热容，kcal/(kg·℃)。

2. 干燥器的热量计算

由图 1-1-32，对干燥器作热量计算。在作热量计算时要注意以下两点。

(1) 湿物料带入的热量为产品带入的热量和汽化水分带入的热量之和。

(2) 气体带出的热量为进口气体带出的热量和汽化水分带出的热量之和。在过程达到稳定后，进出干燥器的各项热量列于表 1-1-3。

表 1-1-3 干燥器热量输入输出

输入热量	输出热量
湿物料带入热量 $G_2c_mT_{m_1}+Wc_wT_{m_1}$	产品带走的热量 $G_2c_mT_{m_2}$
空气带入热量 LI_1	干燥空气带走热量 $LI_2+Wc_wT_{m_2}+Q$
	干燥器的热损失 Q_L

$$G_2c_mT_{m_1}+Wc_wT_{m_1}+LI_1=G_2c_mT_{m_2}+LI_2+Wc_wT_{m_2}+Q+Q_L$$

$$L(I_1-I_2)=G_2c_m(T_{m_2}-T_{m_1})+Wc_w(T_{m_2}-T_{m_1})+Q+Q_L=Q_1+Q_2+Q_L$$

式中 c_m——产品的比热容，kcal/(kg·℃)；

c_w——水的比热容，kcal/(kg·℃)。

即热空气放热等于产品升温吸热、湿分汽化吸热、热损失三者之和。

由物料计算和热量计算可得：

$$\frac{I_1-I_2}{x_2-x_1}=\frac{Q_1+Q_2+Q_L}{W}$$

$$\frac{T_1-T_2}{x_2-x_1}=\frac{Q_1+Q_2+Q_L}{c_hW}$$

式中 c_h——湿气体的干基比热容，kcal/(kg·℃)。

一般情况下 T_1 和 x_1 为已知条件，空气的出口状态（T_2，x_2）必须满足上式。Q_L 为干燥器表面的散热损失，可按化学工程方法计算。

四、干燥器的选择

对于干燥操作来说，干燥器的选择是非常困难而复杂的问题。因被干燥物料的特性、供料的方式和物料-干燥介质系统的流体动力学等必须全部考虑。由于被干燥物料种类很多，要求各异，决定了不可能有一个万能的干燥器，只能选用最佳的干燥方法和干燥器形式。选择干燥器要考虑的因素如下。

（1）被干燥物料的性质。

（2）物料的干燥特性。

（3）干燥过程中粉尘和溶剂的回收。

（4）干燥设备安装地点的可行性问题。

第四节 压片设备

压片是片剂成型的主要过程，也是整个的片剂生产的关键部分。压片操作由压片机完成。用于制药工业的压片机有单冲压片机、旋转式多冲压片机和高速压片机。下面分别予以介绍。

一、压片设备

（一）单冲压片机

在制药厂的片剂生产中，早期使用的是单冲压片机。它只有一副冲模，利用偏心轮及凸轮机构等的作用，在其旋转一周即完成充填、压片和出片三个程序。单冲压片机的工作原理如图 1-1-33 所示。推片调节器用以调节下冲抬起的高度，使其恰好与模圈的上缘相平；片重调节器用以调节下冲下降的深度，借以调节模孔的容积而调节片重；压力调节器则是调节上冲下降的距离，上冲下降多，上下冲间的距离近，压力大；反之则小。

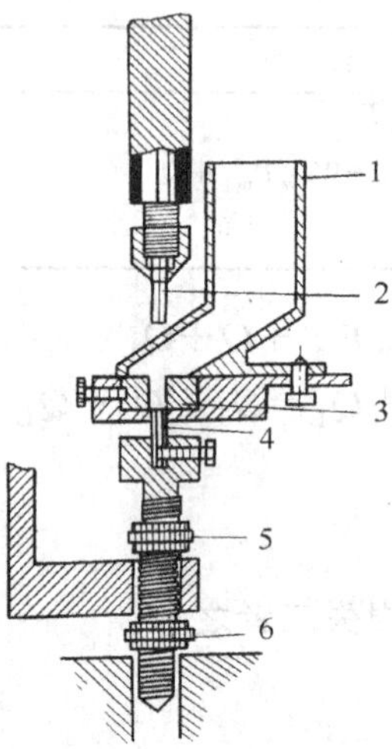

图 1-1-33 单冲压片机主要构造

1—加料斗；2—上冲；3—模圈；4—下冲；5—出片调节器；6—片重调节器

单冲压片机的压片流程如图 1-1-34 所示。首先上冲抬起来，饲粉器移动到模孔之上，下冲下降到适宜的深度，饲粉器在模孔上面移动，颗粒填满模孔后，饲粉器由模孔上移开，使模孔中的颗粒与模孔的上缘相平；然后上冲下降并将颗粒压缩成片，上冲再抬起，下冲随之上升到与模孔上缘相平时，饲粉器再移到模孔上，将压成之药片推开，并进行第二次饲粉，如此反复进行。

这种压片机是小型台式压片机，产量为 100 片/min，适用于小批量、多品种生产。该机的压片由于采用上冲头冲压制成，压片受力不均匀，上面的压力大于下面的压力，压片中心的压力较小，使药片内部的密度和硬度不一致，片子表面易出现裂纹。

（二）旋转式多冲压片机

旋转式多冲压片机是目前制药工业中片剂生产最主要的压片设备。主要由动

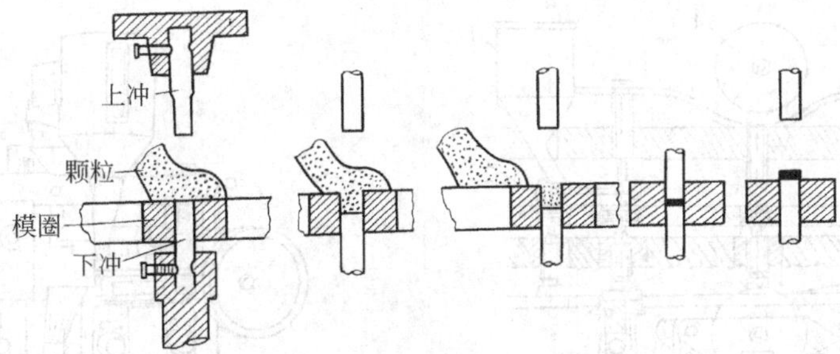

图 1-1-34 单冲压片机压片流程

力部分、传动部分及工作部分组成。工作部分中有绕轴而旋转的机台，机台分为三层。机台的上层装着上冲，中层装模圈，下层装着下冲；另有固定不动的上下压轮、片重调节器、压力调节器、饲粉器、刮粉器、推片调节器以及吸粉器和防护装置等。机台装于机器的中轴上并绕轴而转动，机台上层的上冲随机台而转动并沿固定的上冲轨道有规律地上下运动；下冲也随机台转动并沿下冲轨道作上下运动；在上冲上面及下冲下面的适当位置装着上压轮和下压轮，在上冲和下冲转动并经过各自的压轮时，被压轮推动使上冲向下，下冲向上运动并加压；机台中层之上有一固定位置不动的刮粉器，固定位置的饲粉器的出口对准刮粉器，颗粒可源源不断地流入刮粉器中，由此流入模孔。压力调节器用于调节下压轮的高度，下压轮的位置高，则压缩时下冲抬得高，上下冲间的距离近，压力增大，反之则压力小。片重调节器装于下冲轨道上，调节下冲经过刮板时的高度以调节模孔的容积。

旋转式多冲压片机的压片流程如图 1-1-35 所示。下冲转到饲粉器之下时，其位置较低，颗粒流满模孔；下冲转动到片重调节器时，再上升到适宜高度，经刮粉器将多余的颗粒刮去；当上冲和下冲转动到两个压轮之间时，两个冲之间的距离最小，将颗粒压制成片。当下冲继续转动到推片调节器时，下冲抬起并与机台中层的上缘相平，药片被刮粉器推开。

旋转式多冲压片机有多种型号，按冲数（转盘上模孔数目）分，有 16 冲、19 冲、27 冲、33 冲、55 冲等。按流程分有单流程和双流程。单流程的压片机仅有一套压轮（上下压轮各一个）；双流程的有两套压轮，每一副冲（上下冲各一个）旋转一圈可压两个药片。双流程压片机的能量利用更合理，生产效率较高。国内使用较多的是 ZP-33 型压片机，其外形如图 1-1-36 所示。该机结构为双流程，有两套加料装置和两套压轮。转盘上可装 33 副冲模，机台旋转一周即可压制 66 片。压片时转盘的速度、物料的充填深度、压片厚度均可调节。机上装有机械缓动装置，可避免因过载而引起的机件损坏，机器内配有吸风箱，通过吸嘴可吸取机器运转时所产生的粉尘，避免黏结堵塞，并可回收原料重新使用。ZP-33 型压片机主要技术参数见表 1-1-4。

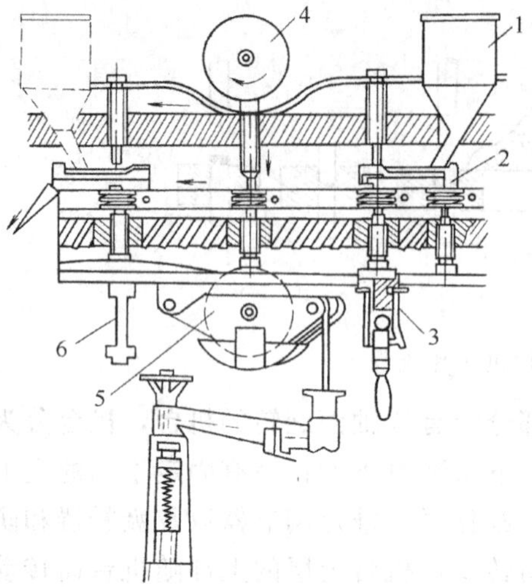

图 1-1-35　旋转式多冲压片机的压片流程

1—加料斗；2—刮粉器；3—片重调节器；
4—上压轮；5—下压轮；6—出片调节器

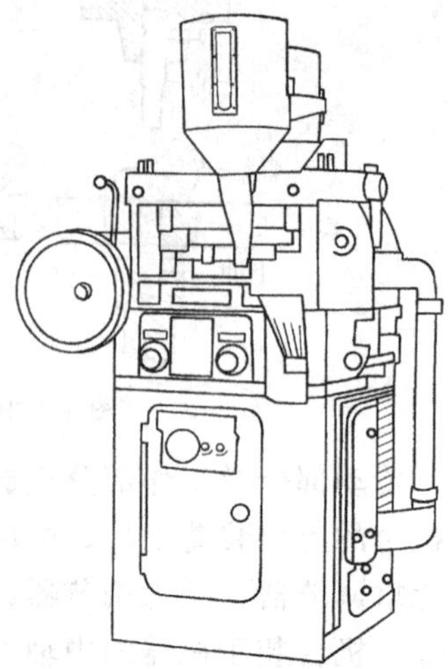

图 1-1-36　ZP-33 型压片机外形

表 1-1-4　ZP-33 型压片机主要技术参数

参　数	数　据	参　数	数　据
冲模数/副	33	转台转速/(r/min)	11～28
最大压片压力/kN	40	生产能力/(片/h)	43000～110000
最大压片直径/mm	12	电动机	2.2kW,960r/min,380V/50Hz
最大充填深度/mm	15	外形尺寸/mm	930×900×1600
15mm 最大片削厚度/mm	6	主机质量/kg	850

（三）高速压片机

高速压片机是一种先进的旋转式压片设备，通常每台压片机有两个旋转圆盘和两个给料器，为适应高速压片的需要，采用自动给料装置，而且药片重量、压轮的压力和转盘的转速均可预先调节。压力过载时能够自动卸压。片重误差控制在 2%以内，不合格药片自动剔除。生产中药片的产量由计数器显示，可以预先设定，达到预定产量即自动停机。机器采用微电脑装置来监测冲头损坏的位置，还有过载报警和故障报警装置等。

ZP1100 系列压片机是高速压片机的一种，设备采用模块化设计，充分考虑产品的互换性，一个系列四种型号，大大提高了系统的通用化、标准化程度。ZP1100 系列压片机中各种型号之间的零部件通用互换率达到了 98%以上，主要传动部件、各类调节机构、润滑装置、大部分导轨均能通用。零部件的标准化使制造工艺的标准化程度大大提高，工艺装备系数提高，使零部件的加工质量和装配水平提高，最终保证了机器的质量。

ZP1100 系列压片机具有以下特点。

(1) 机器操作压力大，同时设置了预压轮装置，延长了受压时间，使片剂质量更符合要求，尤其适用于中药片剂行业的大批量生产。

(2) 转台转速高，其带动冲模旋转的线速度达到高速压片机的要求，其中 ZP1139 型压片机的最高产量达每小时 15.2 万片，适合药厂大批量生产的要求。

(3) 上压轮部位安装了压力传感器，通过放大器和显示屏准确显示片剂的平均工作压力，便于操作人员及时判断片剂质量和调整片重差异；同时可以设定所需要的最大工作压力，当工作压力超过设定值时，机器自动紧急停车，起到保护作用。

(4) 设置了上冲断冲保护装置，当上冲断裂下落触动微动开关时，机器瞬间紧急停车，有效保护加料器等零件免受破坏。

(5) 机器外形美观新颖，主机和控制操作台分别设置，可实现人机隔离模式。其中：主机上半部为压片区域，由四扇透明有机玻璃窗围成，四周用无毒硅橡胶密封，防止粉尘飞扬；通过视窗能清楚观察到压片室的工作情况；视窗用气弹簧支撑，便于开启；打开视窗，压片区域可从四面接触到，各处表面光滑，无死角，易于清洁。主机下半部由不锈钢门封闭，打开门，能方便接触到电机、涡轮箱、润滑装置等，便于维护保养。

(6) 机器控制部分采用可编程序控制器，终端操作面板用彩色触摸显示屏，方便直观。显示屏作为用户的操作界面，可以显示主要的技术参数、压力平均值等；设置转台转速等运行参数和工作压力等控制参数；设置和显示各类生产参数；可快速定位故障点，显示故障原因及排除方法，提高维修效率。电气元件安装采用标准导轨式；控制操作台和主机的连接采用矩形接插件，安装、维修和更换元件方便快捷。

ZP1100 系列压片机主要技术参数列于表 1-1-5。

表 1-1-5　ZP1100 系列压片机主要技术参数

参　　数	ZP1139	ZP1136	ZP1129	ZP1124
冲模数/副	39	36	29	24
冲模标准	IPT 冲模			
最大压片压力/kN	80			
最大充填深度/mm	18			
最大压片直径/mm	11	13	18	22
最大生产能力/(万片/h)	15.21	14.04	11.31	9.36
主电机功率/kW	4			
主机高度/mm				
不带料斗	1650			
带料斗	1800			
主机占地面积/mm^2	890×820			
主机质量/kg	1400			

二、压片机的冲和模

冲和模是压片机的基本部件，如图 1-1-37 所示，由上冲 1、中模圈 2、下冲

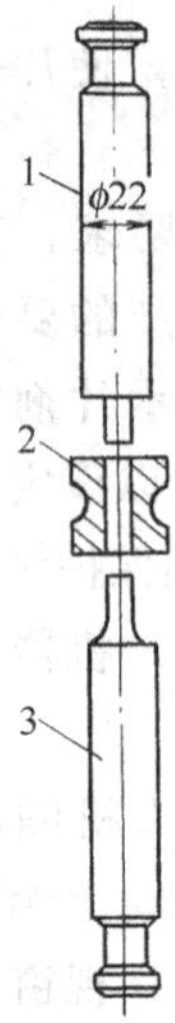

图 1-1-37　压片机的冲和模
1—上冲；2—中模圈；3—下冲

3 构成。冲模加工尺寸全为统一标准尺寸，具有互换性。冲模的规格以冲头直径或中模孔径来表示，一般为 5.5～12mm，每 0.5mm 为一种规格，共有十四种规格。冲头和冲模在压片过程中受的压力很大，常用轴承钢（如 Cr15 等）制作，并热处理以提高其硬度。

冲头的类型很多，冲头的形状决定于药片所需的形状。常用冲头的形状示于图 1-1-38 中。主要有凹形（圆形）、深凹形（糖衣片）、平面形、圆柱形等。还有压制异形片的冲和模。如椭圆形和三角形等。

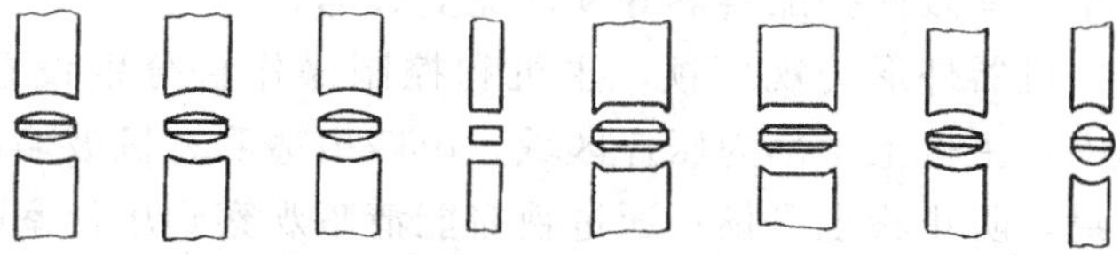

图 1-1-38　冲头和药片形状

三、压片机自动上料机

压片机自动上料机是国内较为理想和完善的粉状料、粒状料、粉粒混合料的真空输送机。

YZS 型压片机自动上料机由吸料嘴、料斗、布袋过滤器、振打装置、真空泵及料位控制装置等组成，整套系统设计合理，符合 GMP 的要求。图 1-1-39 为压片机自动上料机的外形图。

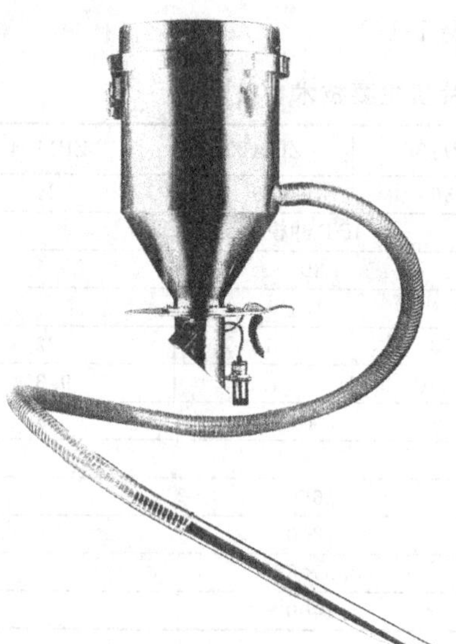

(a) 外形图

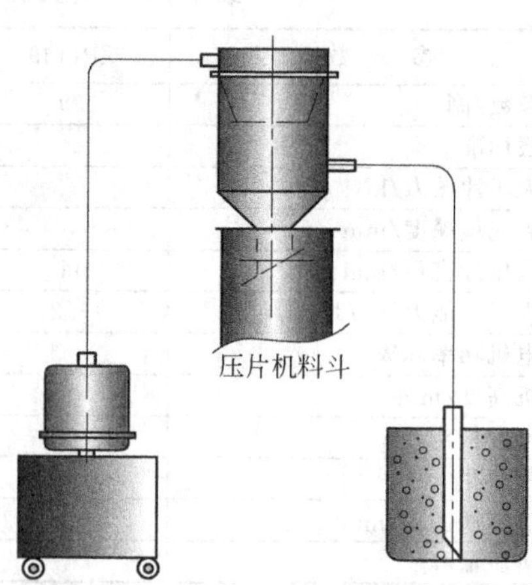

(b) 应用实例

图 1-1-39　压片机自动上料机的外形

该上料机能将粉末、颗粒等物料自动输送到压片机、包装机、注塑机的料斗中，在输送粉末、颗粒时它能显著减少空气含尘量，改善工作环境，降低操作者的劳动强度。输送过程中，吸料、除尘、料面高度均能自动控制。

第五节 包衣设备

包衣是压片工序之后常用的一种制剂工艺。主要在压制片芯的表面包上适宜材料的衣层。片剂包衣的主要目的有：掩盖药物的不良气味；降低药物对消化道的不良刺激性；防潮、避光、隔绝空气，保护药物免受空气的降解；提高药物体内外稳定性；控制药物的释放速度和释放位置；改善片剂的外观，易相互区别。例如：硫酸亚铁包衣是为了防止生成硫酸铁，降低胃酸刺激；氯丙嗪包衣是为了延缓吸收，掩盖气味防止诱导脱色，起防止敏化的作用；阿司匹林包衣是为了降低胃酸刺激，延缓吸收，防止与其他药物发生反应，如抗组胺。经过表面修饰的非那西丁是为了增加其可压性。

包衣的种类有糖衣、薄膜衣和肠溶衣。包衣操作是一种较复杂的工艺，包衣片剂质量的优劣除了与包衣设备及方法有关外，还取决于操作人员的经验。近十年来在包衣技术方面有了很大的发展，研制出多种新型的包衣材料和先进的包衣设备，使包衣过程达到了半自动化控制。降低了人为因素的影响，提高了生产效率，产品质量也有了较大的改善。特别是薄膜衣片，由于包衣时间短，包衣层用量少（一般小于成品重量的3%），能有效地防止衣层的小块碎裂，提高了产品的强度，降低了原料的消耗，因而越来越受到人们的重视。

一、包衣设备

常用的包衣方法有包衣锅包衣法和流化床包衣法。

（一）普通包衣锅

普通包衣锅是最基本、最常用的滚转式包衣设备，包衣锅的外形如图1-1-40所示。整个设备由四部分组成：包衣锅、动力系统、加热系统和排风系统。包衣锅一般用不锈钢或紫铜衬锡等性质稳定并有良好导热性的材料制成，常见形状有荸荠形和莲蓬形。片剂包衣时以采用荸荠形较为合适，微丸剂包衣时则采用莲蓬形为妥。包衣锅的大小和形状可根据生产规模加以设计。一般直径为100cm，深度为55cm。片剂即在锅内不断翻滚的情况下，多次添加包衣液，并使之干燥，这样就使衣料在片剂表面不断沉积而成膜层。

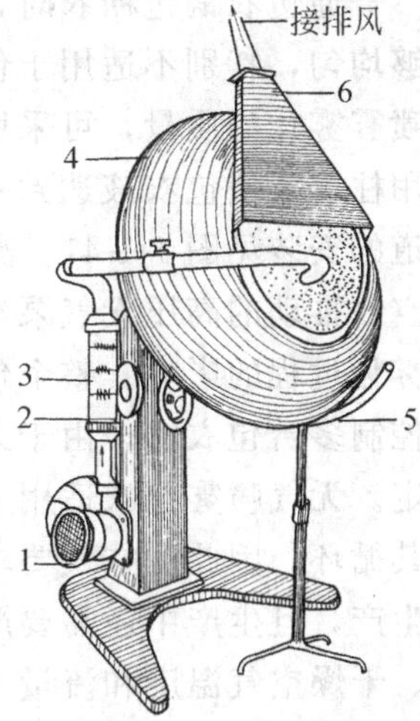

图1-1-40 普通包衣锅

1—鼓风机；2—衣锅角度调节器；3—电热丝；4—包衣锅；5—煤气管加热器；6—吸粉罩

包衣锅安装在轴上，由动力系统带动轴一起转动。为了使片剂在包衣锅中既能随锅的转动方向滚动，又有沿轴方向的运动，该轴常与水平呈30°～40°角倾斜；轴的转速可根据包衣锅的体积、片芯性质和不同包衣阶段加以调节。生产中常用的转速范围为12～40r/min。

加热系统主要对包衣锅内物料表面进行加热，加速包衣溶液中溶剂的挥发。常用的方法为电热丝加热和干热空气加热。根据包衣过程调节通入热空气的温度和流量，干燥效果迅速，同时采用排风装置帮助吸除湿气和粉尘。

包衣时将药片置于转动的包衣锅内，加入包衣材料溶液，使之均匀分散到各个片剂的表面上，必要时加入固体粉末以加快包衣过程。有时加入包衣材料的混悬液，加热、鼓风使之干燥。按上法包若干次，直到达到规定要求。

采用普通包衣锅包衣是一个劳动强度大，生产周期长的过程。特别是包糖衣片时，所包的层次很多，实际生产中包一批糖衣片往往需要十多小时以上。又由于包衣料液一般由人工加入，不同操作经验的人往往使片剂质量难以一致，有时片剂的一些重要技术参数，如崩解时间、溶出速率等重现性也差。鉴于普通包衣锅包衣的上述缺点，国内外一些生产厂家对普通包衣锅进行了一系列的改造。

1. 锅内加挡板，以改善片剂在锅内的滚动状态

挡板的形状、数量可根据包衣锅的形状、被包衣片剂的形状和脆碎性进行设计和调整。由于挡板对滚动片剂的阻挡，克服了包衣过程中包衣锅内的“包衣死角”，片剂衣层分布均匀度提高，包衣周期也可适当缩短。

2. 包衣料液用喷雾方式加入锅内，增加包衣的均匀性

普通包衣锅包糖衣时，包衣料液一般用勺子分次一勺勺加入，这种方法加液不够均匀，特别不适用于包薄膜衣，而改进的包衣锅则附加了喷液装置。为了提高喷雾雾化的质量，可采用无气喷雾包衣或空气喷雾包衣技术。无气喷雾包衣是利用柱塞泵使包衣液达到一定压力后再通过喷嘴小孔雾化喷出。这种包衣设备及管道的安装见图1-1-41。高压无气泵及自动喷枪结构见图1-1-42。该法借助于压缩空气推动的高压无气泵对包衣液加压后使其在喷嘴内雾化，故包衣液的挥发不受雾化过程的影响。整个包衣工序可由计算机集中控制，一台程序控制器能够同时控制多台包衣锅。由于人为因素降到了最低点，产品质量重现性好，技术参数稳定。无气喷雾包衣适用于包薄膜衣和糖衣。由于压缩空气只用于对液体加压并使其循环，因此对空气要求相对较低。但包衣时液体喷出量较大，只适用于大规模生产，且生产中还需要严格调整包衣液喷出速度，包衣液雾化程度以及片床温度、干燥空气温度和流量三者之间的平衡。

与无气喷雾包衣不同，空气喷雾包衣因通过压缩空气雾化包衣液，故小量包衣液就能达到较理想的雾化程度，包衣液的损失也相对减少。小规模生产中采用空气喷雾包衣，但空气喷雾包衣对压缩空气要求较高，一些有机溶剂在雾化时即开始挥发，因此空气喷雾包衣更适用于水性薄膜包衣操作。

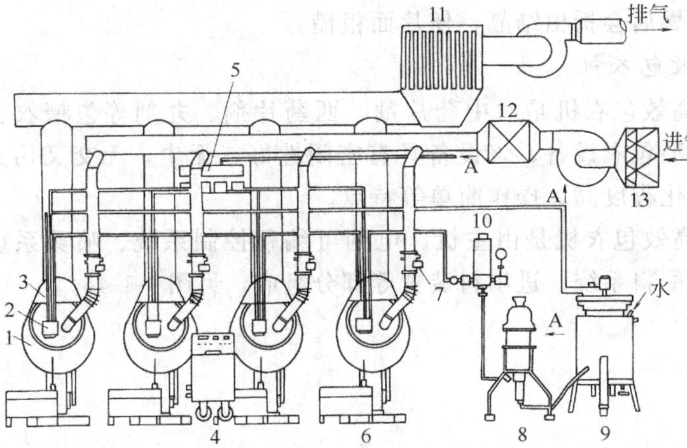

图 1-1-41　高压无气喷雾生产工艺流程

1—包衣锅；2—喷头；3—湿空气收集罩；4—程序控制箱；5—贮气罐；6—煤气加热装置；7—自动风门；8—高压无气泵；9—带夹套的贮液箱；10—稳压过滤器；11—热交换器；12—加热器；13—空气过滤器

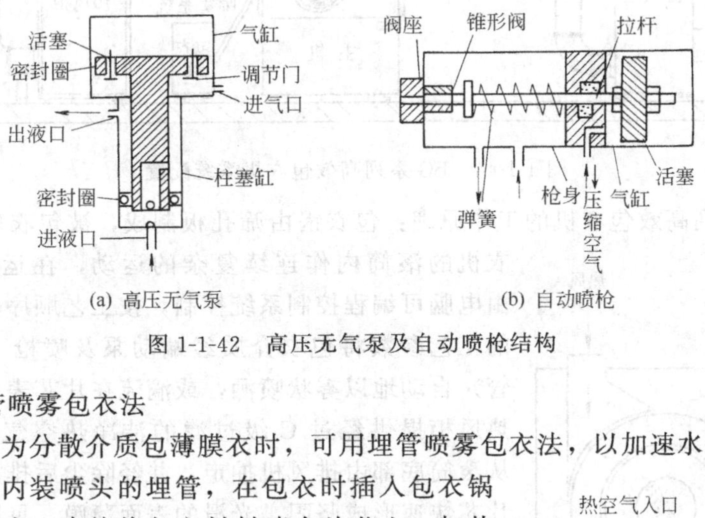

图 1-1-42　高压无气泵及自动喷枪结构

3. 埋管喷雾包衣法

当用水为分散介质包薄膜衣时，可用埋管喷雾包衣法，以加速水分挥发。喷雾系统为一内装喷头的埋管，在包衣时插入包衣锅翻动的床层内，直接将包衣材料喷在片芯上，加热后的压缩空气也伴随雾化过程同时从埋管中吹出，穿透整个床层，并从上方排气口排出。埋管喷雾包衣设备见图 1-1-43。包衣液从贮液罐中由泵打出，进入气流式喷头连续雾化喷出，而控制箱则能够调节和控制加热温度、包衣液流量、排气温度等，能够连续进行包衣操作。埋管喷雾包衣法设备简单，能耗低，普通包衣锅装上埋管和喷雾系统也能进行生产。埋管喷雾包衣法也可用于包糖衣，但喷雾雾粒相对粗一些，同时必须达到片面润湿，否则未被

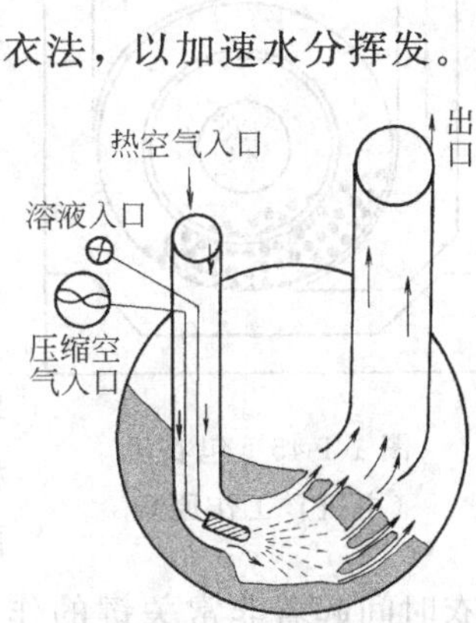

图 1-1-43　埋管喷雾包衣设备结构

吸收的雾粒干燥后会析出结晶，使片面粗糙。

（二）高效包衣机

BG系列高效包衣机是对中药片剂、西药片剂、丸剂等包糖衣、有机薄膜、水溶薄膜的新型包衣设备，该设备具有密闭性好，无尘，无交叉污染，高效率，低能耗，自动化程度高，操作简单等特点。

BG系列高效包衣机是由主机、电脑可编程控制系统、喷雾系统、热风柜、排风柜、搅拌配料系统、进出料装置等部分组成，见图1-1-44。

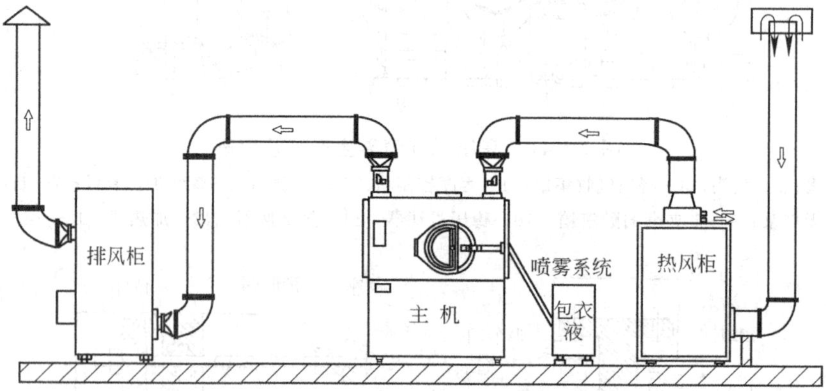

图1-1-44 BG系列高效包衣机系统配置

BG系列高效包衣机的工作原理：包衣锅由筛孔板制成，被包衣的片芯在包衣机的滚筒内作连续复杂的运动，在运动过程中，由电脑可编程控制系统控制，按工艺顺序和已经选定的工艺参数将包衣介质经蠕动泵及喷枪（或糖衣滴管）自动地以雾状喷洒，或滴流在片芯表面，同时由热风柜提供经过C级过滤的洁净热空气穿透片床，从滚筒底部由排风机抽走，并经除尘后排放，从而使片芯快速形成坚固、光滑的表面薄膜，见图1-1-45。

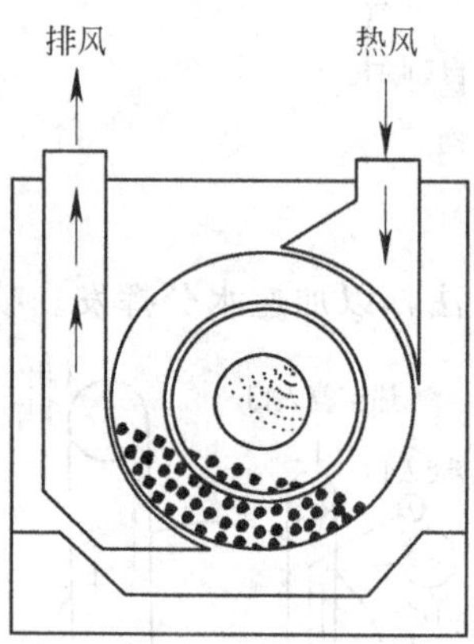

图1-1-45 包衣机（主机）工作原理

BG系列高效包衣机的结构特点如下。

1. 主机

主机由封闭式工作室、筛孔式包衣滚筒、搅拌器、清洗盘、驱动结构、热风阀门结构、排风阀门结构组成。在包衣过程中，热风量和排风量的大小，及两者之差（即滚筒压力）对片芯的干燥速度，及整个包衣时间起着非常关键的作用；排风阀门机构采用电动控制，通过主机操作面板，即可对热、排风量进行调节，并由滚筒压力表显示相应的负压值，操作简单、方便。

2. 电脑可编程控制系统

通过主机的操作面板，可控制整个设备的各个系统，及对各包衣工艺参数进行调节与设定，包括温度调节、滚筒压力调节、进风温度、主机转速等工艺参数。从操作面板上可以完成整个包衣操作工序，整个控制系统采用 PLC 控制技术。

3. 喷雾系统

喷雾系统是高效包衣机的关键部分，直接关联包衣的质量。

(1) 蠕动泵　传统的蠕动泵其压料转块上压轮的相对位置是固定的，在一定的转速下蠕动泵输出的料液流量不变。但在包衣过程中喷枪的流量经常需要调节，系统结构复杂，且流量难以控制。较新的蠕动泵压轮的相对位置靠弹簧压紧，这样一旦输出流量过多，硅胶管胀紧后，弹簧便作相应缩紧，两个压轮相对位置发生变化，从而保证硅胶管的料液恒压输出，而喷雾量的大小则完全由喷枪控制。

(2) 喷枪　喷枪由独立的二路压缩空气即控制气和雾化气控制。控制气控制枪的开关，关枪时枪针顶出，防止堵枪。雾化气，除雾化包衣介质外还可对雾化扇形角度进行调节。该喷枪制造精度高，故在工作时其喷雾头不会粘料，由于雾化扇形角度可调，可使不同浓度、不同黏度及不同溶剂的包衣介质均能达到合理的雾化扇形角度，使包衣效果更好。

4. 热风柜与排风柜

热风柜、排风柜是高效包衣设备的主要组成部分。

(1) 热风柜　传统的热风柜，内部设简单的过滤系统，进风使用已经空调处理的室内空气，这样容易干扰厂房内的气流分配，而且会增加空调负荷。针对这种不足，设计具有独立进风系统的进风柜，可直接从室外采风，经初、中、高三级过滤，达到 C 级的洁净要求，既避免了对厂房内空调的干扰，又节省能源，见图 1-1-46。

(2) 排风柜　在传统的排风柜的基础上增加了除尘过滤系统，包括除尘过滤器、振打机构、集灰抽屉等，使外排的气体达到环保的要求，见图 1-1-47。

(三) 流化包衣法

流化包衣法原理与流化喷雾造粒相近，即将包衣液喷在悬浮于一定流速空气中的片剂表面。同时，加热的空气使片剂表面溶剂挥发而成膜。流化包衣法目前只限于包薄膜衣，除片剂外，微丸剂、颗粒剂等也可用它来包衣。由于包衣时片剂由空气悬浮并翻动，衣料在片面包覆均匀，对包衣片剂的硬度要求也低于普通包衣锅包衣。流化包衣法设备结构如图 1-1-48 所示。

(四) 干压包衣法

干压包衣法是用颗粒状包衣材料将片芯包裹后在压片机上直接压制成型。该法适用于对湿热敏感药物的包衣。压制过程如图 1-1-49 所示。现常用的压制包衣机是将两台旋转式压片机用单传动轴配成套，以特制的传动器将压成的片芯送

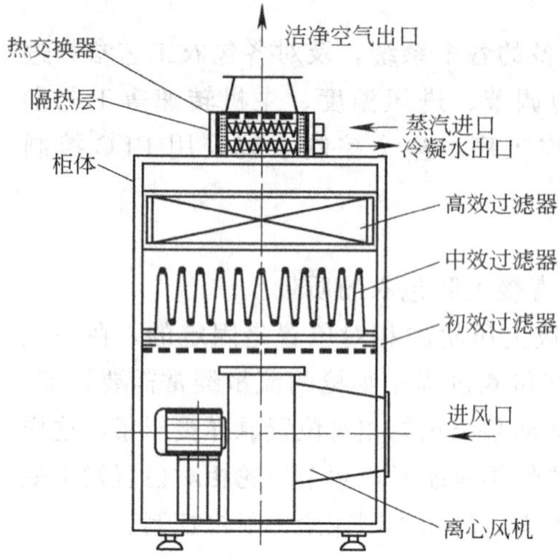

图 1-1-46 高效过滤热风柜结构

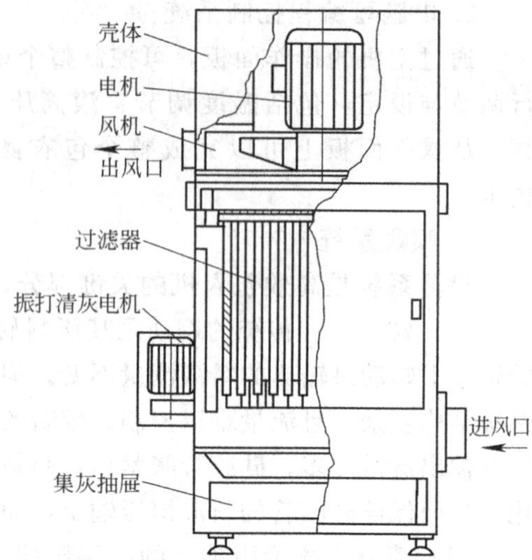

图 1-1-47 除尘排风系统结构

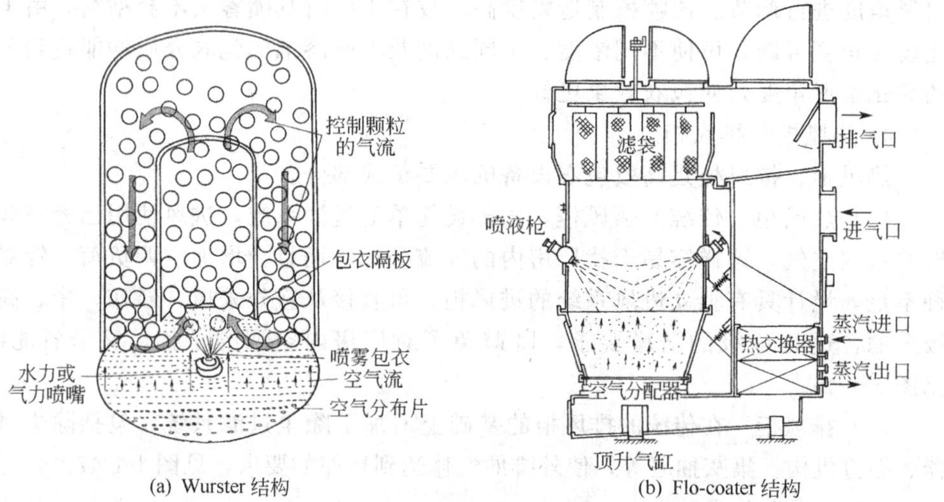

图 1-1-48 流化包衣法设备结构

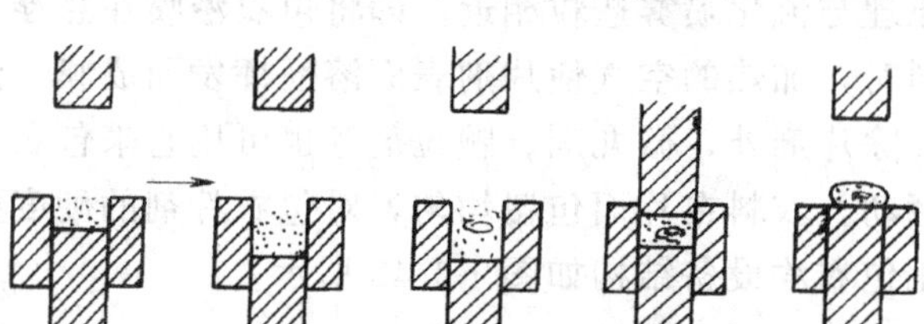

图 1-1-49 压制包衣示意

至另一台压片机上进行包衣，见图 1-1-50。传动器是由传递杯和柱塞以及传递杯和杆相连接的转台组成。片芯用一般方式压制，当片芯从模孔推出时，即由传递杯捡起，通过桥道输送到包衣转台上。桥道上有许多小孔眼与吸气泵相连接，吸除片面上的粉尘，可防止在传递时片芯颗粒对包衣颗粒的混杂。在包衣转台上一部分包衣料填入模孔中，作为底层，然后置片芯于其上，再加上包衣材料填满模孔，压成最后的包衣片。在机器运转中，不需要中断操作即可抽取片芯样品进行检查。

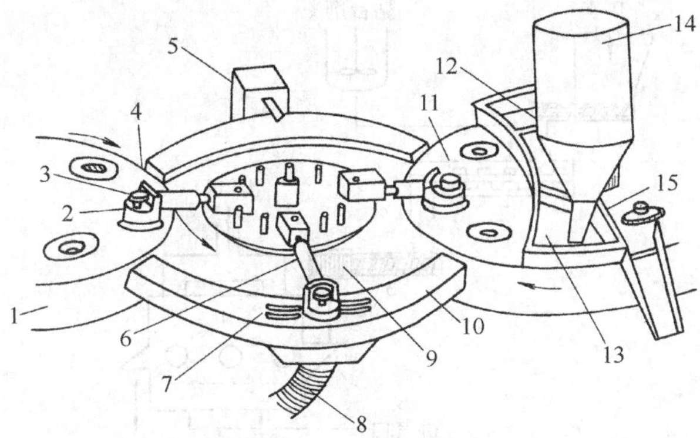

图 1-1-50　压制包衣机结构

1—片模；2—传递杯；3—负荷柱塞；4—传感器；5—检出装置；6—弹性传递导臂；7—除粉尘小孔眼；8—吸气管；9—计数器轴环；10—桥道；11—沉入片芯；12—充填片面及周围用包衣颗粒；13—充填片底用的包衣颗粒；14—包衣颗粒漏斗；15—饲料框

为保证最后压制的所有片剂均有片芯，采用了一台自动控制装置以检查出空白片。如发现片芯未被捡起，以致未能传递到包衣转台上时，机器上设置的精密传感器立即停止将空白片抛出。另一种分路装置能将不符合要求的片子与合格的大量片子分开。

二、糖衣片打光机

糖衣片打光可在包衣锅中进行，如在打光机中进行则效果更好。因其内衬帆布，增强了打光能力。打光要在室温下进行，避免药片不必要地过多摩擦、撞击，引起衣层破裂。

第六节　微丸生产设备

微丸系指直径小于 2.5mm 的各类丸剂，是近几年来从六神丸发展起来的一种制剂。微丸剂包括不包衣的速释微丸和包衣的缓释微丸，是长效及控释的一种常用剂型。微丸流动性好，分剂量准确，通常按需要装入硬胶囊中供服用。微丸剂的生产可在包衣锅、流化床设备上完成，也可以在微丸剂生产专用设备上完成。包衣锅、流化床设备已在前几节中作了介绍，本节主要介绍微丸剂生产专用设备。

一、挤出式制丸设备

挤出式制丸设备包括两部分机械，即挤出机和滚圆机。挤出机主要是使加有黏合剂的物料均匀混合并通过筛网而挤压成为均匀的具有一定长度的细条状物质。挤出机的设备结构如图 1-1-51 所示。物料由料斗加入后首先随旋转的搅杆进入压缩区。在压缩区内物料由于搅杆的作用而使其内的空气被赶出，物料间的混合更加均匀，接触也更加紧密。随后物料进入挤出区，由于后面物料的压缩作用和搅杆的旋转作用而挤过有一定孔径的模板，形成具有一定几何形状的条状物。

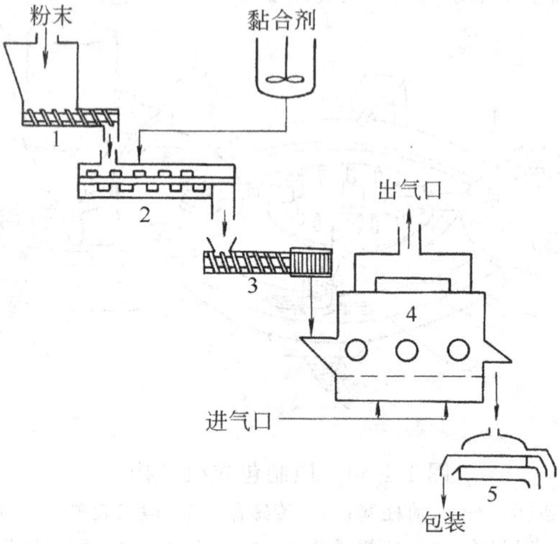

图 1-1-51 挤出机设备

1—加料机；2—混合机；3—挤出机；4—流化干燥器；5—筛网

滚圆机的结构见图 1-1-52，主要部件为一块水平旋转的摩擦板。将挤出机中制得的条状物装入滚圆机，由于摩擦板运动使物料之间的相互碰撞以及物料与摩擦板和室壁间的相互摩擦，丸条被分成长度均匀的小球，并滚圆成为球型小粒。除了水平摩擦板以外，滚圆机还装有加料斗和调温夹层，当一些含水量较大的物料滚圆有困难时，可从料斗中加入粉末，使其在物料表面吸附并吸收水分；或在调温夹层中通入蒸汽和冷水，以达到要求的操作温度。此外，操作室内还有一个与摩擦板旋转方向相反的桨叶，用以增加物料运动时的速度，提高操作效率。滚圆机电机均有多个速度调节开关，可以根据物料的性质和质量要求控制机器的运行。

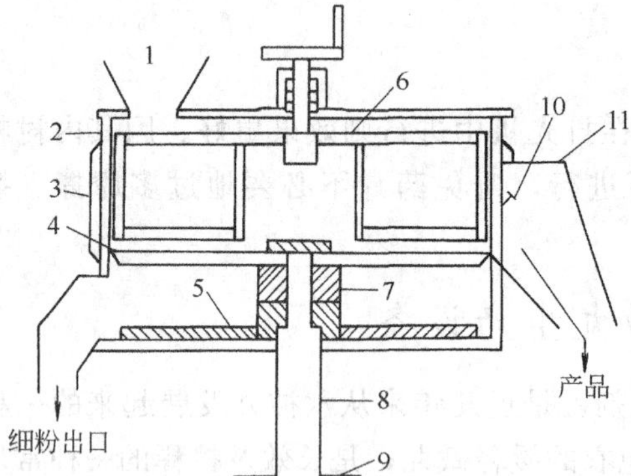

图 1-1-52 滚圆机结构

1—加料口；2—筒壁；3—夹层；4—摩擦板；5—刮板；6—挡板；7—垫圈；8—旋转轴；9—驱动带；10—出料阀；11—出料口

二、离心式制丸设备

离心式制丸设备又称为离心式造粒机，是目前较为先进的高效制丸设备，具有操作灵活、能耗低、自动化程度高的特点。

离心式造粒机的结构如图 1-1-53 所示。它由离心机、供粉机、喷浆系统、鼓风系统、抽风系统、压缩空气系统等组成。

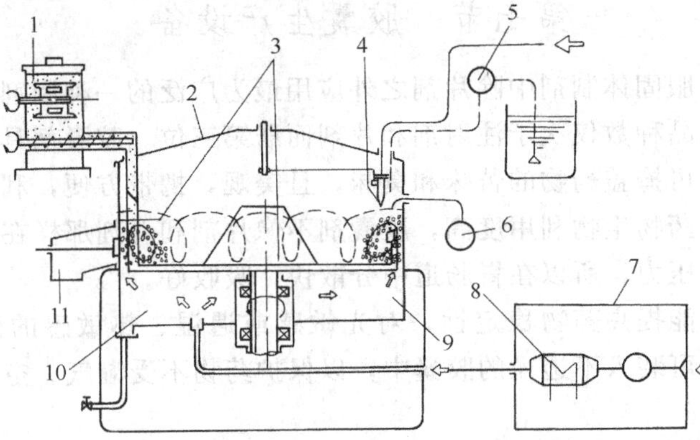

图 1-1-53　离心式造粒机结构

1—供粉机；2—定子盖；3—定子与转子；4—喷浆系统；5—恒流泵；6—湿度感应器；7—压缩空气系统；8—热交换器；9—空气缝；10—空气腔；11—出料口

离心式造粒机的工作原理是依靠高速旋转的离心机转子产生的离心力和摩擦力，将颗粒制成结实的球形小粒。使用离心式造粒机，可以通过颗粒机直接将一定粒径的颗粒挤入，通过转子转动而制得微丸。也可以在机内放入粉料，通过对粒子流表面喷射雾化的浆液，使粉料相互聚结滚动成为微型颗粒（母粒）；然后再按一定比例对机内母粒喷射雾化浆液和撒粉料，使定子和转子之间的过渡曲面上形成涡旋回转的粒子流，而使母粒逐渐滚大成为符合要求的微丸剂。若在机内输入成品微丸，然后在粒子表面喷射雾化的包衣液，可达到微丸包衣的目的，故离心式造粒机也称为离心式包衣造粒机。

离心式造粒机是一种先进的多功能制丸设备，可制造出滚筒式或挤压式制丸机无法制备的微丸剂，且能比沸腾造粒机或喷雾制粒装置造出真球度更高，大小更均匀的各种球粒，它还适用于粉末包衣工艺。该设备除了有手动造粒功能外，为便于在机器上摸索微丸剂处方的工艺参数，还有一种由计算机自动控制造粒过程的润湿母粒、球粒放大、抛光干燥三个阶段的自动转换程序，能够在球粒放大过程中按最佳造粒规律自动调节喷浆流量和供粉速率。

三、泛丸式制丸设备

机械泛丸可用包衣锅，生产过程如下。将部分混合的药物细粉置于包衣锅内，转动包衣锅时用喷雾器将水（或其他润湿剂）喷入，继续转动使药粉形成坚实致密的小粒，再喷水并加入药粉，使小粒逐渐增大到适宜大小，过筛分等，即得丸模。然后将丸模置于包衣锅内，反复加水润湿和加药粉，丸模体积逐渐增大，加水量与药粉量也随丸粒的增大而增大，直到丸粒达到规定大小。筛选出的合格丸粒，放在包衣锅内充分滚动，加少量水润湿（亦可加极细药粉与其他润湿剂的混合浆）继续滚动直至丸面光洁，色泽一致，形状圆整为止。

第七节　胶囊生产设备

胶囊剂是口服固体制剂中除片剂之外应用最为广泛的一种制剂。世界各国药典收载胶囊剂的品种数仅次于注射剂和片剂而居第三位。胶囊剂具有以下特点。

(1) 胶囊剂可掩盖药物的苦味和臭味，且美观，携带方便，利于服用。

(2) 胶囊剂药物生物利用度高，胶囊剂不像片剂和丸剂那样在生产时需要添加黏合剂和施加压力，所以在胃肠道中分散快，吸收好。

(3) 胶囊剂能提高药物稳定性，对光敏感或遇湿、热敏感的药物，如维生素、抗生素等均可装入不透光的胶囊中，以保护药物不受湿气、空气中氧和光线的作用。

(4) 胶囊剂能弥补其他固体制剂的不足，如含油量高或液体药物难以制成丸、片剂时，可制成胶囊剂。

(5) 胶囊剂可以延缓药物的释放。先将药物制成颗粒，然后用不同释放速率的材料包衣或制成微丸，按需要的比例混合，装入空胶囊中，即可达到缓释长效的作用。亦可制成肠溶胶囊剂在肠中显效。

胶囊制剂包括软胶囊剂和硬胶囊剂。其中软胶囊剂是指通过滴制或滚模压制方法将加热熔融的胶液制成胶皮，在囊皮未干硬之前装填药物。而硬胶囊剂是将固体、半固体或液体药物直接灌装于胶壳中而成。根据灌装其内药物的不同，硬胶囊能够达到速释、缓释或控释等多种目的。同时胶壳具有掩味、遮光等作用，刺激性和不稳定性药物均可制成硬胶囊来达到治疗效果和良好的稳定性。胶囊制剂的生产关键是胶囊的制造质量和药物充填质量。

一、软胶囊生产设备

软胶囊剂系指一定量的药物密封于球形或椭圆形的软质囊材中。软质囊材由明胶、甘油或其他适宜的药用材料制成。软质囊材中可以填充多种油类或对明胶无溶解作用的液体药物、药物溶液或固体分散于液体中的悬浊液，也可填充固体药物或固体分散体。软胶囊与硬胶囊的主要区别是软胶囊的胶皮中加入了一定量的甘油，因而其可塑性强，弹性大。软胶囊有球形、椭球形等多种形状，其容积一般要求尽可能小，填充的药物一般为一个剂量。软胶囊剂的生产方法主要有压制法和滴制法。

（一）压制法

压制法系用明胶与甘油、水等溶解后制成胶带，再将药物置于两块胶带之间，用钢模压制成形。工厂大规模生产软胶囊多采用旋转冲模制丸机。其工作原理如图 1-1-54 所示。

连接于机器的有两只容器，分别盛放明胶溶液和药物溶液。为了防止明胶凝固，盛放明胶溶液的容器一般保温于 60℃，而药物溶液则在 20℃保温。机器启动后，明胶溶液沿两根管道分别通过两只预热的涂胶机箱将明胶溶液涂布于温度为 16～20℃的鼓轮上，经过鼓轮的冷却即成为具有一定厚度的均匀明胶带。两边形成的胶带通过胶带导杆和送料轴的带动进入沿相反方向旋转的模子内。药物溶液依靠重力流入到有多个活塞的填充泵内，然后经导管进入温度为 37～40℃的楔形注入器，并注入夹入旋转模子中的明胶带中，注入的药物体积由填充泵的活塞所控制。由于液体的注入使胶带膨胀，同时，模子旋转压迫胶带使其在 37～40℃发生闭合，药物即被封闭在明胶带中，其形状与模子上的孔形一致。模子的继续旋转将装满药物的胶囊切离胶带，软胶囊即基本成型。此时的产品由于胶皮含水量较高，表面较软，将其表面的润滑油洗净后，即送入相对湿度为 20%～30%，温度为 21～24℃的旋转式滚筒中进行定型，一般需要在滚筒中放置十多个小时后才能分装。常见软胶囊的形状和装量见表 1-1-6。

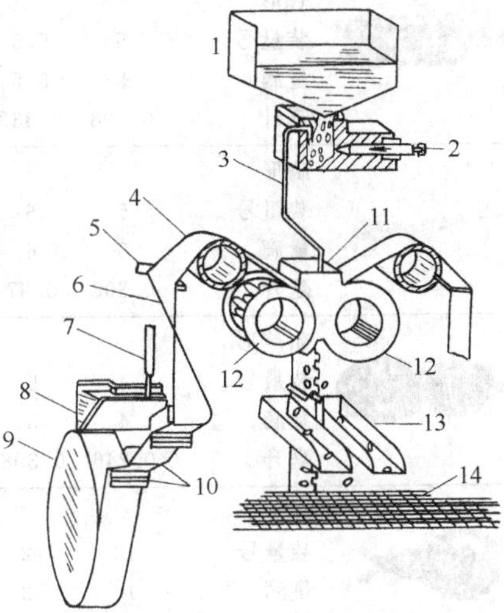

图 1-1-54　自动旋转轧囊机旋转模压示意

1—贮液槽；2—填充泵；3—导管；4—送料轴；5—胶带导杆；6—胶带；7—管子；8—涂胶机箱；9—鼓轮；10—油轴；11—楔形注入器；12—模子；13—斜槽；14—胶囊输送机

表 1-1-6　常见软胶囊的形状和装量

	球形									
	装量号	1.5	2	3	6	7	8	10	36	40
	量滴	1.5	2	3	6	7	8	10	36	40
	毫升	0.092	0.123	0.185	0.37	0.431	0.493	0.616	2.218	2.464
	圆柱形									
	装量号	4	5	6	8	10	11	14	16	20
	量滴	4	5	6	8	10	11	14	16	20
	毫升	0.246	0.308	0.37	0.493	0.616	0.678	0.863	0.986	1.232
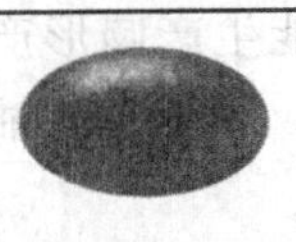	橄榄形									
	装量号	1.5	2	3	4	5	6	8	10	32
	量滴	1.5	2	3	4	5	6	8	10	32
	毫升	0.092	0.123	0.185	0.246	0.306	0.37	0.493	0.616	1.972

续表

	管形									
	装量号	5	5.5	6	8	9	9.5	10	18	20
	量滴	5	5.5	6	8	9	9.5	10	18	20
	毫升	0.308	0.339	0.37	0.493	0.555	0.585	0.616	1.109	1.232
	滴形									
	装量号	5	6	8	10	12	15	20	24.5	30
	量滴	5	6	8	10	12	15	20	24.5	30
	毫升	0.308	0.37	0.493	0.616	0.739	0.924	1.232	1.509	1.848
	葫芦形									
	装量号	4	5	5.5	6	6.5	8	10	12	15
	量滴	4	5	5.5	6	6.5	8	10	12	15
	毫升	0.246	0.308	0.339	0.37	0.4	0.493	0.616	0.793	0.924
	金鱼形									
	装量号	10	12	16	15	16	18	19	20	25
	量滴	10	12	14	15	16	18	19	20	25
	毫升	0.616	0.739	0.863	0.924	0.986	1.109	1.17	1.232	1.54
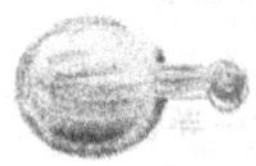	XO 形									
	装量号	6	7	7.5	8	8.5	9	10	12	15
	量滴	6	7	7.5	8	8.5	9	10	12	15
	毫升	0.37	0.431	0.462	0.493	0.524	0.555	0.616	0.793	0.924
	鱼形									
	装量号	4	5	6	7	7.5	8	9	10	12
	量滴	4	5	6	7	7.5	8	9	10	12
	毫升	0.246	0.308	0.37	0.431	0.462	0.493	0.555	0.616	0.793
	茄形									
	装量号	5	6	6.5	7.5	8	9	10	12	39
	量滴	5	6	6.5	7.5	8	9	10	12	39
	毫升	0.308	0.37	0.4	0.462	0.493	0.555	0.616	0.793	2.402

（二）滴制法

滴制法是将胶液与油状药液两相通过滴丸机喷头按不同速度喷出，当一定量的明胶液将定量的油状液包裹后，滴入另一种不相混溶的冷却液中。胶液接触冷却液后，由于表面张力作用而使之形成球形，并逐渐凝固成胶丸（常称为滴丸）。滴制法制备胶丸的装置见图 1-1-55，主要由原料贮槽、定量控制器、喷头和冷却器等组成，其中双层喷头外层通入 75～80℃的明胶溶液，内层则通入 60℃的油状药物溶液。在生产中，喷头滴制速度的控制十分重要。与压制法比较，滴制法生产过程回料少，能有效地降低生产成本，但生产速度较低，且只能生产圆形产品，而压制法生产规模大，能生产出呈不同形状的产品。如亚油酸、浓缩鱼肝油和安妥明等胶丸便属于这一类。影响滴制法胶丸质量的因素主要如下。

（1）明胶处方组分比例。

（2）明胶的黏度。

（3）药物、明胶及冷却液三者密度适宜，保证软胶囊在液状石蜡中有一定的沉降速度，有足够时间使之冷却成型。

（4）冷却箱温度。

例如用滴制法制备鱼肝油胶丸时，对胶液黏度有一定要求，药液密度为 0.9g/mL，胶液密度为 1.12g/mL，液状石蜡密度为 0.86g/mL。

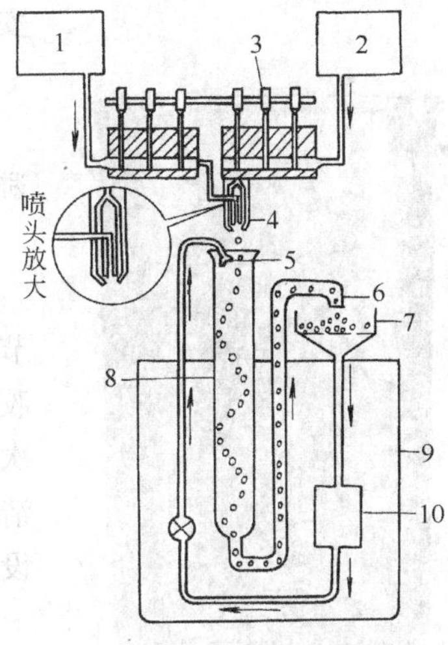

图 1-1-55　滴制法生产软胶囊装置

1—鱼肝油贮槽；2—明胶液贮槽；3—定量控制器；4—喷头；5—冷却液状石蜡出口；6—胶囊出口；7—胶囊收集器；8—冷却管；9—冷却箱；10—液状石蜡贮箱

（三）配套辅助设备

1. 水浴式化胶罐

采用水平传动、摆线针轮减速器减速、圆锥齿轮变向，其结构紧凑、传动平稳；搅拌器采用套轴双桨，由正转的两层平桨和反转的三层锚式桨组成，搅动平稳，均质效果好。罐体与胶液接触部分由不锈钢制成，罐外设有加温水套，用循环热水对罐内明胶进行加温，温升平稳。

罐体设有安全阀、温度和压力表等，按一类压力容器设计、制造。产品除用于医药行业融化药用明胶外，还可用于食品、日用化学品等行业作为真空搅拌均质设备。设备外形见图 1-1-56。

图 1-1-56　水浴式化胶罐设备外形

2. 地面输胶桶

地面输胶桶可储存并精确控制明胶液的温度，采用压力小于 0.05MPa 的压缩空气将明胶液输送到主机的明胶盒中。其特点：采用进口精密压力调节装置，输送速度精确控制。精确的温控仪确保胶液温度控制精确可靠。采用快装结构，安装清洗方便。设备外形见图 1-1-57。

3. 自动供料系统

采用先进的蠕动泵输送物料，自动控制输送量，避免污染，安装清洗方便。

4. 转笼干燥机

转笼干燥机用于胶囊的定型和初步干燥。由四节独立控制的转笼和两台对置的风机组成。正转时胶囊停留在本节转笼中定型干燥，反转时将胶囊依次进入下一节干燥。转笼采用不锈钢板冲孔，便于清洗。采用无油润滑的传动机构，避免污染胶囊。设备外形见图 1-1-58。

5. 变频冷风机

采用变频控制技术是根据风口风温的变化，来控制压缩机的转速，获得不同的制冷量，从而精确控制送风的温度。其特点：结构简单，无复杂的管路连接，维护方便，不锈钢结构。节能，控温精度高，可达±1℃。温度响应速度快，稳定性好。设备外形见图 1-1-59。

图 1-1-57　地面输胶桶设备外形

图 1-1-58　转笼干燥机设备外形

二、硬胶囊灌装设备

硬胶囊剂是将固体、半固体或液体药物直接灌装于胶壳中而成，是目前除片剂之外应用广泛的一种固体剂型。装入胶壳的药物可为粉末、颗粒、微丸或者片剂及胶囊，甚至液体或半固体糊状物，硬胶囊能够达到速释、缓释或控制释药等多种目的。同时，由于胶壳具有掩味、遮光等作用，刺激性药物和不稳定药物均可制成硬胶囊剂来达到有效的治疗效果和良好的稳定性，因而近年来硬胶囊剂的生产设备得到了很大的发展。

20 世纪 70 年代后期以来，随着硬胶囊剂使用量的不断增加。国内许多生产厂家告别了以手工填药为主的生产方法，从国外引进了先进的全自动胶囊灌装设备。国内的制药机械生产厂家也研制了一些自动化胶囊灌装机。

(一) 硬胶囊灌装原理

根据硬胶囊灌装生产工序，硬胶囊生产操作可分为手工操作、半自动操作、全自动间隙操作和全自动连续操作。除手工操作以外，机械灌装胶囊可以分为以下几个工序，即胶壳排列，校准方向，胶壳分离，药物填充，胶壳闭合和送出等（见图 1-1-60）。这几道工序可由设备一步完成（全自动操作）或设备与人工共同完成（半自动操作）。

图 1-1-59　变频冷风机设备外形

在这些操作工序中，药物填充是最关键的工序。这一步骤不仅与被填充药物的物理性能有关，而且也取决于各种灌装设备的操作方式即药物的填充方式。常用的药物粉末填充方式有平板法、间隙式压缩法、连续式压缩法和真空填充法。

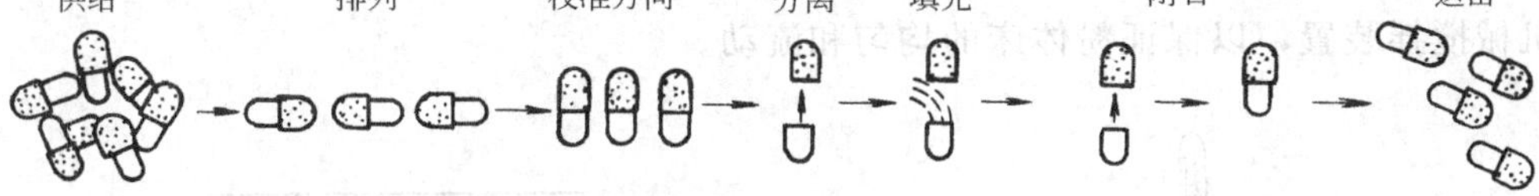

图 1-1-60　机械灌装胶囊工序

平板法由手工填充药物原理衍生，主要依靠机械方式将药物粉末直接填入胶壳内。一种方法是依助螺旋式加料杆的转动将药物粉末直接填入胶壳（见图 1-1-61）。加药量主要通过调节加料杆的转速和料斗在胶壳上停留时间加以控制；另一种方法是利用压缩杆将药物粉末压缩成一定厚度的块状，然后再将其填入胶壳内（见图 1-1-62）。平板法对药物粉末要求较高，填充粉末需要有良好的流动性，

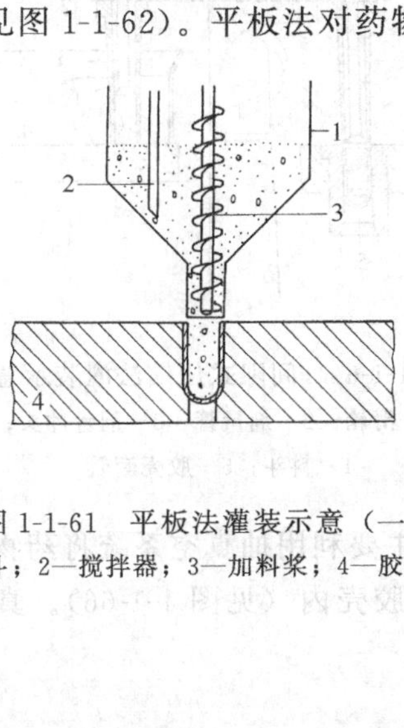

图 1-1-61　平板法灌装示意（一）

1—料斗；2—搅拌器；3—加料桨；4—胶壳平台

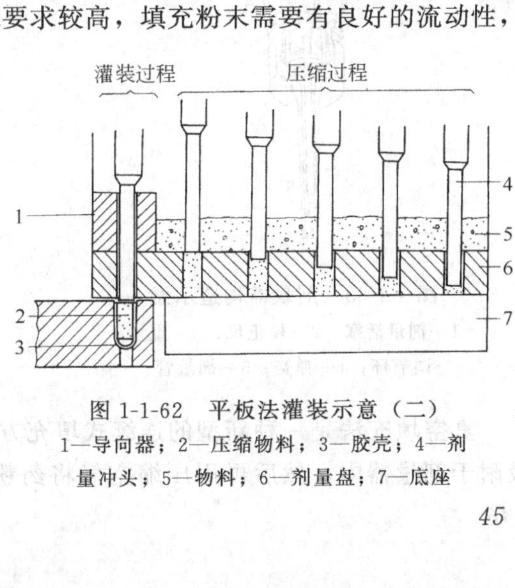

图 1-1-62　平板法灌装示意（二）

1—导向器；2—压缩物料；3—胶壳；4—剂量冲头；5—物料；6—剂量盘；7—底座

而且要求各成分间密度相近，批与批之间的差异也不应过大，以确保相近的填充结果。这一类填充方法主要用于半自动化操作中。

间隙式压缩法主要用于全自动间隙操作，它依靠剂量器定量吸取药物并将粉末填入胶壳。剂量器的结构见图 1-1-63。剂量器由活塞、校正尺、重量调节环、弹簧和剂量头等组成。填充剂量的调节可经控制活塞在剂量头中的高度达到。实际操作时，剂量器插入粉体贮料斗内后，活塞可将进入剂量头内的药物粉末压缩成具有一定黏结性的块状物，然后剂量器移向胶壳，将药物推入胶壳内（见图 1-1-64）。间隙式压缩法填充效果直接取决于贮料斗内粉末的流动性及粉床高度。为了减少填充差异，应经常保持料斗内粉末具有一定的高度和流动性，同时药物处方中常加入一些润滑剂或助流剂，如硬脂酸镁、微粉硅胶等，以防止药物粉末黏附于剂量头内或活塞表面。有些处方中药物粉末在剂量头内能自行黏附成型，此时无需再用活塞将其压制成块，可由剂量器直接取样后送入胶壳。连续式压缩法运行见图 1-1-65。由于填充速度加大，剂量器在粉体床中的停留时间相应减少，故对填充药物粉末要求更高。处方中各成分密度应基本接近，粉末流动性好，且不易分层。同时，处方粉末应有一定的可压缩性，以保证填充均匀。为了避免剂量器从粉床中抽出后在粉床内留有空洞影响填充精度，贮料斗内常设置有机械搅拌装置，以保证粉体床的均匀和流动。

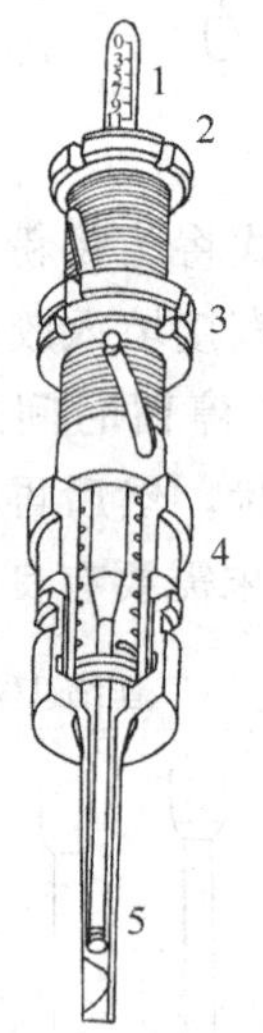

图 1-1-63 剂量器构造示意

1—剂量活塞；2—校正尺；3—重量调节环；4—弹簧；5—剂量管

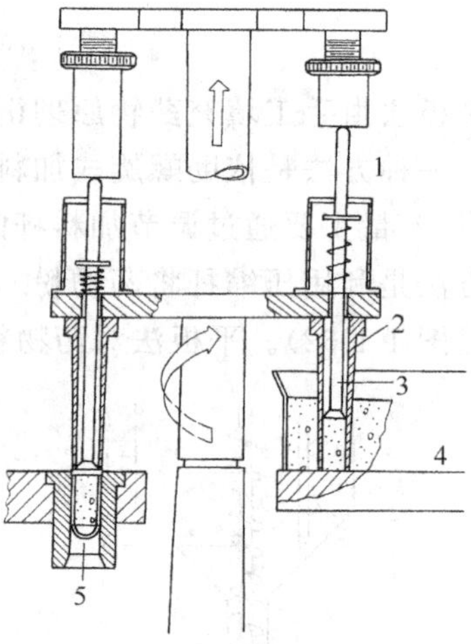

图 1-1-64 间隙式压缩法灌装示意

1—滑轮；2—剂量管；3—剂量冲头；4—料斗；5—胶壳套管

真空填充法是一种新型的连续式填充方法，主要利用抽真空系统将药物粉末吸附于剂量器内，然后再用压缩空气将药粉吸入胶壳内（见图 1-1-66）。真空剂

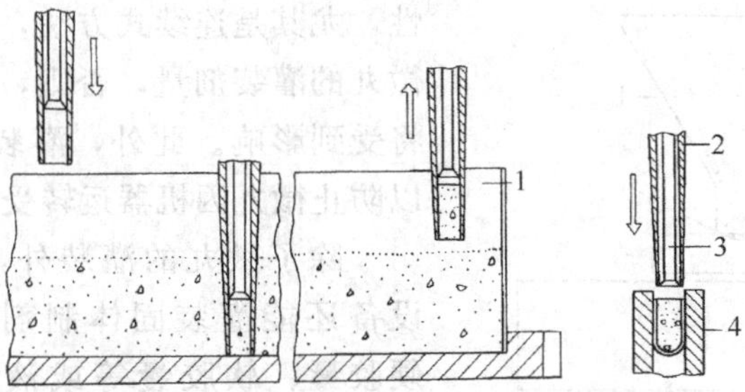

图 1-1-65　连续式压缩灌装示意

1—料槽；2—剂量管；3—剂量冲头；4—胶壳套管

量器由圆筒和可调节活塞构成，活塞上安装有尼龙过滤器，并与空气系统相接，调节活塞在圆筒内的高度，即可控制药物填充量。当胶壳未被打开时，剂量器能将药粉吹回贮料斗，避免污染机器，并减少浪费。另一种真空填充法是将胶壳内空气抽去，而使药物粉末直接吸入胶壳（图 1-1-67）。为了避免填充时药物外泄，胶壳顶部采用封闭环使胶壳与外界隔绝。当操作杆将胶壳顶起后即启动真空系统，药物被吸入胶壳。填充量系通过控制抽取真空的时间来控制，填量达到后真空系统关闭，胶壳与外界空气相通则填药中止。采用真空填充由于无任何机械活动部件，可用于直接灌装药物原料，同时可省略药物预处理工序，节约操作时间和成本。

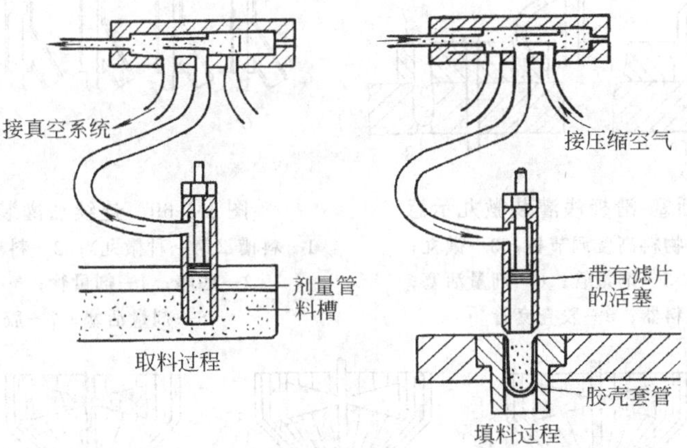

图 1-1-66　真空灌装示意（一）

20 世纪 80 年代以来，随着微丸剂的生产和多半灌入胶囊中使用，为适应这一情况，胶囊灌装设备也作了相应改进。灌装微丸最早的两种方法是活塞法和滑板法。目前已将这两种方法加以合并，成为活塞-滑板法，灌装效果进一步改善(见图 1-1-68)。连续法能将两种不同的微丸，如一部分速释微丸，一部分控释微丸装入同一个胶囊内，以便于药物在体内较快地达到有效治疗浓度并维持较长的作用时间。连续法灌装见图 1-1-69。微丸的灌装操作中主要应严格控制剂量准确

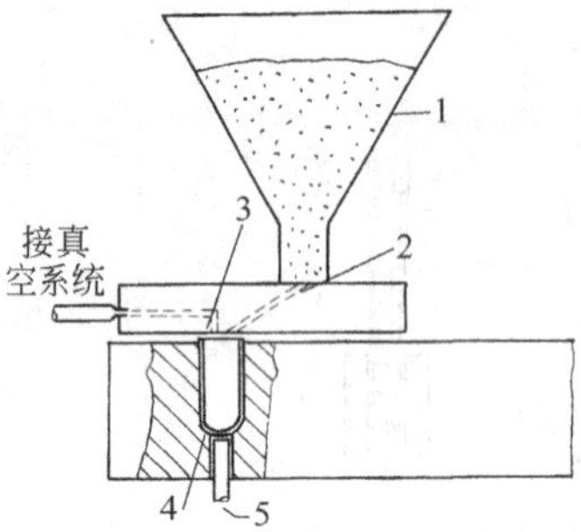

图 1-1-67　真空灌装示意（二）

1—料斗；2—填料管；3—密封圈；
4—胶壳；5—启动杆

性，尤其是连续式方法，需严格控制第一种微丸的灌装剂量，否则，第二种微丸的剂量将受到影响。此外，灌装速度应调节合适，以防止微丸因机器运转受挤压而破碎。

除了微丸的灌装外，一些硬胶囊灌装设备还能灌装固体制剂，如较小的片剂、硬胶囊、软胶囊等或液体、半固体制剂。当然，所灌装的固体制剂有一定的体积限制，以确保能够完全封闭于胶壳内。图 1-1-70 为灌装液体的方法示意图。除灌装液体和半固体有专用的设备外，一些灌装粉末的设备在增加部分零件后可直接用于灌装微丸或其他固体制剂。

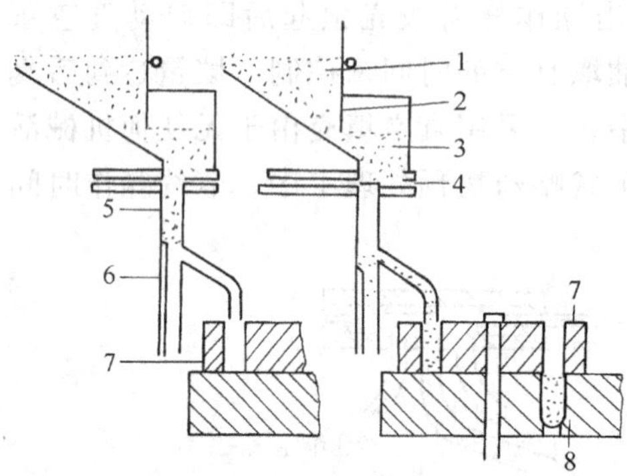

图 1-1-68　活塞-滑板法灌装微丸示意

1—料斗；2—物料高度调节板；3—微丸；
4—剂量滑板；5—剂量管；6—剂量活塞；
7—填料器；8—胶壳套管

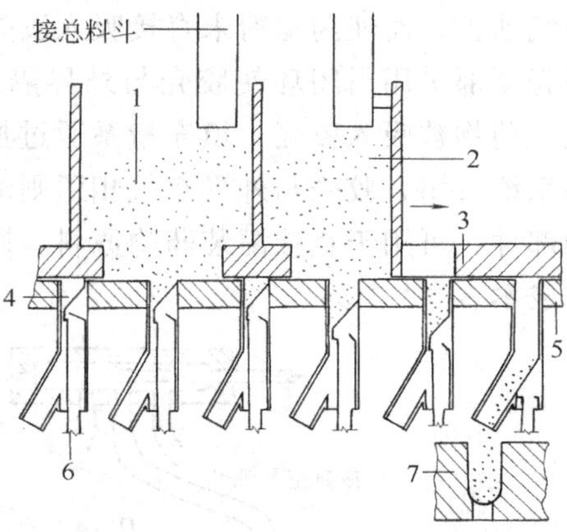

图 1-1-69　连续法灌装微丸示意

1—料槽（第一种微丸）；2—料槽（第二种微丸）；
3—底座；4—剂量管；5—剂量转盘；
6—剂量活塞；7—胶壳套管

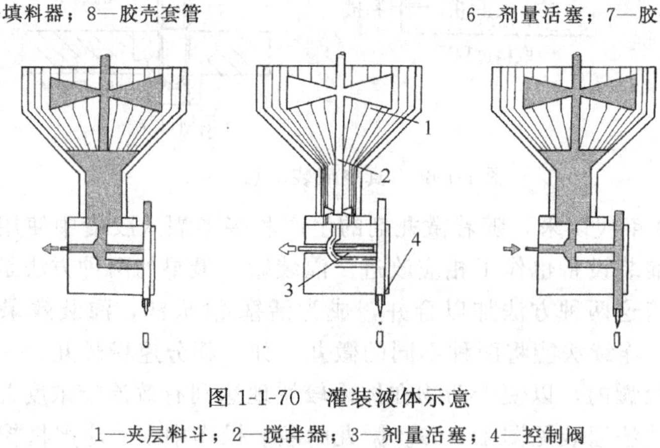

图 1-1-70　灌装液体示意

1—夹层料斗；2—搅拌器；3—剂量活塞；4—控制阀

在胶囊灌装机上，还有一个较为重要的部件是胶壳的定向排列和胶壳帽体分开机构。制剂厂是从定点生产胶壳的专业工厂购买胶壳直接投入生产，而出厂的胶壳均为帽体合并的空胶囊，使用前需采用机械方法将其分开，以便药物能够灌装进去。胶壳的定向排列及打开均在胶囊灌装机上完成。与胶壳贮料斗连接的为孔槽落料器，落料器在操作时做上下滑动的机械运动，使进入槽孔的胶壳在重力作用下导入落料器的纵向滑道内而自由落下。由于落料器的上下滑动属非强制性，当滑道中有阻力则胶壳无法超越前进。落料器上下滑动一次，则由弹簧的阻尼作用完成一粒胶壳的输送。输出的胶壳落入顺向器（胶壳帽体顺向排列器）的接受孔中，再由推手校正器将胶壳在顺向器的滑槽内（槽宽比胶壳帽略小）移动并按帽体倾向方向调整而使胶壳自动转向，再经过垂直推进器将已转向整理好的胶壳推入上下模板中，由真空将胶壳体与帽分开，分开的胶壳体送入填粉装置填充药物。胶壳、落料及顺向转换调整过程示意见图 1-1-71。

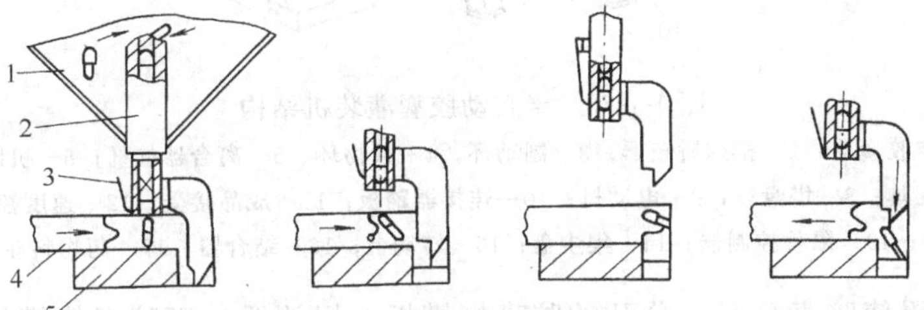

(a) 胶壳帽向上的落料情况

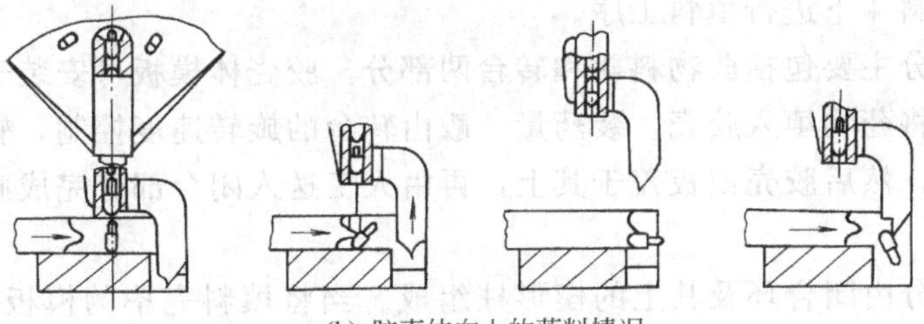

(b) 胶壳体向上的落料情况

图 1-1-71　胶壳、落料顺向和打开过程示意

1—贮料斗；2—落料器；3—弹簧；4—推手校正器；5—顺向器

（二）半自动胶囊灌装机

半自动胶囊灌装机为最早应用的机械化胶囊灌装设备，按照生产顺序可分为胶壳排列、打开部分、填药部分和闭合部分，结构见图 1-1-72。三个不同部分之间需要人工连接。

胶壳排列与打开部分包括贮料斗、顺向器和胶壳帽体模板，其中模板为两块可分开的旋转环形转台，其上的模孔能够分别夹住胶壳体和胶壳帽。由贮料斗经顺向器顺向排列的胶壳以体在下，帽在上的位置填入模板孔中，模孔全部填满后

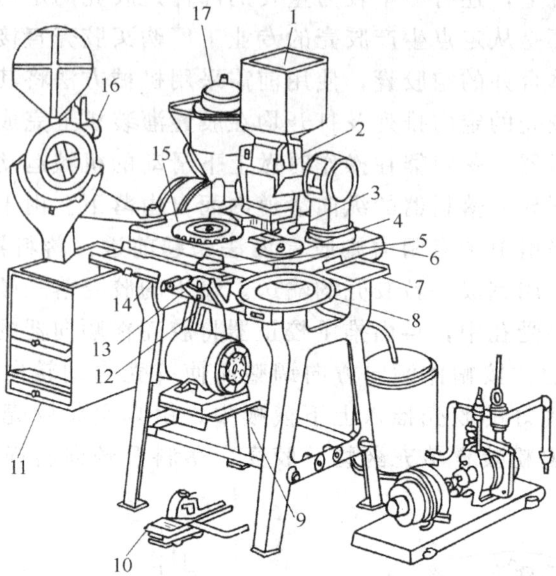

图 1-1-72　半自动胶囊灌装机结构

1—空胶囊斗；2—排列矫正器；3—制动环；4—载物环；5—离合器杠杆；6—机床；7—工具；8—塔盘环；9—电动机；10—连接器踏板；11—成品接受；12—速度控制器；13—限程控制器；14—集尘盘；15—转动台；16—结合器；17—药物料斗

开动真空装置使胶壳分开，分开的胶壳帽模板上提放置，而胶壳体模板则由手工移入药物贮料斗下进行填料工序。

填药部分主要包括药物料斗和转台两部分。胶壳体模板可安装于转台上，经过旋转动作将药物填入胶壳。装药量一般由转台的旋转速度控制，转台旋转一周装料即完成，然后胶壳模板盖于其上，再由人工送入闭合部分完成胶囊的全部生产操作。

闭合部分由闭合环及其上的楔形柱组成。当将填料完毕的模板装入闭合后，可依靠手工或机械方法相闭合，然后再用楔形柱将成品胶囊推出模孔收集。

半自动胶囊灌装机在国内使用不多，主要原因是产品质量及生产效率完全取决于操作人员的熟练程度，人为因素较大。由于药物粉末依靠旋转方式灌装，胶壳外吸附药粉很多，对成品需要有一个单独的清洁表面粉尘工序。此外，药物装量主要由填料转台转速和药物料斗中粉末的高度所决定，虽然机器可有 8 个不同的转台转速，装量差异仍然较大。故半自动胶囊灌装机属于一种正在淘汰的机型。

（三）全自动间隙式灌装机

全自动间隙式灌装机的操作原理类似于半自动灌装机，但各工序之间采用机械方法连接，由机器控制，而无需人工操作。图 1-1-73 为意大利产 Zanasi AZ-60

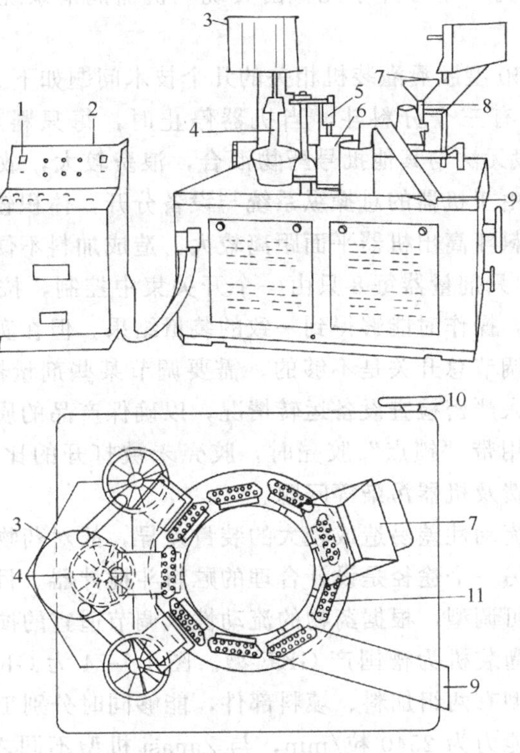

图 1-1-73 Zanasi AZ-60 型胶囊灌装机结构

1—总开关；2—控制台；3—总料斗；4—剂量器料斗；5—剂量器；
6—灌装转台；7—胶壳料斗；8—胶壳顺向器；9—成品出口；
10—调节手轮；11—模板

型自动胶囊灌装机结构图。

胶壳由贮料斗经顺向器排列进入装料转台上的模孔内，胶壳模板则由两块活动部件组成。当胶壳填入并由真空方法将胶壳帽、体分开后，填有胶壳帽的上模板即向后移出，而填有胶壳体的下模板则转入药物料斗下进行填料工序。装料部分有一个总料斗和三个分料斗组成，每个分料斗负责 8 个剂量器的装料。药物的流动由总料斗内搅拌器和分料斗内搅拌翼片完成。开机前每一个剂量器均需调节加料剂量，剂量调准后则 8 个剂量器由一个总开关自动控制。当装料转台转入填料区域后，每块模板上的 4 只胶壳由一个分料斗上的 4 个剂量器负责填料，在完成填料并转出填料区域后，若药物粉末高于模孔平面，则微调开关可使机器自动停止，在这一区域，未打开的胶壳也由机器自动推出并收回。然后上下模板重新合并，胶囊闭合后被推出，进入收集管道。收集管道内安装有粉末清除装置，通过气流作用吸除黏附于胶壳表面的粉末。同时，收集管道内有检测胶囊长度的设备，保证所有闭合的成品胶囊有一致的长度，然后再通过收集口收集。整台设备的操纵系统为一个分开单元，由其统一机器润滑系统、真空系统、压缩系统。

与 Zanasi AZ-60 型胶囊灌装机相关的几个技术问题如下。

(1) 由于机器有三个分料斗，当机器停止时，每只料斗中一般残留物料 1kg，这些物料一般无法与其他批号药物混合，浪费较大，故最好用于同品种大批量生产。此外，由于机器的总操纵系统与设备分开，体积较大，相应要求的安装面积较大。总加料斗高出机器平面距离较大，造成加料不便。

(2) 机器的 24 只剂量器每 8 只由一个开关集中控制，按理说当操作前将各个剂量器调整好后，操作时能够得到一致的装量结果，但在实际操作中发现为了减少装量差异，仅调节总开关是不够的，需要调节某些剂量器上的刻度。此外，机器运行时需要工人严密检查设备运转情况，以确保产品的质量。

(3) 当机器使用带“锁点”胶壳时，胶壳未被打开的比例明显高于普通胶壳，易出现胶壳浪费及机器污染等问题。

(4) 药物粉末流动性差易造成较大的装量差异，故对药物处方要求较高。解决流动性差问题的另一个途径是设计合理的贮料斗搅拌器。目前已将搅拌器转速由单个改变为多个可调型，根据药物的流动性状调节适宜的搅拌转速。

另一类间隙式灌装机为德国产 GKF 型。图 1-1-74 为 GKF2400 型机的外观及操作简图。该机型有两组加料、填料部件，能够同时分别工作，使生产能力大大提高，最大生产能力为 2540 粒/min，与 Zanasi 机型不同之处是 GKF 填料法为平板法中第二种，即先将药物粉末压制成一定硬度的块状，然后再填入壳体内。此外，该机还可直接灌装微丸或片剂。

（四）全自动连续式灌装机

全自动连续式灌装机依靠输送链将胶壳送入各个区域进行处理，其填料方式也不同于间隙式灌装机。典型的连续式灌装机有意大利产 MG2 型号，以及 Zanasi 型号等。

MG2 型中 G36 灌装机灌装时，置于胶壳料斗的空胶壳经顺向器排列后颗粒依次送入输送链的模孔内，并且由真空将帽体分开，然后再送入其他工作区域。在填料区域，贮料斗与剂量器以同速旋转，在旋转过程中剂量器插入贮料斗内取样，然后再将药物填入胶壳体内，装药量主要通过调整贮料斗内粉体高度以及剂量器内活塞高度加以控制。该机型特点之一是剂量器的调整简单、方便，可以同时调节剂量器取样重量以及活塞对粉体加压压力。当换上备件后该机可用于灌装微丸和片剂，它能将两种不同类型的微丸或四种不同种类的片剂灌装于同一个胶壳体内。G36 型机的最大生产能力为 36000 粒/h。

G38 和 G37 均为 G36 的改进型，性能优于 G36。其中 G38 型有 20 个剂量器，使最大生产能力提高到 10 万粒/h。同时剂量器的调节由总操纵台上的装置来完成，使装量差异进一步缩小。为了避免因剂量器高速取样造成料斗内粉体不

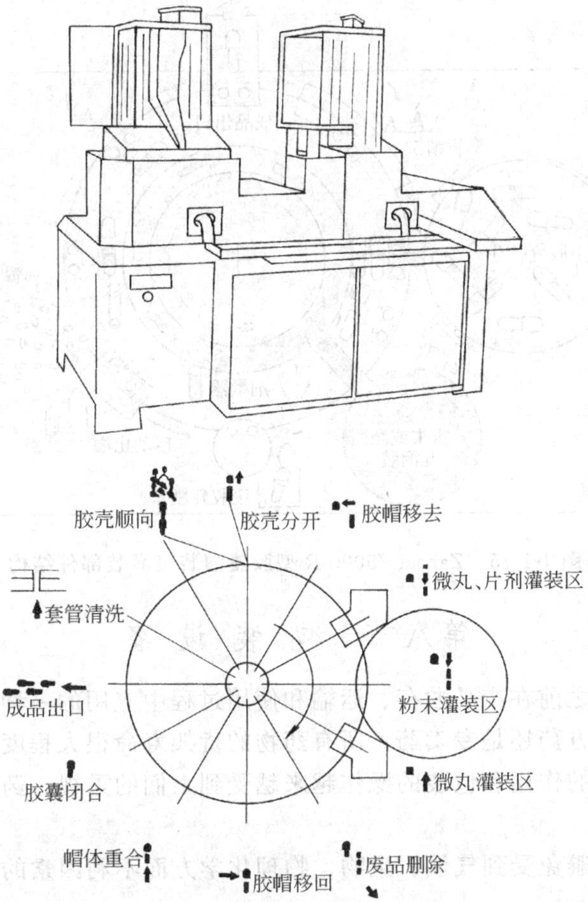

图 1-1-74　GKF2400 型胶囊灌装机外观及操作简图

足而引起取样量不足，在料斗内安装有搅拌装置，能够自动地保证料斗内粉体恒定高度并维持粉末良好的流动性。

G37/N 能够自动剔除未能自动顺向排列的胶壳，以防止其影响正常的灌装速度。该机可与其他一些质量控制及自动操作设备相连接，如胶壳选查机、胶囊产品检查机、剂量器自动控制计算机等，从而能由机器自动选择胶壳，自动检出不合格的产品。生产时只需在操作前输入所需装料的重量、装量差异等参数，即可由计算机自动控制操作，并能够自动调整操作时剂量器合适的装量，打印出操作结果。

Zanasi 全自动连续式灌装机的填药部分类似于旋转式压片机的压片转盘，图 1-1-75 表示 Z5000-R 型机进行胶囊灌装的示意图。胶囊经过一个旋转的转盘后，即完成顺向、打开、填料、闭合、出料步骤。这种机型的最大生产能力为 15 万粒/h。

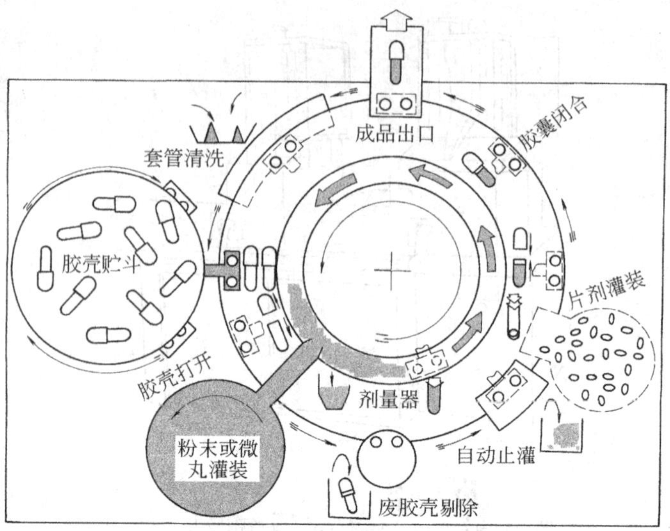

图 1-1-75 Zanasi Z5000-R 型胶囊灌装机灌装部件结构

第八节 包 装 设 备

包装是用药之前在产品贮存、运输和使用过程中应用的一种技术手段，无论是处方药、半处方药还是专卖药，所有药物的货架寿命很大程度上取决于包装的性能，所以包装的作用和包装的操作越来越受到人们的重视。药物的包装必须达到以下的要求。

(1) 使药品避免受到气候、生物、物理化学方面不利因素的影响，延长货架寿命期。

(2) 使药品有一个可接受的外观，从而使顾客相信药品的可靠性。

(3) 起到标识药品和便于携带的作用。

包装也是固体制剂生产的最后一道工序，过去片剂包装大多为手工操作，效率很低，占用了工厂的很大一部分劳动力和生产场地。近年来随着机械化程度的不断提高和国外先进设备的引进，许多生产厂家都添置了机械化包装设备。目前使用较多的有铝塑包装机、片剂瓶装自动线和多功能充填包装机。以下分别予以介绍。

一、包装材料

铝塑包装所使用的塑料膜多为 0.25～0.35mm 厚的无毒聚氯乙烯（简称 PVC）膜，又常称为硬膜。包装成型后的坚挺性取决于硬膜，有时在真空吸塑成型中用 0.2mm 厚的塑料膜。

铝塑包装用的铝箔多是用 0.02mm 厚的特制铝箔（又称为 PT 箔）。使用铝箔的目的：一是利用其压延性好，可制得最薄的、密封性又好的包裹材料；二是由于它极薄，遇至稍锋利的锐物时比较易撕破，以便取药；三是铝箔光亮美观，易于防潮。用于铝塑包装的铝箔在与塑料膜黏合的一侧需涂敷无毒的树脂胶以用于与塑料膜之间的密合。有时也用一种特制的透析纸代替铝箔，纸的厚度多为0.08mm。这种浸涂过树脂的纸不易吸潮，又具有在压辊作用下能与塑料膜黏合的能力。

有些药物避光要求严，也有利用两层铝箔包封的（称为双铝包装），即利用一种厚度为0.17mm左右的稍厚的铝箔代替塑料（PVC）硬膜，使药物完全被铝箔包裹起来。利用这种稍厚的铝箔时，由于铝箔较厚具有一定的塑性变形能力，可以在压力作用下，利用模具形成凹泡。

多功能充填包装机使用的包装材料均是复合材料，它由纸、玻璃纸、聚酯膜（又称涤纶膜）镀铝与聚乙烯膜复合而成，利用聚乙烯受热后的黏结性能完成包装袋的封固功能。不同机型根据包装计量范围不同可有不同的用带尺寸规格：长度40～150mm不等；宽30～115mm不等。这种包装材料防潮、耐蚀、强度高，既可包装药物、食品，也可包装小五金、小工业品件，用途广泛。

二、铝塑包装机

（一）工艺过程

铝塑包装是指利用透明塑料薄膜及薄铝箔将片剂、胶囊剂、丸剂等成型药物夹固在它们中间，而构成的一种包装形式。由于塑料膜多具有热塑性，在成型模具上使其加热变软，利用真空或正压，将其吸（吹）塑成与待装药物外形相近的形状及尺寸的凹泡，再将单粒或双粒药物置于凹泡中，以铝箔覆盖后，用压辊将无药物处（即无凹泡处）的塑料膜及铝箔挤压粘接成一体。根据药物的常用剂量，将若干粒药物构成的部分（多为长方形）切割成一片，就完成了铝塑包装的过程。

在铝塑包装机上需要完成凹泡成型、加料、印刷、打批号、密封、压痕、冲裁等工艺过程，如图1-1-76所示。在工艺过程中对各工位是间歇过程，就整体讲则是连续的。

（1）成型　塑料硬膜在通过模具板之前先经过加热，加热的目的是使塑料软

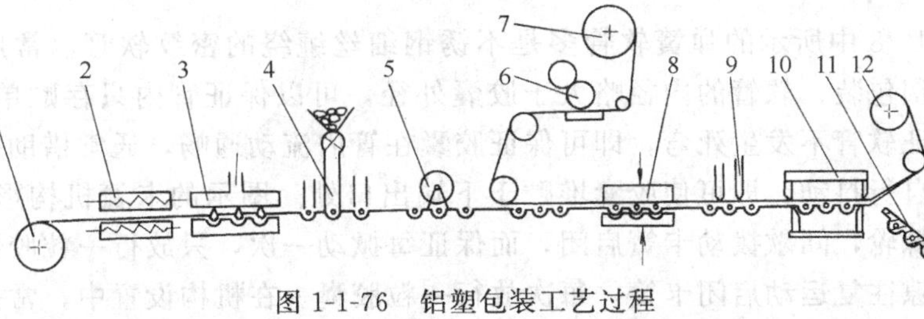

图1-1-76　铝塑包装工艺过程

1—塑料膜辊；2—加热器；3—成型；4—加料（装药）；5—检整；6—印字；7—铝箔辊；8—密封；9—压痕；10—冲裁；11—成品；12—废料辊

化，提高其塑性。通常加热温度调控在110～130℃，温度的调节视季节、环境及塑料的情况，通过电脑预先控制。

使塑料膜成型的动力有两种：一种是正压成型；一种是真空成型。正压成型是靠压缩空气形成0.3～0.6MPa的压力，将塑料薄膜吹向模具的凹槽底，使塑料膜依据凹槽的形状（如圆的、长圆的、椭圆的、方的、三角形的等）产生塑性变形。在模具的凹槽底设有排气孔，当塑料膜变形时，凹槽空间内的空气由排气孔排出，以防该封闭空间内的气体阻碍其变形。为使压缩空气的压力有效地施加于塑料膜上，加气板应设置在对应于模具的位置上，并且应使加气板上的通气孔对准模具的凹槽，如用真空吸塑时，真空管线应与凹槽底部的小孔相通。与正压吹塑相比，真空吸塑成型的压力差要小。正压成型的模具多制成平板型，在板状模具上开有成排、成列的凹槽，平板的尺寸规格可根据生产能力要求定。

(2) 加料　向成形后的塑料凹槽中填充药物可以使用多种形式加料器，并可以同时向一排（若干个）凹槽中装药，常用图1-1-77所示的旋转隔板加料装置及图1-1-78所示的弹簧软管加料器。可以通过严格机械控制，间隙的单粒下料于塑料凹槽中；也可以一定速度均匀地铺撒式下料，同时向若干排凹槽中加料。在料斗与旋转隔板间通过刮板或固定隔板限制旋转隔板凹槽或孔洞中，只落入单粒药物。旋转隔板的旋转速度应与带泡塑料膜的移动速度匹配，即保证膜上每排凹槽均落入单粒药物。塑料膜上有几列凹泡就需相应设置有足够旋转隔板长度或个数。对于图1-1-77左侧的水平轴隔板，有时不设软皮板，但对于塑膜宽度上两侧必须设置围堰及挡板，以防止药物落到膜外。

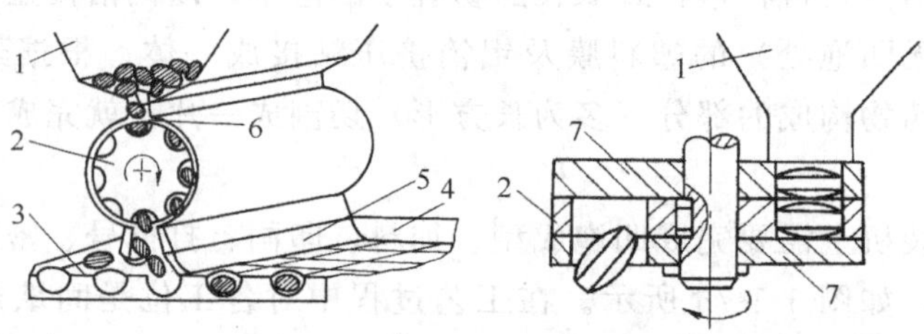

图1-1-77　旋转隔板加料器

1—料斗；2—旋转隔板；3—带泡塑料膜；4—围堰；5—软皮板；6—刮板；7—固定隔板

图1-1-78中所示的弹簧软管多是不锈钢细丝缠绕的密纹软管，常用于硬胶囊剂的铝塑包装，软管的内径略大于胶囊外径，可以保证管内只存贮单列胶囊。应注意保证软管不发生死弯，即可保证胶囊在管内流动通畅，通常借助整机的振动，软管自行抖动，即可使胶囊堆贮于下端出口处。图示的卡簧机构形式很多，可以利用棘轮，间歇拨动卡簧启闭，而保证每掀动一次，只放行一粒胶囊。也可以利用间隙往复运动启闭卡簧，每次放行一粒胶囊。在机构设置中，常是一排软管，由一个间歇机构保证联动。

(3) 检整　利用人工或光电检测装置在加料器后边及时检查药物填落的情

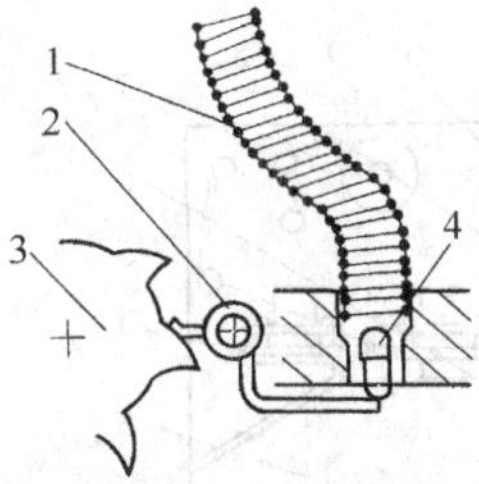

图 1-1-78　弹簧软管加料器

1—弹簧软管；2—卡簧片；

3—棘轮；4—待装药物

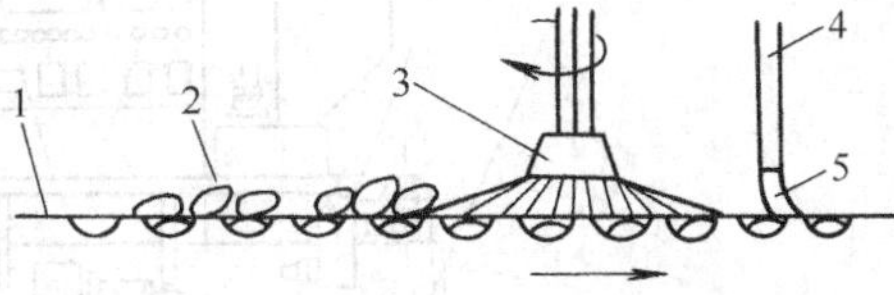

图 1-1-79　软刷推扫器

1—塑料膜；2—药粒；3—旋转软刷；

4—围堰；5—软皮板

况，必要时可以人工补片或拣取多余的丸粒。较普遍使用的是利用机械软刷，在塑料膜前进中，伴随着慢速推扫。由于软刷紧贴着塑料膜工作，多余的丸粒总是赶往未填充的凹泡方向，又由于软刷推扫，空缺的凹泡也必会填入药粒，其工作如图 1-1-79。

(4) 印刷　铝塑包装中药品名称、生产厂家、服用方法等应向患者提示的标注都需印刷到铝箔上。当成卷的铝箔引入机器将要与塑料膜压合前进行上述印刷工作。机器上向铝箔印字的机构需有一系列如匀墨轮、钢质轮、印字板等机构，此处不再介绍。印刷中所用的无毒油墨，还应具有易干的特点，以确保字迹清晰、持久。

(5) 密封　当铝箔与塑料膜相对合以后，靠外力加压，有时还需伴随加热过程，利用特制的封合模具将二者压合。为确保压合表面的密封性，结合面上并不是面接触，而是以密点或线状网纹封合，使用较低压力即可保证压合密封。必要时，在此工序中尚需利用热冲打印批号。

(6) 压痕　一片铝塑包装药物可能适于服用多次，为了使用方便，可在一片上冲压出易裂的断痕，用手即可方便地将一片断裂成若干小块，每小块为可供一次的服用量。

(7) 冲裁　将封合后的带状包装成品冲裁成规定的尺寸（即一片片大小）称为冲裁工序。为了节省包装材料，希望不论是纵向还是横向冲裁刀的两侧均是每片包装所需的部分，尽量减少冲裁余边，因为冲裁余边不能再利用，只能废弃。由于冲裁后的包装片边缘锋利，常需将四角冲成圆角，以防伤人。冲裁成品后所余的边角仍是带状的，在机器上利用单独的辊杆将其收拢。

（二）传动机构

以平板式（正压）铝塑包装机为例，图 1-1-80 示出其结构布置情况。这类机器的布局多是将各种机构按垂直平面布置，利用一个垂直的面板将工作装置及传动机构分隔成前后两部分，以利于保证药物的卫生要求。由于传动机构多，易有油污及噪声，故放置于面板后面，也利于维护外观。

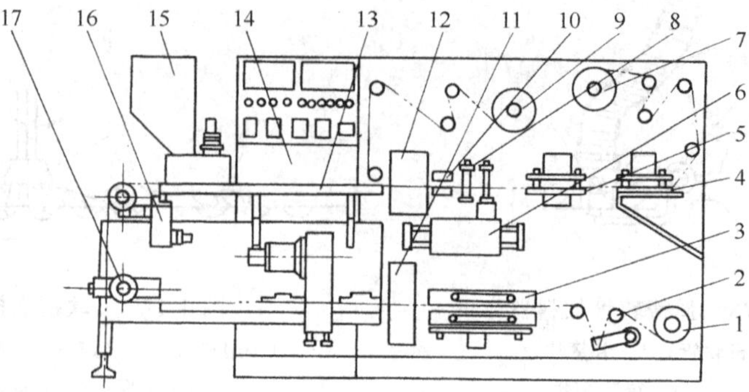

图 1-1-80　平板式铝塑包装机结构图

1—塑料膜辊；2—张紧轮；3—加热装置；4—冲裁站；5—压痕装置；6—进给装置；7—废料辊；8—气动夹头；9—铝箔辊；10—导向板；11—成型站；12—封台站；13—平台；14—配电、操作盘；15—下料器；16—压紧轮；17—双铝成型压模

铝塑包装机的主传动动力多采用变频无级调速电机。图示的进给装置拖动气动夹头带动塑料膜右移。当塑料膜移动到位时，气动夹头松开，进给机构反转，气动夹头返回原位。由于气动夹头作用于封合后的铝塑带同时前进，进给装置还通过同步齿形胶带将运动传递给塑料膜辊、铝箔辊等，以保证整体输送同步。齿形胶带外形似皮带，由于内侧的胶齿受传动轮拨动，所以其传动兼有皮带及链的优点，平稳无噪声。

在塑膜、铝带间歇停位时，于加热成型、下料、封合和冲裁等工位的模具、刃具均相对于皮带做相向合拢动作，以完成各工位的功能。只有印刷工位上的印刷轮动作是在膜带移动中工作。其后各工位机构相背运动，让开膜带，保证膜带步进通畅。

也有的机型其进给机构就置于平板凹模的下面，当塑料膜形成凹槽后，并不立即将膜脱开模具，而是利用大面积上的多个凹泡，由进给机构直接拖动凹模到下料工位，然后模具下移，塑料膜脱开模具。以后进给机构反转，拖动模具水平返回成型工位，模具再上移，开始下一工作循环。

至于辊筒式（真空）铝塑包装机的传动则较为简单，由于塑膜的成型及封合功能均是在带凹槽的辊筒上进行的（也有的是成型、下料在辊筒上进行，封合在平面上进行），大量传动是回转运动。有的甚至连冲裁落片工作也是利用旋转滚刀滚裁的，届时全部为回转运动机构。其下料机构则依下料器结构原理不同，另行传动。

三、装瓶机

许多固体成型药物，如片剂、胶囊剂、丸剂等，常以几粒乃至几百粒不等的数量装入玻璃瓶或塑料瓶中供应市场。以粒计的药物装瓶机械完成的过程设备，主要包括数粒计数机构，输瓶、装瓶机构，以及塞纸、封蜡、旋盖等机构。

(一) 计数机构

目前工厂广泛使用的数粒(片、丸)计数机构主要有两类，一类为传统的模板式计数，另一类为先进的光电计数机构。

1. 模板式计数机构

模板式计数机构是机械式的固定计数机构，也称为转盘式数片机构，如图1-1-81所示。一个与水平成30°倾角的带孔转盘，盘上开有几组(3～4组)小孔，每组的孔数依每瓶的装量数决定。在转盘下面装有一个固定不动的托板4，托板不是一个完整的圆盘，而具有一个扇形缺口，其扇形面积只容纳转盘的一组小孔。缺口的下边紧连着一个落片斗3，落片斗下口直抵装药瓶口。转盘的围墙具有一定高度，其高度要保证倾斜转盘内可存积一定量的药片或胶囊。转盘上小孔的形状应与待装药粒形状相同，且尺寸略大，转盘的厚度要满足小孔内只能容纳一粒药的要求。当转盘不停旋转时，其速度不能过高(约0.5～2r/min)，一则转速要与输瓶带上瓶子的移动频率匹配，不可能太快；二则太快的转速将产生过大离心力，不能保证转盘转动时，药粒在盘上靠自重而滚动。当每组小孔随转盘旋至最低位置时，药粒将埋住小孔，并滚满小孔。当小孔随转盘向高处旋转时，小孔上面叠堆的药粒靠自重将沿斜面滚落至转盘的最低处。为了保证各组小孔均落满药粒和使多余的药粒自动滚落，常需使转盘不是保持匀速旋转。为此利用图中的手柄8拨向实线位置，使槽轮9沿花键滑向左侧，与拨销10配合，同时将直齿轮7及11脱开。拨销轴受电机驱动匀速旋转，而槽轮9则以间歇变速

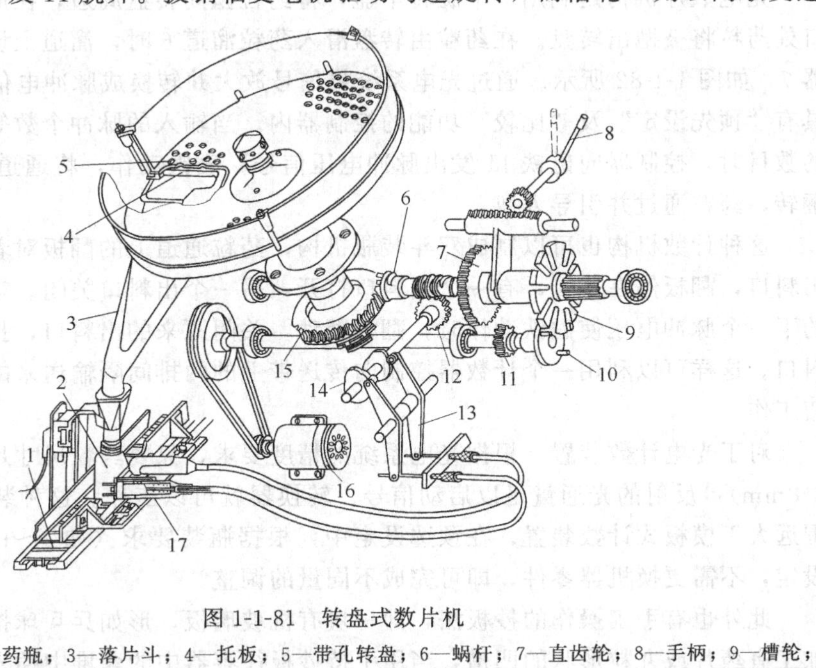

图1-1-81 转盘式数片机

1—输瓶带；2—药瓶；3—落片斗；4—托板；5—带孔转盘；6—蜗杆；7—直齿轮；8—手柄；9—槽轮；10—拨销；11—小直齿轮；12—蜗轮；13—摆动杆；14—凸轮；15—大蜗轮；16—电动机；17—定瓶器

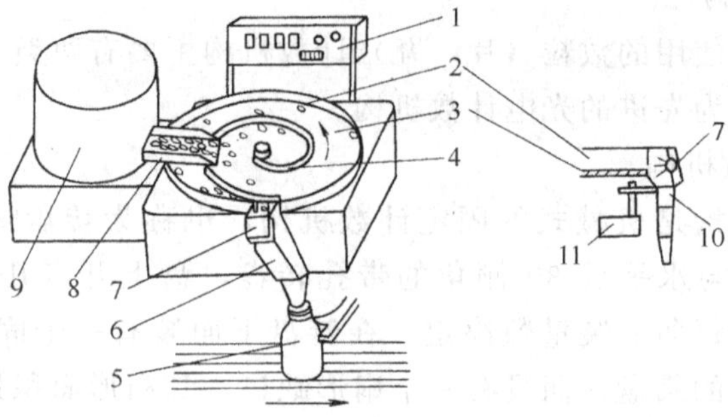

图 1-1-82　光电计数机构

1—控制器面板；2—围墙；3—旋转平盘；4—回形拨杆；
5—药瓶；6—药粒溜道；7—光电传感器；8—下料溜板；
9—料桶；10—翻板；11—磁铁

旋转，因此引起转盘抖动着旋转，以利于计数准确。为了使输瓶带上的瓶口和落片斗下口准确对位，利用凸轮 14 带动一对撞针，经软线传输定瓶器 17 动作，使将到位附近的药瓶定位，以防药粒散落瓶外。当改变装瓶粒数时，则需更换带孔转盘（多用有机玻璃制作）即可。还可以将几个模板式数片机构并列安装，或错位安装，可以同时向数个输瓶带上的药瓶内装药。

2. 光电数粒（片）机构

光电数片机构是利用一个旋转平盘，将药粒抛向转盘周边，在周边围墙开缺口处药粒将被抛出转盘。在药粒由转盘滑入药粒溜道 6 时，溜道上设有光电传感器 7，如图 1-1-82 所示。通过光电系统将信号放大并转换成脉冲电信号，输入到具有“预先设定”及“比较”功能的控制器内。当输入的脉冲个数等于人为预选的数目时，控制器向磁铁 11 发出脉冲电压信号，磁铁动作，将通道上的翻板 10 翻转，药粒通过并引导入瓶。

这种计数机构也可以制成双斗装瓶机构，药粒通道上的翻板对着分岔的两个出料口，翻板停在一侧，有一个出料口打开，另一个出料口关闭。当控制器发出的下一个脉冲电压使磁铁动作时，翻板翻动，关闭原来的出料口，打开另一个出料口。这样可以利用一个计数器控制向传送带上的两排间隔输送来的药瓶完成装瓶工作。

对于光电计数装置，根据光电系统的精度要求，只要药粒尺寸足够大（比如＞8mm），反射的光通量足以启动信号，转换器就可以工作。这种装置的计数范围远大于模板式计数装置，在预选设定中，根据瓶装要求（如 1～999 粒）任意设定，不需更换机器零件，即可完成不同量的调整。

此外也有手工操作的抄板法，即一块有机玻璃板，形如乒乓球拍，在板面上加工有药片或丸粒形状的凹槽，当用手持抄板往容器中的药堆中插入和倾斜抄出时，板面上的凹槽中将落满药粒，多余的药粒则于倾斜时自动滚落回容器内。然后人工将抄板内的药粒倒入漏斗和装瓶，适用于小批量的药物生产。

（二）输瓶机构

在装瓶机上的输瓶机构多是采用直线、匀速、常走的输送带，输送带的走速可调。由理瓶机送至输瓶带上的瓶子，各具有足够的间隔，因此送到计数器的落料口前的瓶子不该有堆积现象。在落料口处多设有挡瓶定位装置，间歇地挡住待装的空瓶和放走装完药物的满瓶。

也有许多装瓶机是采用梅花盘间歇旋转输送机构输瓶的，梅花盘间歇转位、停位准确，不再需定瓶器，详细结构不再介绍。

（三）塞纸机构

瓶装药物的实际体积均小于瓶子的容积，为防止贮运过程中药物相互磕碰，造成破碎、掉末等现象，常用洁净碎纸条或纸团、脱脂棉等填充瓶中的剩余空间。在装瓶联动机或生产线上单设有塞纸机。

常见塞纸机构有两类。一类是利用真空吸头，从裁好的纸摞中吸起一张纸，然后转位到瓶口处，由塞纸冲头将纸折塞入瓶；另一类是利用钢钎扎起一张纸后塞入瓶内。

（四）封蜡机构与封口机构

封蜡机构是指药瓶加盖软木塞后，为防止吸潮，常需用石蜡将瓶口封固的机械。它应包括熔蜡罐及蘸蜡机构，熔蜡罐是用电加热使石蜡熔化并保温的容器，蘸蜡机构是利用机械手将输瓶轨道上的药瓶（已加木塞的）提起并翻转，使瓶口朝下浸入石蜡液面一定深度（2～3mm），然后再翻转至输瓶轨道前，将药瓶放在轨道上。这类机构原理简单，但形式变化较多。

用塑料瓶装药物时，由于塑料瓶尺寸规范，可以采用浸树脂纸封口，利用模具将胶膜纸冲裁后，经加热使封纸上的胶软熔。届时，输送轨道将待封药瓶送至压辊下，当封纸带通过时，封口纸粘于瓶口上，废纸带自行卷绕收拢。

（五）拧盖机

无论玻璃瓶或塑料瓶，均以螺旋口和瓶盖连接，人工拧盖不仅劳动强度大，而且松紧程度不一致。

拧盖机是在输瓶轨道旁，设置机械手将到位的药瓶抓紧，由上部自动落下扭力扳手（俗称拧盖头）先衔住对面机械手送来的瓶盖，再快速将瓶盖拧在瓶口上，当旋拧至一定松紧时，扭力扳手自动松开，并回升到上停位，这种机构当轨道上没有药瓶时，机械手抓不到瓶子，扭力扳手不下落，送盖机械手也不送盖，直到机械手抓到瓶子时，下一周期才重新开始。

四、多功能充填包装机

对于颗粒、粉末药物，以质量（容积）计量的包装，现多采用袋装。药物装袋的多功能充填包装机发展很快，型号、种类极多。

（一）工作原理与过程

多功能充填包装机的结构原理示于图 1-1-83。成卷的可热封的复合包装带通过两个带密齿挤压辊 5 将其拉紧，当挤压辊相对旋转时，包装带往下拉送。挤压辊间歇转动的持续时间，可依不同的袋长尺寸调节。平展的包装带经折带夹 4 时，于幅宽方向对折而成袋状。折带夹后部与落料溜道紧连。每当一段新的包装带折成袋后，落料溜道里落下计量的药物。挤压辊可同时作为纵缝热压辊，此时热合器中只有一个水平热压板，当挤压辊旋转时，热压板后退一个微小距离。当挤压辊停歇时，热压板水平前移，将带顶封固，又称为横缝封固（同时也作为下一个袋底）。如挤压辊内无加热器时，在挤压辊下方另有一对热压辊，单独完成纵缝热压封固。其后在冲裁器处被水平裁断，一袋成品药袋落下。

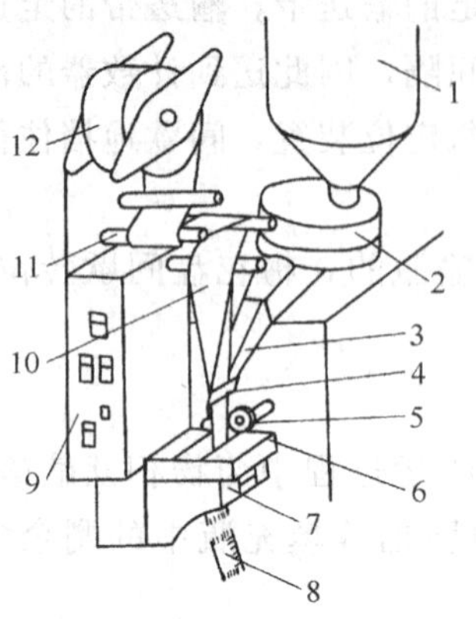

图 1-1-83　多功能充填包装机结构原理

1—料筒；2—计量加料器；3—落料溜道；4—折带夹；5—挤压辊；6—热合器；7—冲裁器；8—成品药袋；9—控制箱；10—包装带；11—张紧辊；12—包装带辊

（二）计量装置

由于这种机器应用范围广泛，因此可配置不同形式的计量装置。当装颗粒药物及食品时，可以容积代替质量计量，如量杯、旋转隔板等容积计量装置；当装片剂、胶囊剂时，可用旋转模板式计数装置，如装填膏状药物或液体药物及食品、调料等可用卿筒计量装置，还可用电子秤计量、电子计数器计量装置。

第二章　液体灭菌制剂生产设备

液体灭菌制剂（主要指注射剂）系指直接注入或穿过皮肤组织、黏膜而应用于人体的一种经过灭菌的药物剂型，是继口服固体制剂（片剂、胶囊剂）之后最常使用的一类剂型。由于液体灭菌制剂是进入体内各部位而起作用，它们越过了强固的人体第一级防御屏障——皮肤和黏膜，所以液体灭菌制剂必须既保持较高的纯度，又没有微生物污染和其他毒性成分。合格的液体灭菌制剂应该是无菌、无热原、安全稳定的产品，具有与血液相等或接近的pH值和渗透压，因此液体灭菌制剂的质量控制是制备合格产品的技术关键。随着国际上和我国实行药品生产和质量管理规范，对液体灭菌制剂生产条件及环境有了进一步的要求，使产品质量得到进一步的保证。

本章将着重介绍常用的液体灭菌制剂生产设备，同时还将简要介绍一些生产过程中由设备故障引起的常见质量问题，相应的解决方法和简单的设备维修、保养知识。其中第一节到第六节介绍溶液型注射剂生产设备，第七节介绍粉针剂生产设备，第八节介绍输液剂生产设备。

第一节　制药用水生产

水以异常独特的性质，成为制药工艺用途中的去离子水、纯化水、注射水和生物技术应用水等工艺过程中的重要原材料。制药工艺用水水质的优劣程度直接地影响到制药生产的产品质量。因此，工艺用水技术在制药，尤其是制剂过程中，已成为继制药工艺技术、制药环境空气处理技术以后，又一重要的技术环节。

随着改革开放进程的深入以及加入WTO后所面临的挑战和机遇，国内制药行业内部开始大量地采用国外先进的工艺用水系统设计理念进行水系统设计，引进先进的工艺用水系统设备和材料以改变传统的工艺用水现状。

我国2010版GMP规范已明确要求“水处理及其配套系统的设计、安装和维护能确保供水达到规定的质量标准”。为与国际上制药工艺用水系统技术发展的潮流相适应，中华人民共和国药典（以下简称中国药典）2010版也在制药工艺用水（纯化水、注射用水、灭菌注射用水等）方面的内容和要求上作出了相应的加强。随着GMP规范的推广实施，在纯化水制备过程中，电渗析、反渗透、电子混床（EDI）法、超过滤膜分离等技术已得到普遍采用。

一、制药用水标准及选用原则

（一）纯水的概念

中国药典（2010版）规定，注射用水须以纯化水为原水，然而人们常说的纯化水是精脱盐水、纯水及高纯水的泛称。在工业上，纯水按含盐量大小通常分为三级。

（1）脱盐水　通常指初级脱盐水，是由电渗析和反渗透直接制取的，水中易于去除的强电解去除至一定程度，剩余盐含量约在1～5mg/L，25℃时，电阻率为0.05～0.2MΩ·cm（电导率为5～20μS/cm）。

（2）纯水　又称去离子水，是指将水中绝大部分强电解质及难以去除的硅酸及二氧化碳等弱电解质去除到一定程度，含盐量在1mg/L以下，25℃时，电阻率为1.0～10MΩ·cm（电导率为0.1～1μS/cm）。

（3）高纯水　又称超纯水，水中电解质几乎全部去除，水中不溶解的胶体物质、微生物、微粒、有机物、溶解气体降至很低程度，25℃时，电阻率为10MΩ·cm以上，通常接近18MΩ·cm，须经混合床与膜过滤等终端精处理。

中国药典收载了纯化水的质量标准，结束了长期以来制药行业纯化水质量标准不统一的局面，纯化水的概念从此由以往的泛指变为特指，中国药典中收载的制药用水系指纯化水、注射用水及灭菌注射用水。

（二）制药用水的选用

1. 制药用水的常用类型

（1）源水　主要指饮用水、深井水等。它的用途是使用在原料药生产的前道工序，如发酵、合成等工序使用，按照我国药典规定，饮用水不得用于制剂生产。

（2）纯化水　主要用于配料水、无热原控制要求的吸入剂及眼科用药、局部用药、化妆品及口服药品的生产，并为蒸馏水机的原料水。

（3）注射用水（含大输液，小针剂）　主要用于对一些有热原控制要求的眼科手术用药和一些吸入剂，以及大输液，小针剂的原料用水。

对于一些要求严格的容器及设备的最终清洁，生产系统在线灭菌用的纯蒸汽，甚至用作注射剂灭菌及冷却用的介质，也使用注射用水。

（4）精洗水（指无热原的水）　主要用于工序中容器和设备的清洗用水。

2. 制药用水的生产方法

（1）纯化水生产

a. 预处理＋电渗析＋离子交换法

b. 预处理＋反渗透＋离子交换法

c. 预处理＋二级反渗透

（2）清洗水生产　纯化水利用超滤、臭氧、紫外线等工序消毒灭菌来实现。

（3）注射用水生产（含大输液、小针剂用水）

a. 纯化水＋蒸馏水机

b. 纯化水＋超滤

二、纯化水生产设备

（一）预处理单元设备

1. 多介质过滤器

多介质过滤器大多填充石英砂、无烟煤和锰砂等滤料。滤料之间形成的微小空隙对水中的细小悬浮物和细菌有机械阻绕和吸附作用，同时这些被截留的固体物质相互之间又发生重叠和桥梁作用，犹如在滤层的表面形成过滤薄膜，继续过滤水中的固体杂质。从而使水浊度降低，而且使水中的细菌、病毒、有机物随着浊度的降低被大量去除。由于水中的细菌、微生物失去混浊物的保护更加有利于杀菌处理，从而为后续的消毒工序创造了有利条件。锰砂对铁、锰的去除效果显著。

2. 活性炭过滤器

活性炭具有大量的微孔和巨大的比表面积，具有极强的物理吸附能力。活性炭过滤器有三个功能。其一，活性炭能够十分有效地吸附水中杂质，尤其是有机物和微生物。其二，活性炭表面形成的含氧官能团，使活性炭具有催化氧化和化学吸附的功能，可以去除一部分水中的金属离子。其三，活性炭对水中尚存的余氯有极强的吸附作用，可保护下游的不锈钢设备及管道表面和满足后续水处理单元的进水要求。

3. 软化器

软化罐内填充钠型阳离子交换树脂。软化过程中，水中的钙、镁离子被树脂中钠离子置换出来，以防止钙、镁离子与碳酸根、硫酸根离子结合，致使在后续水处理设备或管道中结垢。当树脂中的钠离子被钙、镁离子置换到一定程度时，需要用氯化钠水溶液对树脂进行再生处理，以保护其发挥应有的作用。

4. 精密过滤器

精密过滤器又称保安过滤器，过滤精度一般为 $5\mu m$ 。其作用在于截留一切粒径大于 $5\mu m$ 的物质，以满足电渗析及反渗透的进水要求。

（二）反渗透装置

反渗透法是将水通过半透膜去除杂质，而得到纯净水的一种操作。因为通常的渗透概念是指一种浓溶液向一种稀溶液的自然渗透，但是在这里是靠外界压力使原水中的水透过膜，而杂质被膜阻挡下来，原水中的杂质浓度将越来越高，故称为反渗透。其原理如图 1-2-1 所示。

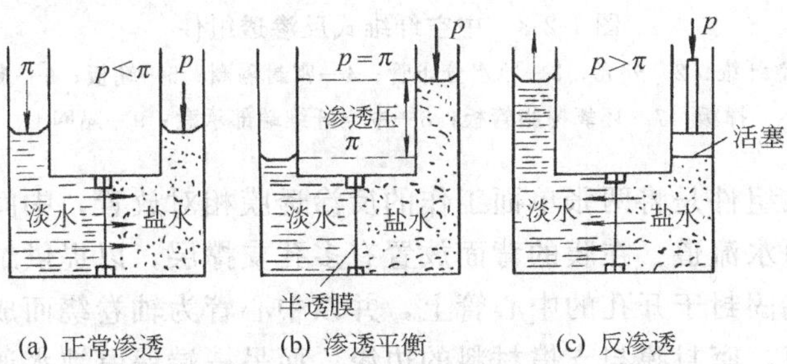

图 1-2-1　反渗透原理

图中 π 为溶液渗透压，p 为所加外压。反渗透膜不仅可以阻挡截留住细菌、病毒、热原、高分子有机物，还可以阻挡盐类及糖类等小分子。反渗透法制纯水时没有相变，故能耗较低。反渗透膜能使水透过的机理有许多假说，一般认为是反渗透膜对水的溶解扩散过程，水被膜表面优先吸附溶解，在压力作用下，水在膜内快速移动，溶质不易被膜溶解，而且其扩散系数也低于水分子，所以透过膜的水远多于溶质。

反渗透装置与一般微孔膜过滤装置结构完全一样，只是由于它需要较高的压力（一般在 2.5～7MPa），所以结构强度要求高。由于水透过膜的速率较低，故一般反渗透装置中单位体积的膜面积要大。因而工业中使用较多的反渗透装置形式是螺旋卷绕式（图 1-2-2）及中空纤维式（图 1-2-3）结构。

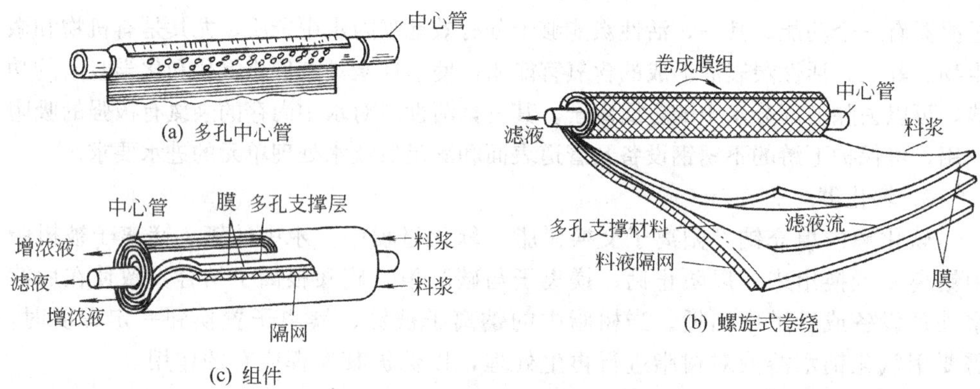

图 1-2-2　螺旋式反渗透组件

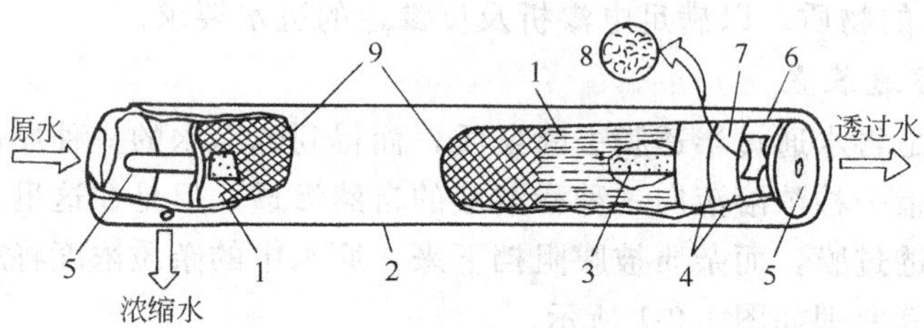

图 1-2-3　中空纤维式反渗透组件

1—中空纤维；2—外壳；3—原水分布管；4—密封隔圈；5—端板；6—多孔支撑板；7—环氧树脂管板；8—中空纤维端部示意；9—隔网

螺旋卷绕式组件是将两张单面工作的反渗透膜相对放置，中间夹有一层原水隔网，以提供原水流道。在膜的背面放置有多孔支撑层，以提供纯水流道。将这样四层材料一端固封于开孔的中心管上，并以中心管为轴卷绕而成。在卷轴的一端保留原水通道，密封膜与支撑材料的边缘，而另一端保留纯水通道，密封膜与隔网的边缘。将整个卷轴装入机壳中即成组件。利用高压迫使原水以较高的流速沿隔网空隙流过膜面，纯水透过膜而汇集于中心管，带有截留物的浓缩水则顺隔网空隙自组件另一端汇集引出。

中空纤维反渗透组件是由许多根中空的细丝状反渗透膜束集在一起用环氧树脂固封，并用其成型为管板，再将整束纤维装在耐压管壳内，构成组件。内压式组件是自一端管内通入原水，透过纤维壁渗出，在壳内汇集并引出纯水，浓缩水由纤维另一端引出。也有外压式组件，原水自管壳一端引到中心的原水分布管后，进入中空纤维膜的纤维之间，在流体压力推动下反渗透至纤维中心，再于树脂管板端部汇集引出为纯水。被中空纤维膜截留的浓缩水在纤维外汇集并穿过隔网，自管壳上的浓缩水引出管引出。就中空纤维膜来讲反渗透压力来自膜的管外，膜受外压，而组件外壳还是承受的内压。

中空纤维反渗透膜强度好，膜体不需其他材料支撑，单位体积膜表面积可达16000～30000m^2/m^3。设备体积小、寿命长、造价低。但是膜堵塞时，去污困难，水的预处理要求严格。膜一旦破坏不能更换及修复。

反渗透膜组件还有板框式或管式的，但相对单位体积的膜面积小。应用反渗透法时都需备有高压泵来提供原水的压力，目前主要采用柱塞泵。柱塞泵的扬程高、流量小，提供原水的流量有起伏脉动，因此常用双柱塞式或三柱塞式泵以减小流量脉冲幅度。

反渗透膜使用条件较为苛刻，比如原水中悬浮物、有害化学元素、微生物等均会降低膜的使用效果，所以原水的预处理较为严格。

反渗透可采用适当的设计来强化系统的控制功能，改善系统的可靠性、出水的质量和系统的处理能力，例如采用“多级串联”设计，可以提高水的质量；采用“多级并联”设计，可以提高水的产量。

二级反渗透以第一级反渗透的淡水作为它的给水，进行第二次脱盐处理，达到制药用纯化水的标准。二级反渗透装置采用了特制的带正电荷反渗透膜（传统反渗透膜均带负电荷），以及特殊的工艺处理，打破了传统反渗透膜不能制取高纯水的禁锢，自20世纪90年代后期在国内投入使用以来，以其他方法不可比拟的优势在制药行业得到推广。

由于反渗透的操作工艺简单，除盐效率高，使用在制药工艺用水中，还具有较高的除热原能力，而且也比较经济，成为制药用水工艺中首选的水处理单元。反渗透技术不仅使用于纯化水的制备工艺过程中，使用反渗透法还可以制造出具有注射用水质量的水。

（三）电渗析装置

电渗析是利用具有选择渗透性和导电性良好的离子渗透膜，在外加电场作用下，水中的杂质离子分别通过阳、阴离子渗透膜，使水纯化。其结构原理如图1-2-4所示。电渗析装置主要包括膜堆、极区、夹紧装置等构成的电渗析器本体和水槽、水泵、直流电源、进水预处理设备等辅助设备。由交替排列阴、阳离子渗透膜和交替排列的浓水、纯水隔板组成膜堆。电极、极水板及垫圈构成的保护室组成极区。这些构件用两端的压紧盖板及螺杆紧固为一体。隔框上开有集水槽，多用软质塑料及橡胶制成。隔板上的集水槽彼此相连且和板边上开的流水通道相连。为了支撑离子交换膜和提高膜的有效利用面积，在隔板上粘有隔网。隔网也有增加流体湍动的作用。水自纯水隔板上的沟槽进入集水槽，在电场作用下，阴、阳离子各自透过两侧的离子选择渗透膜而复合成浓水，沿浓水隔板上的沟槽汇集后由浓水隔板的一侧小孔引出，剩余在阴、阳离子膜间的纯水由隔板上的另一侧的小孔引出。纯水隔板与浓水隔板结构完全一样，只是进出水孔位置不一样。

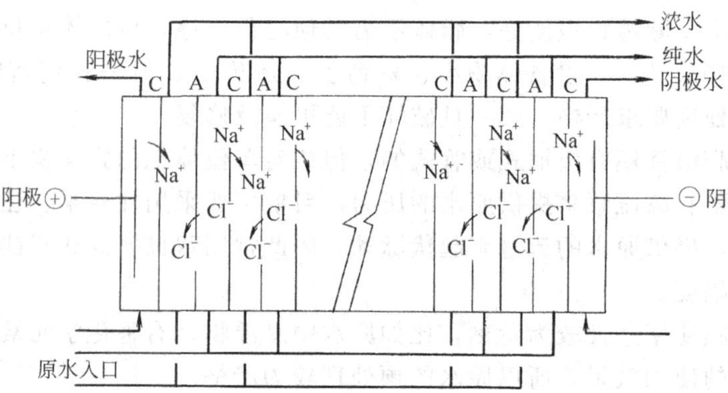

A—阴模；C—阳模

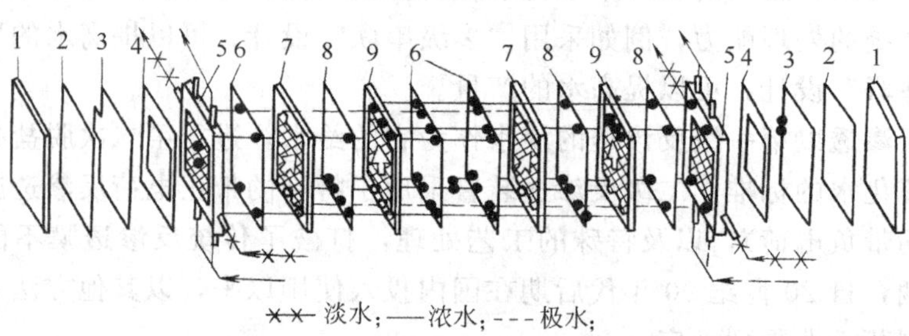

淡水；—— 浓水；- - - 极水；

图 1-2-4 电渗析装置结构原理

1—压紧板；2—垫板；3—电极；4—垫圈；5—极水板；6—阳极；7—纯水隔框；8—阴膜；9—浓水隔板

极水板 5 是放在电极和膜之间的供水流通的隔板，它起排气和支撑膜堆的作用。极水板在构造上要保证极水有大的流速，可有效地冲刷电极，防止电极反应物的析出和沉积。垫圈 4 置于电极和极水板之间，其作用是为了保护离子渗透膜，在垫圈上可叠放一张阳膜或抗氧化膜，而组成保护室。

由于蒸馏法耗能太高，而离子交换法需要化学再生，消耗大量的酸和碱。当处理含盐量为 500～30000mg/L 的水时，电渗析技术要比离子交换法或蒸馏法都经济。如果在离子交换法之前先经电渗析预脱盐处理可大大减少离子交换的再生次数，并可节省大量的酸和碱。

（四）离子交换装置

去离子法是利用离子交换树脂将水中溶解的盐类、矿物质及溶解性气体等去除。由于水中杂质种类繁多，故在进行离子交换除杂时，既备有阴离子树脂也备有阳离子树脂，或是在装有混合树脂的离子交换器中进行。由于颗粒状的离子交换树脂多是装在有机玻璃管内使用，所以通常俗称为离子交换柱。图 1-2-5 是离子交换柱结构示意图。

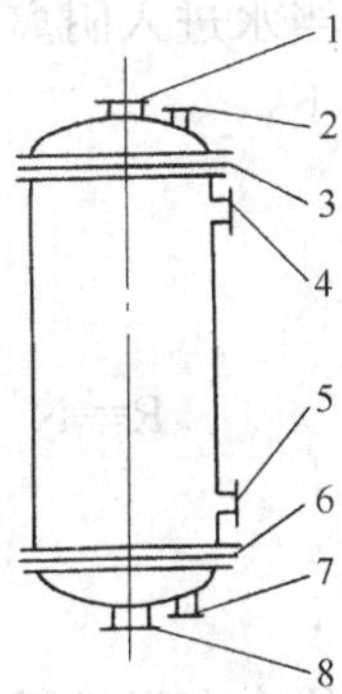

图 1-2-5　离子交换柱结构

1—进水口；2，7—上、下排污口；3，6—上、下布水器；4—树脂进料口；5—树脂放出口；8—出水口

图 1-2-6 是成套离子交换法制纯水设备的装置示意图。

原水先通过过滤器 4，以去除水中的有机物、固体颗粒、细菌及其他杂质，根据水源情况选择不同的过滤滤芯，如丙纶线绕管、陶瓷砂芯、各种折叠式滤芯等，原水先从阳离子交换柱顶部进入柱体后，经过一个上布水器，抵达树脂粒子层，经与树脂粒子充分接触，水中的阳离子和树脂上的氢离子进行交换，并结合成无机酸，其反应如下：

$$R—SO_3^- H^+ + \left.\begin{matrix} Na^+ \\ K^+ \\ Ca^{2+} \\ Mg^{2+} \end{matrix}\right\} \left\{\begin{matrix} SO_4^{2-} \\ Cl^- \\ NO_3^- \\ HCO_3^- \end{matrix}\right. \longrightarrow R—SO_3^- \left\{\begin{matrix} Na^+ \\ K^+ \\ Ca^{2+} \\ Mg^{2+} \end{matrix}\right. + H^+ \left\{\begin{matrix} SO_4^{2-} \\ Cl^- \\ NO_3^- \\ HCO_3^- \end{matrix}\right.$$

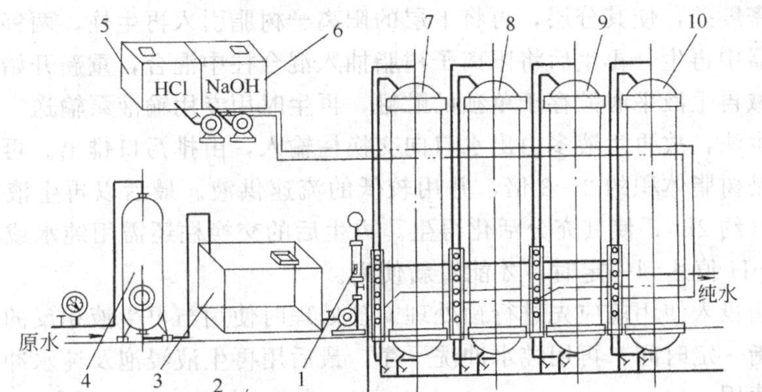

图 1-2-6　离子交换法制纯水设备的装置

1—转子流量计；2—真空泵；3—贮水箱；4—过滤器；5—酸液罐；6—碱液罐；7—阳离子交换柱；8—阴离子交换柱；9—混合交换柱；10—再生柱

交换后的水呈酸性。

当水进入阴离子交换柱时，利用树脂去除水中的阴离子，同时生成水，其反应如下。

$$R{\equiv}N^{+}\ OH^{-}+H^{+}\begin{cases}SO_4^{2-}\\Cl^{-}\\NO_3^{-}\\HCO_3^{-}\\HSiO_3^{-}\end{cases}\longrightarrow R{\equiv}N^{+}\begin{cases}SO_4^{2-}\\Cl^{-}\\NO_3^{-}\\HCO_3^{-}\\HSiO_3^{-}\end{cases}+H_2O$$

原水在经过阳离子交换柱和阴离子交换柱后，得到了初步净化。然后，再引入混合离子交换柱后，方作为产品纯水引出使用。在前两个交换柱内树脂的填充量一般占柱高的 2/3。当树脂交换平衡时，就会失去置换能力，则需停止生产而进行树脂活化再生。阳离子树脂需用 5%的盐酸溶液再生，阴离子树脂则用 5%氢氧化钠溶液再生。经离子交换后的纯水自交换柱下部的出口引出。在离子交换柱的上、下端部各有两块布水板，其作用在于使来水均匀，并阻止树脂颗粒和水或再生液一起流失。每个柱子的顶部和底部除进、出水口外，还各有一个排污口。上排污口在正常工作初期用以排空气，在再生时和反洗时用以排污。下排污口在工作前用以通入压缩空气使树脂松动，清洗时用以排污。树脂颗粒的放入及排出则是利用管壁侧向的两个接管进行的。

混合离子交换柱中阴、阳离子树脂按照 2∶1 的比例混合放置，填充量一般占交换柱高的 3/5。其作用是将水质再一次净化。再生柱是配合混合柱使用的。因为阴阳离子树脂再生所用试剂不同，再生前需于柱底逆流给水，利用阴、阳离子树脂的密度差，使其分层，再将上层的阳离子树脂引入再生柱，两种树脂分别于两个容器中再生，再生后将阳离子树脂抽入混合柱中混合，重新开始工作。

酸、碱再生液平时贮存于单独的贮罐，再生时用专用输液泵输送。由于常采用逆流再生法，故再生液多由出水口向交换柱输入，由排污口排出。再生液的体积量一般是树脂体积的 2～3 倍，并用较低的流速供液。最后以再生液浸泡树脂一定时间（约 2h），使其充分活化再生。再生后的交换柱还需用纯水或蒸馏水冲洗，使其 pH 值达到一定时，才能重新使用。

新树脂投入使用前应先进行预处理。预处理时使用与再生液相反的酸、碱药液冲浸树脂一定时间，再用纯水冲洗干净，最后用再生液浸泡及纯水冲洗后方能投入生产使用。

用去离子法所得到的去离子水在 25℃时的电阻率可达 $10\times10^{6}\Omega\cdot cm$ 以上。但是由于树脂床层可能有微生物生存，以致使水含有热原。特别是树脂本身可能释放有机物质，如低分子量的胺类物质及一些大分子有机物（腐殖土、鞣酸、木质素等）均可能被树脂吸附和截留，而使树脂毒化，这是用去离子法进行水处理时可能引起水质下降的重要原因。

（五）电子混床（EDI）法

电子混床（EDI）法亦是一种离子交换系统，这种离子交换系统使用一个混合树脂床，采用选择性的渗透膜以及电极，以保证水处理的连续进行和树脂的连续再生。处理工艺中，原水首先进入树脂段，当水通过树脂时，被脱去金属电荷离子，成为产品水。系统中使用的树脂可以看作一个导体，在电位势能的作用下，迫使被俘获的阴、阳离子通过树脂和渗透而浓缩，并从水流中脱除。与此同时，在树脂段中，电位的势能又将水电解成氢离子和氢氧根离子，从而使树脂得以连续再生，且不需添加再生剂。

其工作原理如图 1-2-7 所示。阳离子树脂板和阴离子树脂板交错放置，每两块板之间都设置有隔离通道，通道充填了充分混合的阴阳树脂粒子，就像离子交换装置中的混床；相邻的通道走盐水。交互放置的树脂板、隔离通道以及树脂的集合称为“模块”。

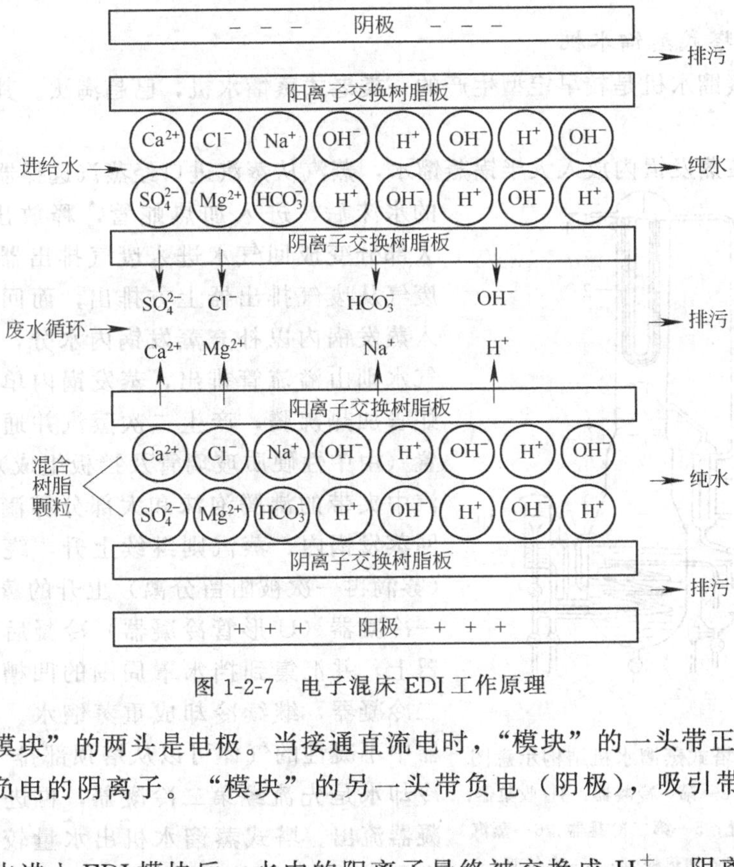

图 1-2-7 电子混床 EDI 工作原理

在“模块”的两头是电极。当接通直流电时，“模块”的一头带正电（阳极）并吸引带负电的阴离子。“模块”的另一头带负电（阴极），吸引带正电的阳离子。

进给水进入 EDI 模块后，水中的阳离子最终被交换成 H^+，阴离子最终被交换成 OH^-。H^+ 和 OH^- 形成水。进给水通过后，留在树脂中的阳离子穿过阳离子交换树脂板移动到阴极；留在树脂中的阴离子穿过阴离子交换树脂板移动到阳极。当一个阳离子或一个阴离子穿过某一块树脂板时，它就不能通过下一块树脂板。进给水中的阳离子只能通过阳离子树脂板，阴离子只能通过阴离子树脂板。因此，留剩在进料水中的离子都被捕集到盐水通道排出。

三、注射用水生产设备

注射剂溶媒绝大多数采用注射用水，可见注射用水的质量直接决定着注射剂的质量。各国药典对注射用水质量均有严格规定，须采用先进、高效稳定、安全与可靠的设备以保证生产出高纯度、无菌无热原注射用水。

制备注射用水常采用重蒸馏设备。采用重蒸馏设备制备注射用水产量大、耗资低，能够除去水中极细物质（大于 1μm 的所有不挥发性物质和大部分 0.09～1μm 的可溶性小分子无机盐类），纯化水经蒸馏后能除去其中不挥发性有机物质和无机物质，包括悬浮体、胶体、细菌、病毒、热原等杂质。反渗透法制备注射用水操作工艺简单，除盐除热原效率高，已成为美国药典制备注射用水的一种法定方法。

（一）塔式蒸馏水机

塔式蒸馏水机是较早定型生产的一类老式蒸馏水机，已趋淘汰。其结构见图 1-2-8。

首先在蒸发锅内放入大半锅蒸馏水，蒸汽从蒸汽进口经蒸汽选择器除去夹带的水沫后，进入加热蛇管，释放出热量后，大部分变成回气水进入废气排出器中，此时废气从废气排出器上方排出，而回气水又流入蒸发锅内以补充蒸发锅内水分，过量的回气水则由溢流管排出，蒸发锅内单蒸馏水被蛇管加热沸腾，产生二次蒸汽并通过隔沫装置（由中性硬质玻璃管及挡板组成），阻止蒸汽中夹带的沸腾泡沫和大部分雾滴，使其流回蒸发锅内。蒸汽则继续上升，绕过挡水罩（雾滴再一次被阻留分离）上升的蒸汽遇到第一冷凝器（U 形管冷凝器）冷凝后落于挡水罩上，并汇集到挡水罩周围的凹槽，流入第二冷凝器，继续冷却成重蒸馏水。第一冷凝器中不凝性的气体可以从塔顶部排气孔排出。冷却水是先流经第二冷凝器，再进入第一冷凝器流出。塔式蒸馏水机出水量较大，一般有 50～400L/h 等多种规格。

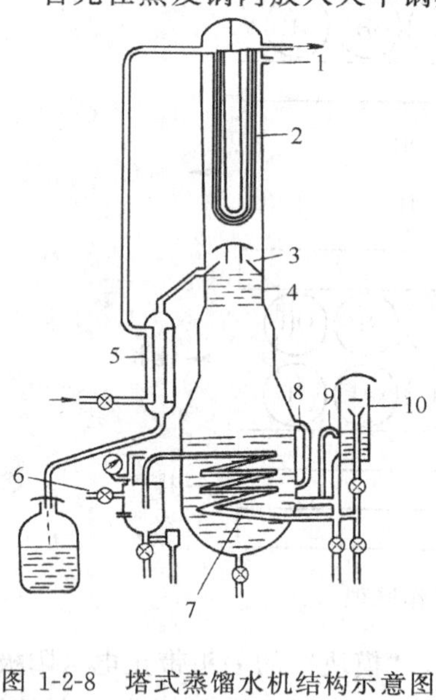

图 1-2-8 塔式蒸馏水机结构示意图
1—排气孔；2—第一冷凝器；3—收集器；4—隔沫装置；5—第二冷凝器；6—蒸汽选择器；7—加热蛇管；8—水位管；9—溢流管；10—废气排出器

塔式蒸馏水机的补充水源系锅炉蒸汽经

冷凝后的一次蒸馏水，再经蒸馏而得注射用水，偶有铵盐和热原未被除净的情况发生，加以蒸馏水机冷凝管系钢管镀锡或银，一般使用半年后，金属离子脱落而造成注射用水被微量重金属元素污染，且塔式蒸馏水机需消耗大量能量和冷却水，体积偏大，从节能观点出发也是不经济的。

（二）气压式蒸馏水机

气压式蒸馏水机是国外20世纪60年代发展起来的产品，该机是以输入部分外界能量（机械能，电能）而将低温热能转化为高温热能的原理来生产蒸馏水。图1-2-9为意大利产Mascarini气压式蒸馏水机结构示意图。

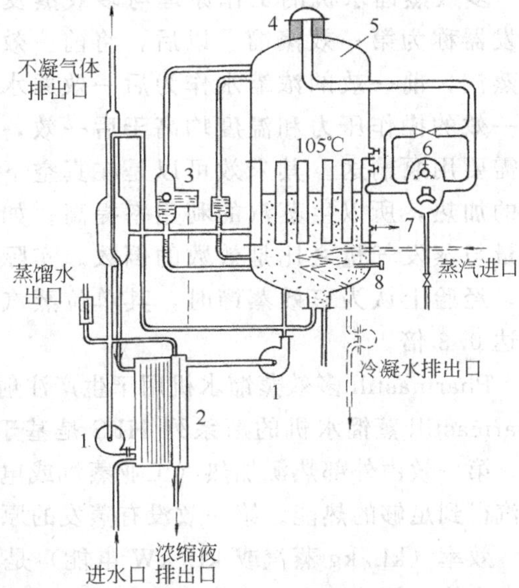

图1-2-9　Mascarini气压式蒸馏水机结构示意图

1—泵；2—换热器；3—液位控制器；4—除雾器；5—蒸发室；6—压气机；7—冷凝器；8—电加热器

气压式蒸馏水机将符合饮用水标准的原水以一定的压力，经进水口通过换热器再经泵送入蒸发冷凝器管内，管内水位由液位调节器调节，在蒸发冷凝器下部设有蒸汽加热盘管和电热加热器作为辅助加热用，将蒸发冷凝器管内的原水加热成蒸汽进入蒸发室，室内温度达105℃，蒸汽经除雾器以除去因蒸发速度过快而带入的水滴、固体物和杂质，再进入压气机，此时蒸汽被压气机压缩，其温度可高达120℃。该高温压缩蒸汽进入蒸发冷凝器的管间，此时蒸发冷凝器管内与管间温度相差至少15℃以上，管间高温高压蒸汽释放大量潜热，将蒸发冷凝器管内的水加热成为蒸汽，该蒸汽又进入蒸发室重复前面过程，管间的高温压缩蒸汽冷凝成蒸馏水集结于管间后被引出，溶于蒸馏水中不凝性气体，从不凝性气体排出器排出，纯净的蒸馏水经泵送入热交换器，预热进入蒸发冷凝器的原水，最后从冷凝器中流出，并用转子流量计计量。气压式蒸馏水机生产能力大，国产有YQ1000型气压式蒸馏水机，蒸馏水产量为950～1000L/h。

气压式蒸馏水机有如下几个特点。

(1) 自动化程度高，操作可由机器控制。

(2) 蒸发室内蒸汽压高，蒸汽与冷凝管内温差大，有利于清除热原污染。同时机内增设除雾器，可使蒸汽再次净化。

(3) 气压式出水温度约30℃，需附设加热设备使水温达80℃，防止热原污染。

(4) 气压式蒸馏水机有传动和易磨损部件，维修量大，而且调节系统复杂，启动慢（约 45min），有噪声，占地大。

(5) 气压式蒸馏水机完全省去了冷却水，这对水资源严重缺乏的地区来说具有不可忽视的重要意义。

气压式蒸馏水机适合于供应蒸汽压力较低，工业用水比较短缺的厂家使用，虽然一次投资较多，但蒸馏水生产成本较低，经济效益较好。

（三）多效蒸馏水机

多效蒸馏水机的工作原理与多效蒸发器是一样的。直接利用加热蒸汽的蒸发器称为第一效蒸馏。以后，将前一效蒸发出的二次蒸汽作为后一效的加热蒸汽，前一效的浓缩水作为后一效原水再次被加热蒸发，依次类推。由于前一效的操作压力和温度均高于后一效，多效之间串联时，效间的流体流动不需要用泵输送。其末效可以是在真空下操作。各效的二次蒸汽都用于后一效的加热，所以生蒸汽的利用率提高。如不计损失时，理论上可以认为蒸汽耗量与蒸发气量之比是效数的倒数。实际上当然会存在温差损失及设备热损失，经验上认为三效蒸馏时，其单位蒸汽耗量是单级蒸馏的 0.4 倍，四效时可达 0.3 倍。

Pharmastill 多效蒸馏水机用于生产注射用水，其质量符合国际性药典要求。Pharmastill 蒸馏水机的新系列 HPS 是基于“降膜”和多级蒸发原理设计而成的。第一效由外部热源加热（工业蒸汽或电能），随后各柱都使用前效产生的纯蒸汽得到足够的热能。第一效没有蒸发的原料水作为下一效的原料水。

效率（kL/kg 蒸汽或 kL/kW 电能）是基于效数，当效数增加则效率增加，而生产能力保持不变。提高工业蒸汽压力［通常为 $(3\sim8)\times10^5$ Pa］就可增加蒸馏水的产量。

操作时最后一效蒸发柱产生的纯蒸汽在第一个最终交换器中预热去离子原料水，然后再由各级产生的蒸馏水在相应预热器中再加热。工业蒸汽或电能在第一效中将原料水加热至高温，产生纯蒸汽。产生的纯蒸汽和没有被蒸发的水进入到下一个柱体，在较低的温度和压力下运行。纯蒸汽冷凝产生蒸馏水，同时蒸发部分原料水。这一过程在其他效中重复进行。在最后一效中产生的纯蒸汽由两个最终热交换器中的原料水和冷却水进行最终冷凝。流程见图 1-2-10 所示。标准型号的选择范围按生产能力，从 60L/h 至 12000L/h。

设备主要部件如下。

柱体：根据简洁而可靠的设计，柱体由位于上部的列管式冷凝器和下部的蒸发室组成，由一个法兰连接并起到支撑作用。如图 1-2-11 所示，柱体可以自由扩展而没有任何限制。柱体上部的列管式冷凝器没有在制药生产设备中应该避免的任何膨胀连接。蒸发室完全是空的，没有挡板或焊接螺旋板等，这样既便于检

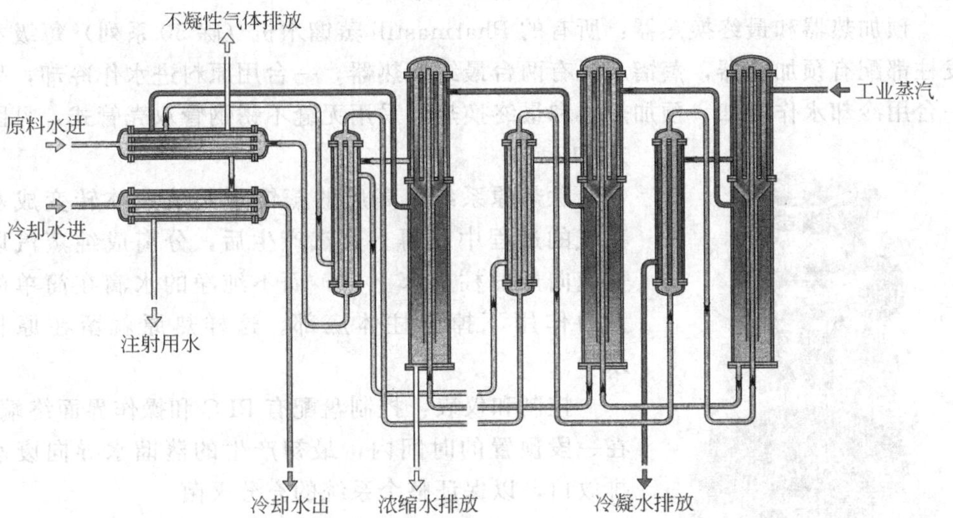

图 1-2-10 Pharmastill 蒸馏水机工作流程

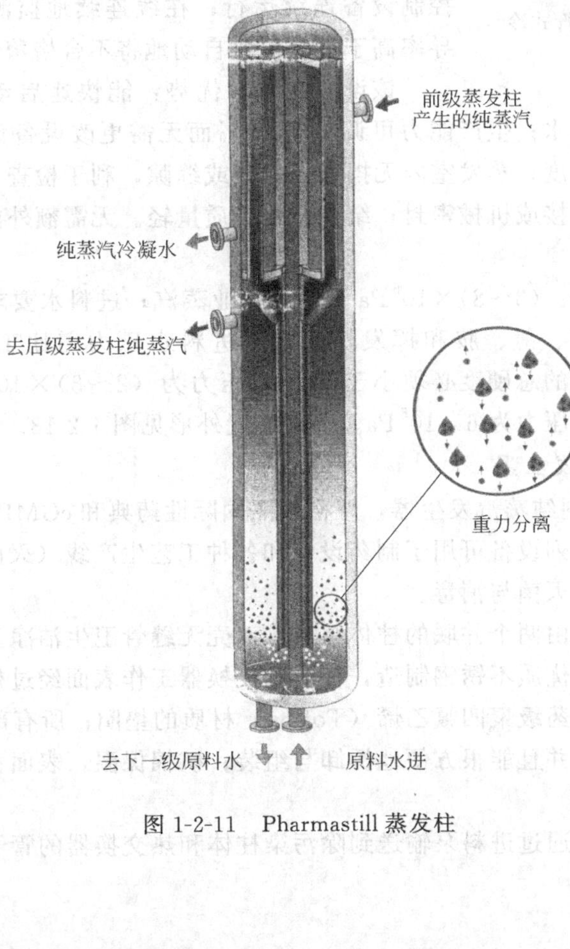

图 1-2-11 Pharmastill 蒸发柱

查，也可避免由结构上超应力引起的腐蚀现象。

预加热器和最终换热器：所有的 Pharmastill 蒸馏水机（除 50 系列）每级蒸发柱都配有预加热器，蒸馏水机有两台最终换热器，一台用原料进水作冷却，另一台用冷却水作冷却。预加热器和最终换热器采用无缝不锈钢管双壳管式，见图 1-2-12。

图 1-2-12 双壳管式冷凝器结构

除热原系统：高质的蒸馏水是从液体转变成水蒸气的过程中获得。蒸汽产生后，分离成纯蒸汽以低速向蒸发柱上部上升，而不纯净的水滴在简单的重力作用下掉到柱体底部。这样热原就留在原料水中。

控制和仪表：控制盘配有 PLC 和操作界面终端。在一段预置的时间内，最初产生的蒸馏水导向废水排放口，以保证整个系统的充分灭菌。

设备运行根据以周为计时标准的定时器和蒸馏水储罐的液位来控制启停；根据蒸馏水储罐的液位控制设备连续运行；在线连续地监测电导率，在电导率高于设定值时自动地将不合格蒸馏水排放。

该设备的技术优势：能快速启动，开机后几分钟就可以产出蒸馏水；生产能力可调节至 80%而无需更改设备设定；重力纯化原理更能保证其纯度；蒸发室内无挡板、焊接或缝隙，利于检查，维修简单；无移动部件、膨胀连接或机械密封；结构紧凑，质量轻。无需额外的空间进行拆装和检修。

公用工程配套：$(3\sim8)\times10^5$Pa 干饱和工业蒸汽；进料水要求为去离子水或反渗透水，无硅石、氯、胺和挥发性物质；进料水压力需比工业蒸汽压力高 2×10^5Pa；冷却水的总硬度必须小于 5d°F，压力为 $(2\sim3)\times10^5$Pa；干燥、无油压缩空气，最小压力为 6×10^5Pa。整套装置外形见图 1-2-13。

（四）纯蒸汽发生器

PSG-DTS 系列纯蒸汽发生器，严格按照国际性药典和 cGMP-FDA 的标准进行设计和制造。系列设备可用于制药设备和各种工艺生产线（灭菌柜，管道，贮罐，过滤器等）的灭菌与消毒。

纯蒸汽发生器由两个并联的柱体组成：双壳无缝管卫生洁净型交换器和除污染柱体；设备采用优质不锈钢制造，柱体和交换器工作表面经过标准程序的酸洗钝化处理；采用制药级聚四氟乙烯（Toflon）材质的垫圈；所有部件都安装在坚固的碳钢支架上，并且能很方便地拆卸与组装；矿棉保温，表面覆盖优质不锈钢缎面抛光保护层。

生产时原料水通过进料泵输送到除污染柱体和热交换器的管子一侧，液位由

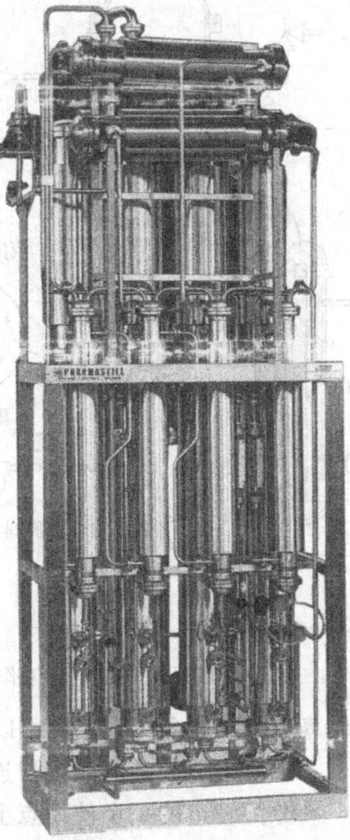

图 1-2-13　多效蒸馏水机设备外形

液位计控制。工作原理见图 1-2-14。

工业蒸汽或者过热水进入到热交换器后，将原料水加热到蒸发温度，并在两个柱体内部形成强烈的热循环。纯蒸汽就会在蒸发器（除热原柱）中产生。蒸汽的低速和柱体的高度在重力作用下将会去除任何可能不纯净的小水滴。通过一个气动调节器调节工业蒸汽进汽阀门的开启度，纯蒸汽压力可以恒定维持在设定的压力值，范围在 $0\sim3\times10^5$ Pa之间。当纯蒸汽有非冷凝气体含量限制要求时，蒸汽发生器将会配置一个特殊的进料水脱气装置。纯蒸汽发生器可以使用工业蒸汽进行加热，也可以使用过热水加热。

该设备技术优势：操作灵活，整个装置可以根据需要，自动在 0～100%范围内调节生产能力；无热原蒸汽的质量稳定可靠，不会因压力和生产速度的改变而受影响；除热原腔中的水量和温度将保证整个装置可以在很短时间内从待机状态达到最大生产能力；设计紧凑，设备不需要额外的维修保养高度。

如果需要生产少量的注射用水，可以利用一个合适的双壳管冷凝器（见图

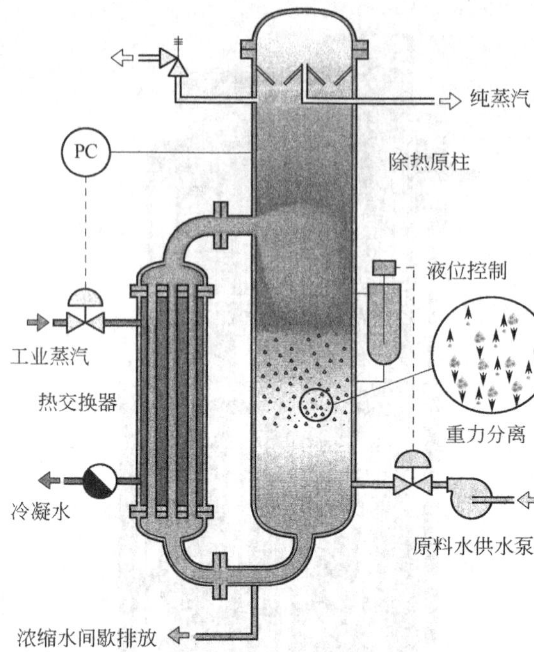

图 1-2-14　超纯无热原蒸汽发生器工作原理

1-2-15）将无热原蒸汽冷凝成蒸馏水。这个冷凝装置可以安装在蒸汽发生器的支架上，直接与纯蒸汽出口连接，也可以连接在纯蒸汽分配管道的一个使用点上。如图 1-2-16 所示。

图 1-2-15　双壳管冷凝器结构

该设备可实现全自动操作，整个控制系统包括：通过纯蒸汽压力气动调节器，调节工业蒸汽进气阀的开启度，使纯蒸汽压力控制在 $0\sim3\times10^5$Pa 之间；液位计控制进料水的进水阀门；控制面板包括 PLC（控制每一个运行过程）、气体减压阀（1.4×10^5Pa 气体用于调节阀，4×10^5Pa 用于自动开关阀门）、进料水泵过载保护、电磁气动阀和接触器。公用工程配套：不含杂质和腐蚀性物质的工业饱和蒸汽，最大压力为 9×10^5Pa；进料水为去离子水，无硅石、氯、胺、挥发性物质等，压力为 $(1\sim2)\times10^5$Pa；干燥、无油、干净的压缩空气，最小压力为 6×10^5Pa。

（五）后续处理单元设备

（1）超滤装置　是水处理另一种类型的膜分离技术，主要用于制药液体的浓缩和分离，去除水中的有机物、各种细菌、热原物质、多种病毒等。

图 1-2-16　带冷凝装置的纯蒸汽发生器

（2）紫外线杀菌器　利用紫外线灯放射出波长为 254nm 的紫外线，杀死水中的细菌、病毒。

（3）臭氧灭菌器　臭氧是一种强氧化剂，能氧化分解细菌内部葡萄糖氧化酶，使细菌的生长繁殖过程遭到破坏，达到灭菌目的。

（4）后续水容器　采用不锈钢制品保证水不受污染，而且易于蒸汽消毒。

第二节　药液的精制过滤设备

由于药品生产所用的原辅料、中间半成品、生产中使用的器具、管道设备、操作人员及室内空气等会受细菌污染，因此注射剂在灌装前及灌装操作中均存在着净化精制的必要。在工业上可用高温热力法使最终产品中的菌体细胞的蛋白凝固变性，而杀死微生物，从而达到灭菌的目的，称其为湿热灭菌法。但是经湿热灭菌后的药品中仍有细菌尸体及代谢物存在，并且也有些药品会因高温而改变药物性质，因此采用无菌净化工艺越来越占有十分重要的地位。无菌净化工艺是指从药品、人员、器具、空气和环境等制剂过程中的各种途径均要做到没有微生物（包括各种菌类、病毒、芽孢等）污染的严格净化的无菌状态。

根据无菌净化的要求，药液精制的主要途径是过滤。过滤是用物理的方法截留滤除微生物、病毒及其他不溶物而保证药液的组成和化学性能不变的净化方法，可依据微生物尺度的大小采用孔径为 0.2～0.45μm 的微孔滤膜过滤药液，此时即可截留除病毒以外的所有微生物，若采用 0.01μm 孔径以下的超滤膜，则可滤除病毒以及更小的不溶物。

针对药液品种及不同的净化要求，当前适用于药液过滤的元件和器具种类很多，下面将分别予以介绍。

一、单元过滤设备

（一）砂滤棒

砂滤棒是以 SiO_2、Al_2O_3、黏土、白陶土等材料经过 1000℃以上的高温焙烧成空心的滤棒，如图 1-2-17 所示。配料的粒度越细，则砂滤棒的孔隙越小，滤速也越低，反之亦然。砂滤棒的微孔径约为 10μm 左右，相同尺寸的砂滤棒依微孔径不同，可分为细、中、粗号几种规格。目前市场销售的单支粗号砂滤棒其容积滤液流量可大于 500mL/min，细号的滤棒容积滤液流量约小于 300mL/min，中号的容积滤液流量则居中。

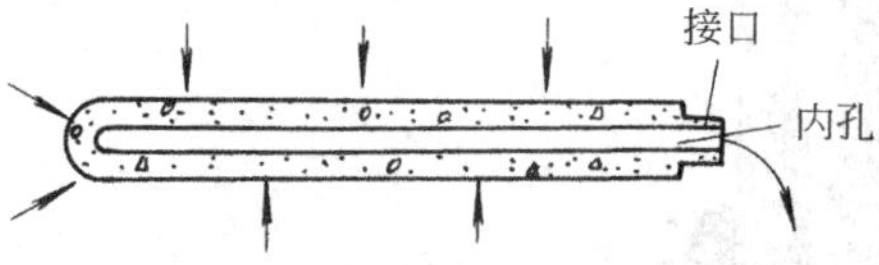

图 1-2-17　砂滤棒

根据图 1-2-17 可知，将砂滤棒的接口以密封接头与真空系统连接时，置于药液中的砂滤棒即可完成过滤作用。滤液在压力作用下透过管壁，经管内空间汇集流出。当处理量较大时，可将多支砂滤棒并联于真空系统上。

采用砂滤棒过滤一般只作为药液粗滤的方法。

（二）垂熔玻璃过滤器

以均匀的玻璃细粉高温熔合而成具有均匀孔径的滤板，再将此滤板粘接于漏斗中即成为图 1-2-18 所示的垂熔玻璃漏斗过滤器。如不做成滤板，而制成滤棒或滤球亦可。

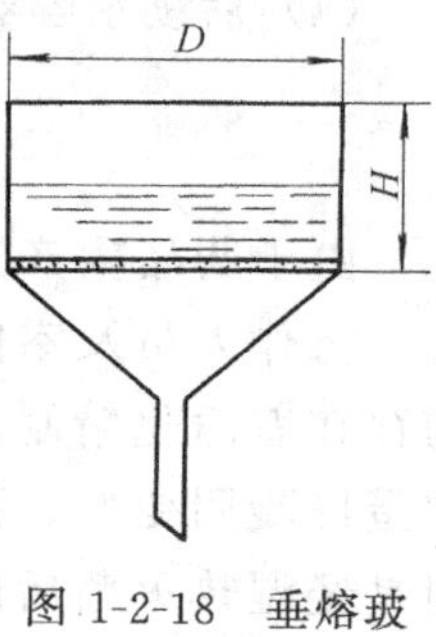

图 1-2-18　垂熔玻璃漏斗

垂熔玻璃滤器化学性能稳定，对药液无吸附作用，且与药液不起化学作用。在过滤过程中，无碎渣脱落，滞留的药液少，这种过滤器具还易于洗涤。新器具使用时需先用铬酸清洗液或硝酸钠液抽滤清洗后，再用清水（蒸馏水）及去离子水抽洗至中性。

这类过滤器的规格，以垂熔玻璃漏斗为例，依滤板微孔径的大小，分为小于 2μm、2～5μm、5～15μm、15～40μm、40～80μm、80～120μm 六个级别。根据处理量的多少，漏斗及滤板的直径和漏斗的高度也有不同的规格。微孔径越小，则滤速越低，这类过滤器的总处理量较小，一般最大漏斗的容量也只有 5L。由于垂熔玻璃的孔径较为均匀，所以常作为精滤处理时使用。

（三）PE 管过滤器

PE 管是用聚乙烯高分子粉末烧结成的一端封死的管状滤材，其形状类似砂滤棒，如图 1-2-19（a）所示。当采用的原料粒径不同、烧结工艺不同时，PE 管将会具有不同的微孔径及孔隙度。

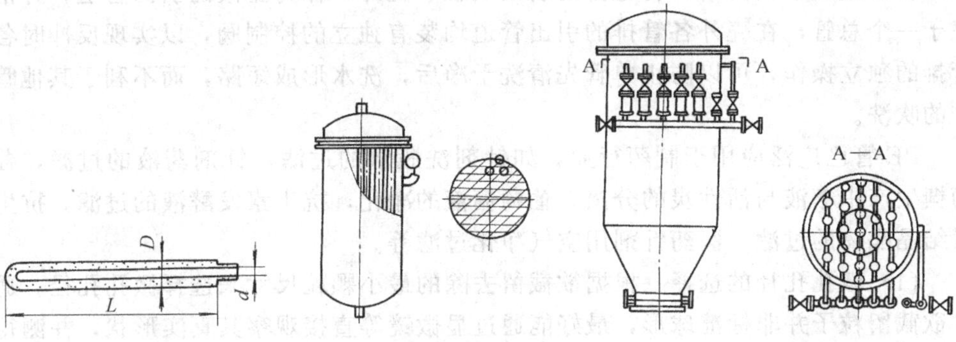

(a) 单支PE管　(b) 花板式安装　(c) 管排式安装

图 1-2-19　PE 管过滤器的结构形式

以粉末烧结而成的 PE 管，其微孔孔道细而弯曲，各孔道相互连通，呈交叉无规则状态分布，对于粒径大于 0.5μm 的悬浮物及菌类有很好的截留能力。过滤时可采用外部加压或内部抽真空的方式，使药液穿过管壁的孔隙进入管内，滤渣则截留于管壁外部，从而达到过滤分离的目的。随着管壁上滤渣的不断增多，过滤阻力逐渐增加，滤速则随之下降。这时可利用压缩空气或水由管内向外反冲再生，使 PE 管表面的，甚至孔道内的滤渣及堵塞颗粒脱落，从而恢复其滤速。

PE 管具有耐磨损、耐冲击、机械强度好、不易脱粒、不易破损的特点，使用寿命长。PE 管还具有耐酸、碱及大部分有机溶剂（如酯、酮、醚等）的腐蚀、无毒、无味等特点。也可以根据使用温度等特殊需要配以不同的添加剂和烧结工艺来满足用户要求。PE 管一般情况下使用温度在 80℃以下，对个别溶剂则应控制在 70℃以下方可保证其刚度。PE 管的密度一般为 $0.5\sim0.7g/cm^3$。PE 管烧结成型后车、锯、刨、焊、黏结等的再加工性均良好。

PE 管的平均毛细管孔径可制作成 5～140μm 等不同尺寸，过滤管的内径有 6～140mm、壁厚有 1～30mm 等不同规格。通常最大长度可达 1m，需要时可将数管接长。

将单支的 PE 管固联在花板或是直管上即构成如图 1-2-19（b）、图 1-2-19（c）所示的 PE 管过滤器。当过滤面积较小时，为减少接管排列空间，常做成花板式结构，即在塑料或钢制的管板上打有三角形或正方形排列的通孔，将 PE 管开口的一端在管板孔固联，形成一个管束，再将整个管束固定在机壳内，管束的一侧与无管的一侧用管板隔开。装有 PE 管的一侧机壳内充满药液，利用药液的泵压（或气压）或在无管的一侧抽真空，作为过滤的推动力完成过滤过程。过滤后的药液在无管的一侧汇集并引出。当过滤面积较大时（大于 $5m^2$），为了保证反吹再生的效果和便于维护检修，多制成管排式结构［如图 1-2-19（c）］，即将多个 PE 管的开口端固联于一个钢管上（钢管上开孔），制成一个个管排。再将多个管排固装于机壳内，各管排的引出端置于壳外，作为滤液的引出管道，并汇集于一个总管，在壳外各管排的引出管道均装有独立的控制阀，以实现反冲时各管排的独立操作，可以防止单管先清洗干净后，洗水形成短路，而不利于其他管排的吹洗。

PE 管已广泛应用于制药行业，如针剂洗瓶水的过滤，针剂药液的过滤，葡萄糖生产中糖液与活性炭的分离，葡萄糖液的净化，抗生素发酵液的过滤，抗生素结晶晶体的过滤，医药针剂用空气净化过滤等。

（1）微孔孔径的选择　根据欲截留去除的最小颗粒尺寸来选择微孔孔径。通常欲截留粒子并非标准球形，最好能通过显微镜等直接观察其真实形状，并测得其最小尺寸（如生物发酵的菌丝体多具有 0.5μm 的直径和 1～2μm 的丝长，其最小尺寸可视为 0.5μm）。这时只需选择略小于该尺寸孔径的 PE 管即可。如果被截留粒子的含量较高时，PE 管表面则会较迅速地形成滤渣层，这样会使更小的微粒也可能被截留。所以只是在新的 PE 管使用初期滤液中可能会掺有微粒，一旦沉积层形成，滤液即会变得更清洁。

（2）管径的选择　为获得足够的过滤面积，可以应用不同的 PE 管管径来实现。从 PE 管的规格系列可知，不同 PE 管外径其壁厚也不同。而各种药液及其待截留的微粒性质也不尽相同，所以可能造成管壁上微孔的堵塞情况也不可能完全相同。因此也有必要在小规模试验时，预选几种不同壁厚的管子，试验其过滤速率的衰减情况以及再生周期、再生效率的情况，从中选择再生周期较长、再生效率高的管子。

再生周期是指随着过滤操作时间的延长，过滤速率衰减到一个最低极限值时，则应停止过滤操作，进行过滤介质的再生。这时过滤所进行的时间称为再生周期。再生效率是指对使用过的过滤器进行反冲、反吹，以至于采用药物浸溶等方法进行再生后，其操作初期的过滤速率与上一次过滤操作初期的过滤速率的比率。再生周期与再生效率是两个相关指标。如果再生周期过长，微孔堵塞严重到难以反冲、反吹恢复其过滤速率时，必将导致再生效率过低。相反，如果再生周期过短，虽然其再生效率很高，但是由于频繁的反冲会造成生产率下降，操作费用增高，经济上是十分不合算的。

（四）板框式压滤机

由多块滤板与滤框相间重叠排列的板框式压滤机是水针注射液粗滤、半精滤的常见设备。其工作原理如图 1-2-20。药液经泵输送加压引入，板与框上预先开有药液通道，这些通道与滤框内侧小孔相通，故药液可同时并行进入各滤框与其两侧的过滤介质所构成的滤室中。经过滤介质过滤后的药液在滤板的沟槽中汇集并流入滤板底部与滤液通道相通的小孔，然后由滤液通道引出。滤板、滤框多采用不锈钢材料制作，过滤介质则依过滤要求来选择，或是滤布、滤纸。由于药液的黏度低，含渣量少，所以一般操作压力均低于 0.15MPa，供液量在 10～20L/min 范围，过滤面积多在 0.5m^2 以下。板框式压滤机都是间歇式操作的，一般因为含渣量较少，多以药液的批量确定操作周期。当一批药液处理完毕后，拆机清洗，并洗涤或更换过滤介质。

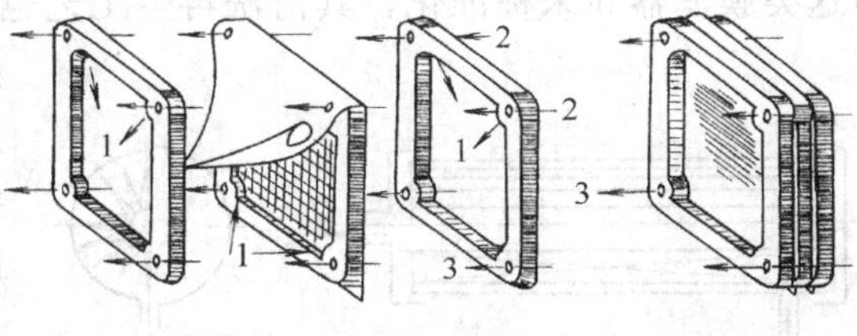

图 1-2-20　板框式压滤机过滤原理

1—小孔；2—加压原液通道；3—滤液通道

（五）微孔膜滤器

药用微孔膜滤器的结构如图 1-2-21 所示。采用高分子材料（如醋酸纤维素等）制作的微孔滤膜置于滤网托板（网板或孔板）上，以获得承受过滤压差所需要的足够刚度及强度。滤膜托板与上盖之间的空间构成滤室。经一段操作时间后，药液中所夹带的气体将汇集于滤室上部，故需定期使用排气嘴将气体排出，以防影响药液向滤室的输入和影响膜面的有效工作面积。托板与下滤盖间的空间用以收集滤液并集中由出液嘴将滤后的药液引走。图 1-2-21 所示为单程微孔膜滤器，其过滤面积十分有限（一般膜直径为 25～300mm），当需要时也可制成如板框压滤机的形式，滤板两侧均铺有滤膜，多片滤板重叠排列，原药液并行引入或串联引入滤室，其原理图如图 1-2-22 所示。

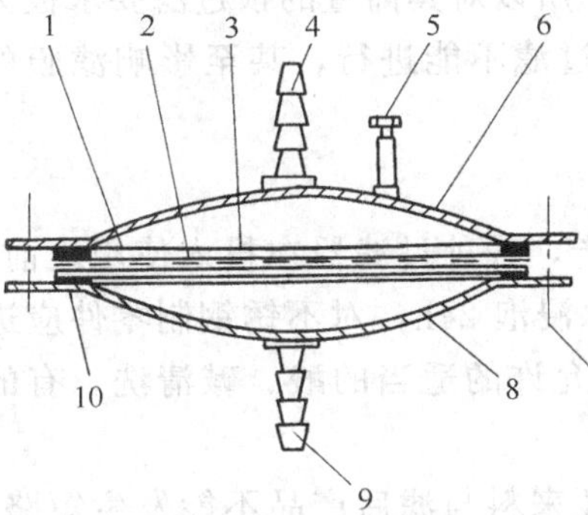

图 1-2-21　微孔膜滤器

1—硅胶圈；2—滤膜；3—滤网托板；4—进液嘴；5—排气嘴；6—上滤盖；7—连接螺栓；8—下滤盖；9—出液嘴；10—硅胶圈

（六）波折管式膜过滤器

为了增大过滤器单位体积的过滤面积，常将高分子平板微孔膜折叠成手风琴状后，再围成圆筒形，如图 1-2-23 所示。加压的原药液自管外向管内滤过后，可作为成品药液去灌装。由于欲截留的杂质粒子量极少，所以一般使用周期较长。当操作一段时间后过滤阻力增大，则停止向管内供料，过滤器进行清洗再生。目

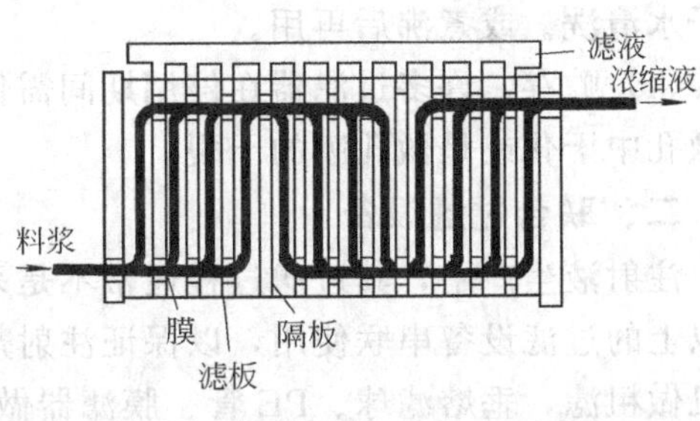

图 1-2-22　板框式膜滤器的串、并联原理图

前这类膜滤器尚未标准化，其清洗再生工艺也不相同。有的可以反冲洗，利用不大的压力自滤液侧通入清水或清洗剂，污水自供料端放出。有的则需拆开组件将波折管芯抽出进行冲洗后再复原。

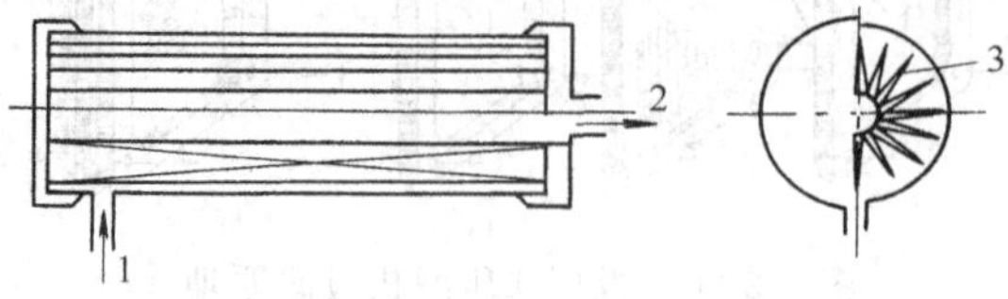

图 1-2-23　波折管式膜过滤器

1—原药液进口；2—滤液出口；3—微空膜波折管

膜滤器中使用的微孔滤膜的微孔直径在 0.2～1.2μm 范围内，滤膜微孔的直径为 0.2～0.45μm 用于滤除细菌，滤膜微孔为 0.45～1.2μm 的用于滤除不溶微粒。对小于 0.1μm 的微粒如病毒和热原等则不能滤除，必要时则需使用孔径更小的超滤膜方能滤除。

微孔滤膜是作为末端精滤使用的过滤介质，所以对其前置的预过滤要求极为严格，否则极容易引起堵塞和截留淤积，导致过滤不能进行，甚至影响滤膜的寿命。

（七）药液过滤设备的使用及维护

（1）新设备的清洗　为保证药品的无菌生产，各种过滤器在投入使用之前，均应经过认真的清洗。通常均要求先用去离子水浸泡 24h，对不锈钢制零件应进行 30min，120℃蒸汽灭菌，或经过说明书上所允许的适当的酸、碱清洗。有的过滤元件还应通过气泡检漏合格，方能使用。

（2）正确操作　各种过滤器使用中必须保证来料与滤后产品不能发生短路、泄漏。有的过滤器由于微孔孔径分布不均和孔隙率较大，在过滤初期，部分微粒易产生穿滤而影响过滤质量（如 PE 管过滤器）。为此在过滤初期需将不合格滤液返回料罐，待介质表面建立起一定的沉积层，滤液澄清，并经检验合格后，方可将滤液引出。

（3）再生　对于长期使用的过滤器，或是过滤含渣量较大的药品时，过滤介质表面易形成一层黏性污垢，造成透过速率衰减加快，届时应及时进行清洗再生。除薄膜过滤器外大多可以进行反冲再生。即由滤液出口引入净化水，再经去离子水清洗。或煮沸后再用。

（4）贮存　许多过滤器在停用期间需保证过滤介质成浸润状态，以防止杂质在微孔中干化或是微孔膜的干裂。

二、联合过滤设备

注射液生产中，其过滤过程通常不是采用一种过滤设备，而常常将两种或两种以上的过滤设备串联使用，以保证注射剂质量。正常情况下，滤棒和框板式压滤机做粗滤，垂熔滤球、PE 管、膜滤器做精滤。

根据生产规模及配液区域与灌封区域的相对位置和距离，联合过滤设备可分为高位静压过滤、减压过滤和加压过滤三种类型。高位静压过滤装置主要利用液位差所产生的压力进行过滤，速度较慢，适用于小量生产。减压过滤装置是用真空泵将整个过滤系统抽真空形成负压而将滤液抽过过滤介质，合理的设计能做到连续过滤，整个系统也处于良好的密闭状态，如图 1-2-24 所示。

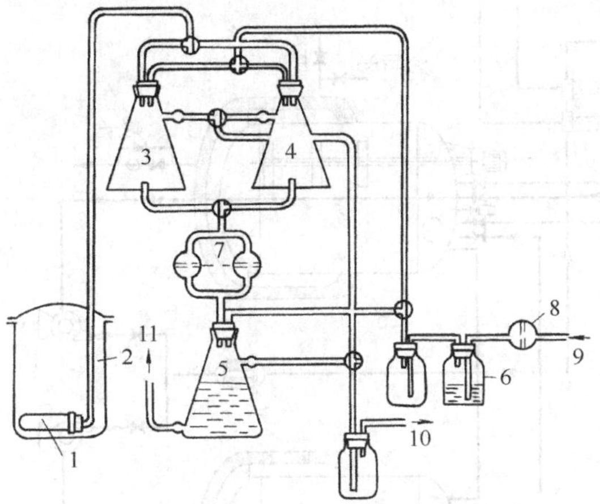

图 1-2-24　注射剂减压连续过滤装置

1—滤棒；2—贮液桶；3，4，5—滤液瓶；
6—洗气瓶；7—垂熔玻璃漏斗；8—滤气球；
9—进气口；10—抽气；11—接灌注器

负压过滤的缺点是压力有时不稳定，容易使滤层松动而影响过滤效果，同时，由于整个系统处于负压状态，一些微生物或杂质从不紧密处吸入系统而污染产品，因此除菌过程不宜采用减压过滤。工厂生产中最常用的是加压过滤，主要利用离心泵对过滤系统加压而达到过滤目的。操作时整个系统处于正压状态，密闭性好，空气中杂物、微生物不易污染过滤液，且药液可反复连续过滤，过滤质量好，加压过滤装置见图 1-2-25。

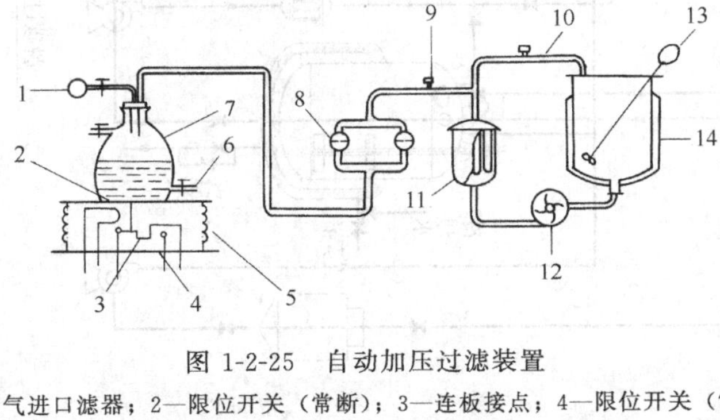

图 1-2-25　自动加压过滤装置

1—空气进口滤器；2—限位开关（常断）；3—连板接点；4—限位开关（常通）；
5—弹簧；6—接灌注器；7—贮液瓶；8—滤器（滤球或微孔膜滤器）；9—阀；
10—回流管；11—砂棒；12—泵；13—电动搅拌器；14—配液釜

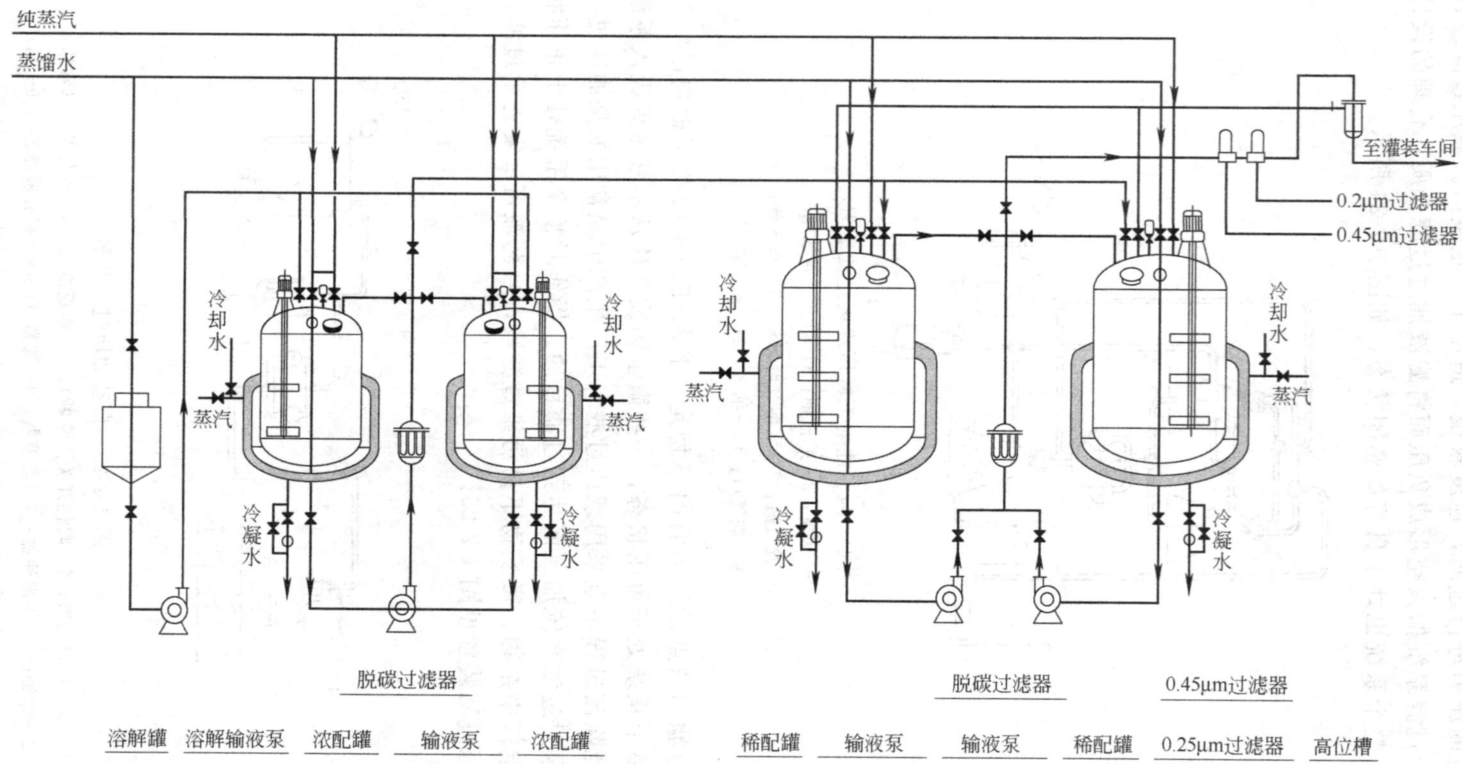

图 1-2-26 药液配制、过滤工艺流程

注射液经离心泵输送，通过砂棒和滤球或微孔滤膜过滤后进入贮液瓶，然后经导管送至各台灌封机。灌封速度与过滤速度不可能完全相同，而贮液瓶中药液又应该维持着一定量以供灌装，这可以用贮液瓶中药液量的多少来控制离心泵的开关，以维持贮液瓶内一定的药液。

图 1-2-25 为一种自动加压装置。其两个限位开关（常通和常断）为连接继电器的两组开关，当贮液瓶内药液减少到一定重量时，弹簧伸张，连板压点将限位开关的触点顶合，此时继电器通电，借磁性将离心泵的开关吸合，离心泵起动工作，继续过滤药液。随贮液瓶内药液重量增加，弹簧被压紧，限位开关的触点脱离，继电器的自锁作用使离心泵继续开动。当药液继续增加到一定重量时，连板接点将限位开关的触点顶开，继电器释放，离心泵停止开动，贮液瓶内药液不再增加。当贮液瓶内药液因灌装又减少，限位开关的触点又复合畅通，直至限位开关的触点顶合时，离心泵又重新启动，从而保证了贮液瓶内药液保持在一定重量范围内变化。应该注意的是过滤过程中，药液从配液容器中经导管至初滤或精滤，导管必须用不锈钢管或聚四氟乙烯软管，粗滤品和精滤品应分别置于密闭的和经过灭菌密闭的不锈钢或玻璃容器中。为使产品避免热原污染，所有设备及容器应易于清洁并能耐受 200℃的加热，对塑料或不耐热的材料可用环氧乙烷、双氧水或酸碱等化学方法处理，配液至灌封整个系统在每次生产结束时应及时清洗，保持清洁。

药液配制、过滤工艺流程见图 1-2-26。

第三节　安瓿洗灌封设备

注射药液贮装多使用玻璃安瓿。因为安瓿在灌装后能立即烧熔封口，可做到绝对密封并保证无菌，所以应用广泛。

成品安瓿有图 1-2-27 所示四种，也可简略分为单支安瓿及双联安瓿两大类。水针常用安瓿的规格有 1mL、2mL、5mL、10mL、20mL 五种。

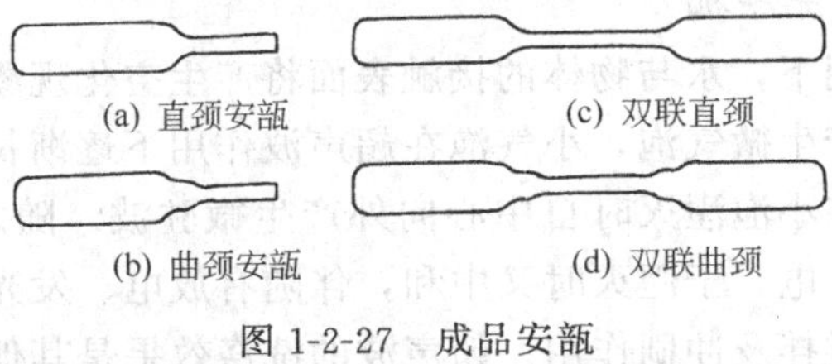

图 1-2-27　成品安瓿

一、注射剂容器处理设备

安瓿作为盛放注射药液的容器，在其制造及运输过程中难免会有微生物及不溶性尘埃沾带于瓶内，为此在灌装针剂药液前必须进行洗涤，要求在最后一次清洗时，需采用经微孔滤膜精滤过的注射用水加压冲洗，然后再经灭菌干燥方能灌注药液。下面介绍常用的几种注射剂容器处理设备。

（一）安瓿冲淋机

安瓿冲淋机的作用是用清洗液冲淋安瓿内、外的浮尘及向瓶内灌满净水。

最简单的冲淋机如图 1-2-28 所示，它仅由供水及传送系统构成，安瓿在安瓿盘内一直处于口朝上的状态，在传送带上逐一通过各组喷头下方；冲淋水压 0.12～0.2MPa，并通过喷头上直径 1～1.3mm 的小孔喷出，其具有足够冲淋力量将瓶内外污物冲净，并将瓶内注满水。冲淋机洗瓶，缺点是耗水量大，个别瓶子因受水量小冲洗不充分。

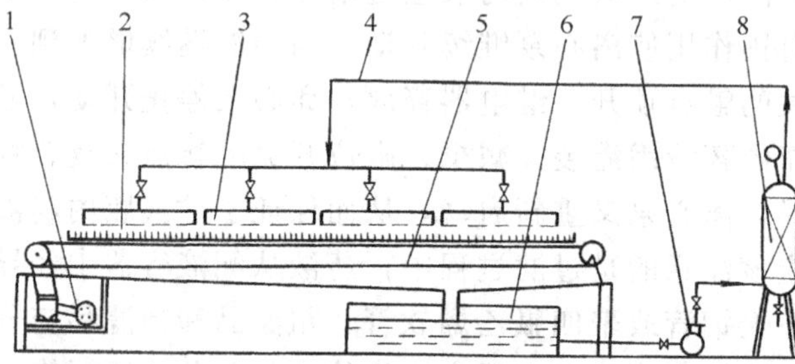

图 1-2-28　安瓿冲淋机

1—电机；2—安瓿盘；3—淋水喷嘴；4—进水管；5—传送带；6—集水箱；7—泵；8—过滤器

为克服上述不足，可以利用一排往复运动的注射针头向传送到位的一组安瓿进行冲淋；冲淋时针头插入安瓿瓶颈中，使洗水直接冲洗瓶子内壁。有的清洗机在安瓿盘入机后，利用一个翻盘机构使安瓿口朝下，上面有喷淋嘴冲洗瓶外壁，下面一排针头由下向上喷冲瓶内壁，使污尘能及时流出瓶口。还有的清洗机分有循环水喷淋、蒸馏水喷淋及无油压缩空气吹干等过程，以确保清洗质量。经冲淋、注水的安瓿，待加热蒸煮后还需经离心甩水机，用压紧栏杆将数排安瓿盘固定在离心机的转子上，利用大于重力 80～120 倍的离心力，将安瓿内的洗水甩净、沥干。

（二）超声安瓿洗涤机

在超声振荡作用下，水与物体的接触表面将产生空化现象。所谓空化是在声波作用下，液体中产生微气泡，小气泡在超声波作用下逐渐长大，当尺寸适当时产生共振而闭合。在小泡湮灭时自中心向外产生微驻波，随之产生高压、高温，小泡涨大时会摩擦生电，于湮灭时又中和，伴随有放电、发光现象，气泡附近的微冲流增强了流体搅拌及冲刷作用。超声波的洗涤效果是其他清洗方法不能比拟的，当将安瓿浸没在超声波清洗槽中，它不仅保证外壁洁净，也可保证安瓿内部无尘、无菌，而达到洁净指标。

工业上常用连续操作的机器来实现大规模处理安瓿的要求。运用针头单支清洗技术与超声技术相结合的原理就构成了连续回转超声清洗机，其原理如图 1-2-29 所示。

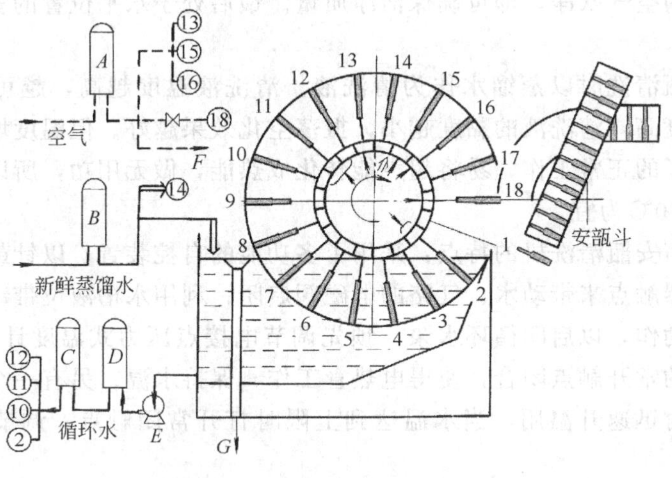

图 1-2-29　18 工位连续回转超声波洗瓶原理

1—引瓶；2—注循环水；3，4，5，6，7—超声清洗；8，9—空位；10，11，12—循环水冲洗；13—吹气排水；14—注新蒸馏水；15，16—压气吹净；17—空位；18—吹气送瓶；A，B，C，D—过滤器；E—循环泵；F—吹除玻璃屑；G—溢流回收

清洗流程利用一个水平卧装的轴，拖动有 18 排针管的针鼓转盘间歇旋转，每排针管有 18 支针头，构成共有 324 个针头的针鼓。与转盘相对的固定盘上，于不同工位上配置有不同的水、气管路接口，在转盘间歇转动时，各排针头座依次与循环水、压缩空气、新鲜蒸馏水等接口相通。

将安瓿排放在空中呈 45°倾斜的安瓿斗中，安瓿斗下口与清洗机的主轴平行，并开有 18 个通道。利用通道口的机械栅门控制，每次放行 18 支安瓿到传送带的 V 形槽搁瓶板上。传送带间歇地将安瓿送到洗涤区。

底部装有超声振荡器的洗涤槽内装满洗水，洗涤槽内有溢流口，用以保持液面高度。新鲜蒸馏水（50℃）用泵送至 0.45μm 微孔膜滤器 B，经除菌后送入超声洗涤槽，除菌后的新鲜蒸馏水还被引到接口 14，用以最后冲净安瓿内壁。

在超声水槽下部的出水口与循环水泵相连，用泵将循环水先后打入 10μm 滤芯粗滤器 D 及 1μm 滤芯细滤器 C 以去除超声冲洗下来的灰尘和固体杂质粒子，最后以 0.18MPa 压力进入 2、10、11、12 四个接口。

由无油压缩机来的表压为 0.3MPa 的压缩空气，经 0.45μm 微孔膜滤器 A 除菌后压力降至 0.15MPa，通到接口 13、15、16 及 18，用以吹净瓶内残水和推送安瓿。

从图 1-2-29 所标的顺序看，安瓿被引进针管后先灌满循环水，而后于 60℃的超声水槽中经过五个工位，共停留 25s 左右受超声波空化清洗，使污物振散、脱落或溶解。当针鼓旋转带出水面后的安瓿空两个工位再经三个工位的循环水倒置冲洗，进行一次空气吹除，于第 14 工位接受新鲜蒸馏水的最后倒置冲洗，再经两个工位的空气吹净，即可确保洁净质量。最后处于水平位置的安瓿由推送器推出清洗机。

一般安瓿清洗时以蒸馏水作为清洗液。清洗液温度越高，越可加速溶解污物。同时温度高，清洗液的黏度越小，振荡空化效果越好。但温度增高会影响压电陶瓷及振子的正常工作，易将超声能转化成热能，做无用功，所以通常将温度控制在60～70℃为宜。

回转超声安瓿清洗机的特点：采用了多功能的自控装置；以针鼓上回转的铁片控制继电器触点来带动水、气路的电磁阀启闭；利用水槽液位带动限位棒使晶体管继电器动作，以启闭循环水泵；预先调节电接点压力式温度计的上、下限，控制接触器的常开触点闭合，使得电热管工作，保持水温。另有一个调节用电热管，供开机时迅速升温用，当水温达到上限时打开常闭触点，调节用电热管则关闭。

维护注意事项：直流电机切忌直接启动和关闭。应使用调压器由最小调到额定使用值，关闭时先由额定使用值调至最小值，再切断电源。还需随时注意进瓶通道内的落瓶情况，及时清除玻璃屑，以防卡阻进瓶通道。定时向链条、凸轮摆杆关键转动处加油，以保持良好的润滑状态。

（三）安瓿的干燥灭菌设备

安瓿经淋洗只能去除稍大的菌体、尘埃及杂质粒子，还需通过干燥灭菌去除生物粒子的活性。常规工艺是将洗净的安瓿置于350～450℃温度下，保温6～10min，既能达到杀灭细菌和热原的目的，也可使安瓿进行干燥。

干燥灭菌设备的类型较多，按生产连贯性分有间歇式和连续式。所用能源有蒸汽、煤气及电热等。

1. 间歇式干燥灭菌箱

当产量较少时，采用间歇式干燥灭菌。箱体四壁成夹套式，箱内装有加热排管。蒸汽先流过夹套再流入排管。箱内温度决定于蒸汽压力和传热面积。这种灭菌箱的壳体需按受压容器要求进行设计和制造，夹套常内衬不锈钢，外壳体一般用碳钢板制造。

实验室用小型灭菌干燥箱则多采用电热丝或电热管加热，并有热风循环装置和湿空气外抽功能。

2. 连续隧道式远红外煤气烘箱

远红外线是指波长大于5.6μm的红外线，它是以电磁波的形式直接辐射到被加热物体上的，不需要其他介质的传递，所以加热快、热损小，能迅速实现干燥灭菌。

任何物体的温度大于绝对零度（－273℃）时，都会辐射红外线。物体的材料、表面状态、温度不同时，其产生的红外线波长及辐射率均不同。不同物质由于原子、分子结构不同其对红外线的吸收能力也不同，显示极性的分子构成的物质就不吸收红外线，而水、玻璃及绝大多数有机物均能吸收红外线，特别是强烈吸收远红外线。对这些物质使用远红外线加热，效果也更好。作为辐射源材料的辐射特性应与被加热物质的吸收特性相匹配，而且应该选择辐射率高的材料做辐射源。

隧道式远红外烘箱是由远红外发生器、传送带和保温排气罩组成，如图 1-2-30 所示。

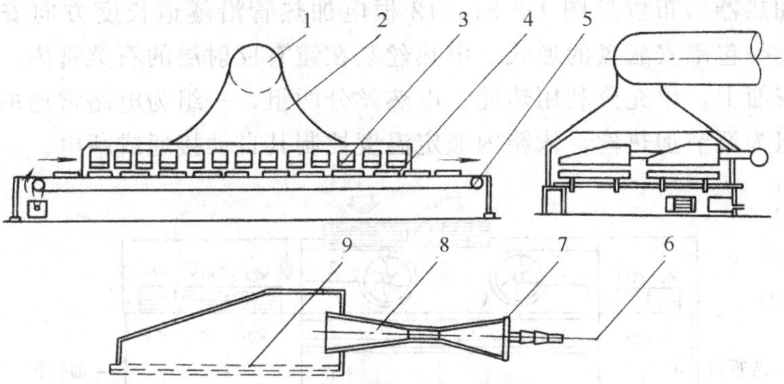

图 1-2-30　隧道式远红外烘箱结构

1—排风管；2—罩壳；3—远红外发生器；4—盘装安瓿；5—传送链；6—煤气管；7—通风板；8—喷射器；9—铁铬铝网

瓶口朝上的盘装安瓿由隧道的一端用链条传送带送进烘箱。隧道加热分预热段、中间段及降温段三段，预热段内安瓿由室温升至 100℃左右，大部分水分在这里蒸发；中间段为高温干燥灭菌区，温度达 300～450℃，残余水分进一步蒸发，细菌及热原被杀灭；降温区是由高温降至 100℃左右，而后安瓿离开隧道。

为保证箱内的干燥速率不致降低，在隧道顶部设有强制抽风系统，以便及时将湿热空气排出；隧道上方的罩壳上部应保持 5～20Pa 的负压，以保证远红外发生器的燃烧稳定。

该机操作和维修时应注意以下几点。

(1) 调风板开启度的调节。根据煤气成分不同而异，每只辐射器在开机前需逐一调节调风板，当燃烧器赤红无焰时固紧调风板。

(2) 防止远红外发生器回火。压紧发生器内网的周边不得漏气，以防止火焰自周边缝隙（指大于加热网孔的缝隙）窜入发生器内部引起发生器内或引射器内燃烧——即回火。

(3) 安瓿规格需与隧道尺寸匹配。应保证安瓿顶部距远红外发生器面为 15～20cm，此时烘干效率最高，否则应及时调整其距离。此外，还需定期清扫隧道及加油，保持运动部位润滑。

3. 连续电热隧道灭菌烘箱

这种烘箱的基本形式与煤气烘箱类似，也为隧道式。可考虑与超声波安瓿清洗机和多针拉丝安瓿灌封机配套使用，组成联动生产线。

烘箱由传送带、加热器、层流箱、隔热机架组成。各部分的结构作用原理分述如下。

(1) 传送带。为了将安瓿水平送入、运出烘箱和防止安瓿走出带外，传送带由三条不锈钢丝编织网带构成。水平传送带宽 400mm，两侧垂直带高 60mm，三者同步移动。

(2) 加热器的布置见图 1-2-31。12 根电加热管沿隧道长度方向安装，在隧道横截面上呈包围安瓿盘的形式。电热丝装在镀有反射层的石英管内，热量经反射聚集到安瓿上，以充分利用热能。电热丝分两组，一组为电路常通的基本加热丝；另一组为调节加热丝，依箱内额定温度控制其自动接通或断电。

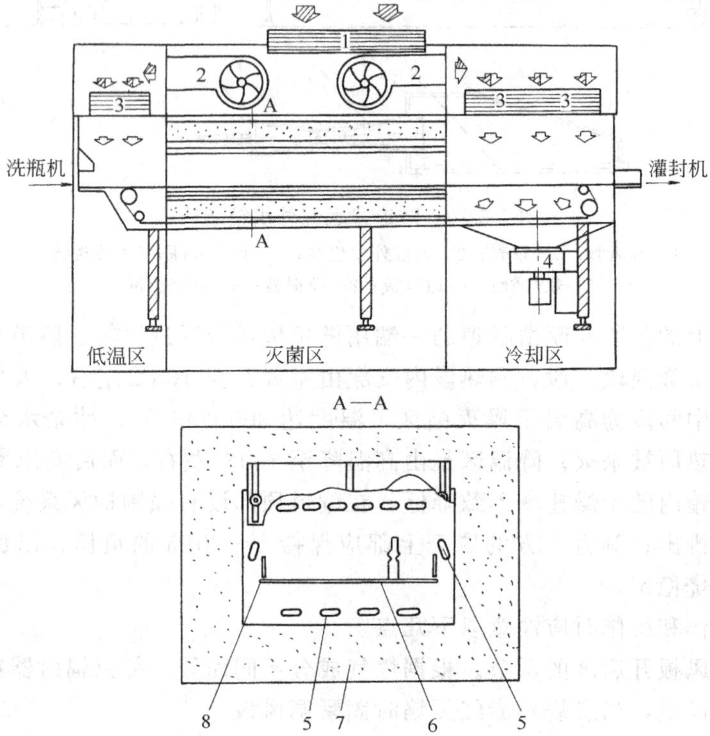

图 1-2-31　电热隧道灭菌烘箱结构示意图

1—过滤器；2—送风机；3—精密过滤器；4—排风机；5—电热管；6—水平网带；7—隔热材料；8—竖直网带

(3) 烘箱中段干燥区的湿热气经另一可调风机排出箱外，但干燥区应保持正压，必要时由 A 级净化气补充。

二、安瓿灌封机

注射液灌封是注射剂装入容器的最后一道工序，也是注射剂生产中最重要的工序，注射剂质量受灌封区域环境和灌封设备影响。因此，灌封区域是整个注射剂生产车间的关键部位，应保持较高的洁净度。同时，灌封设备的合理设计及正确使用也直接影响注射剂产品质量的优劣。

安瓿灌封机是注射剂生产的主要设备之一，由于安瓿规格大小的差异，灌封机分为1～2mL，5～10mL和20mL三种机型，但5～10mL灌封机与20mL灌封机的机械结构形式基本相同，因此安瓿灌封机分为1～2mL和10～20mL两种机型予以介绍。

将精制后的药液定量地灌注到洗净并经干燥灭菌的安瓿内加以封口的装置称为灌封机。由于安瓿有不同的尺寸规格，一般适当更换灌封机的某些附件，即可适应不同安瓿的要求，通常灌封机具有同时灌封4～8支安瓿的功能，以保证生产效率。为保证灌封过程中的洁净，药液暴露部位均需在A级层流空气保护下操作，因此凡有灌封机操作的车间必有洁净供气设备配置。

安瓿灌封的工艺过程一般应包括安瓿的排整、灌注、充氮、封口等工序。

安瓿的排整是将密集堆排的灭菌安瓿依照灌封机的要求，即在一定的时间间隔（灌封机动作周期）内，将定量的（固定支数）安瓿按一定的距离间隔排放在灌封机的传送装置上。灌注是将净制后的药液经计量，按一定体积注入到安瓿中去。为适应不同规格、尺寸的安瓿要求，计量机构应便于调节。由于安瓿颈部尺寸较小，经计量后的药液需使用类似注射针头状的灌注针灌入安瓿，又因灌封是数支安瓿同时灌注，故灌封机相应地有数套计量机构和灌注针头。

充氮是为了防止药品氧化，需要向安瓿内药液上部的空间充填氮气以取代空气。此外，有时在灌注药液前还得预充氮气，提前以氮气置换空气。充氮的操作是通过氮气管线端部的针头来完成的。

封口是用火焰加热，将已灌注药液且充氮后的安瓿颈部熔融后使其密封的。加热时安瓿需自转，使颈部均匀受热熔化。为确保封口不留毛细孔隐患，现代的灌封机上均采用拉丝封口工艺。拉丝封口不仅是瓶颈玻璃自身的融合，而且用拉丝钳将瓶颈上部多余的玻璃靠机械动作强力拉走，加上安瓿自身的旋转动作，可以保证封口严密不漏，且使封口处玻璃厚薄均匀，而不易出现冷爆现象。

因此安瓿灌封机按其功能可将结构分解为传送部分、灌注部分和封口部分三个基本部分。

传送部分负责进出和输送安瓿。

灌注部分负责将一定容量的注射液注入空安瓿内，当传送装置未送入空瓶时，该部分能够自动止灌。

封口部分负责装有注射剂安瓿瓶颈的封闭工作，封口包括有熔封和拉丝封口两种形式，目前用拉丝封口。

（一）1～2mL 安瓿灌封机

1～2mL 安瓿灌封机是一种结构紧凑、杆件空间交叉多的设备，各部分均由电机带动主轴控制。

1. 传送部分

1～2mL 安瓿灌封机传送部分见图 1-2-32。洗净灭菌的安瓿由人工放入与水平成 45°倾角的放料斗上，料斗下梅花盘由链条带动，每转 1/3 周，可将 2 支安瓿推入固定齿板上。固定齿板是上下两条呈三角形的齿板，安瓿上下端分别搁放在其三角形槽中固定，安瓿与水平依然成 45°角。此时偏心轴作圆周旋转，带动与之相连的移瓶齿板动作，移瓶齿板也是由上下二条与固定齿间距相同的齿形板组成，但其齿形为椭圆形。当随偏心轴做圆周运动的移瓶齿板动作到上半部，先将安瓿从固定齿板上托起，然后超过固定齿板三角形槽的齿顶，再将安瓿移动两格放入固定齿板上，偏心轴转动一周，通过移瓶齿板安瓿向前移二格，这样安瓿不断前移通过灌药和封口区域。偏心轴带动移瓶齿板运送安瓿的时间（包括托瓶、移瓶和放瓶）大约为偏心轴转 1/3 周，余下的 2/3 周时间供安瓿在固定齿板上停留，这段时间将用来灌药和封口。

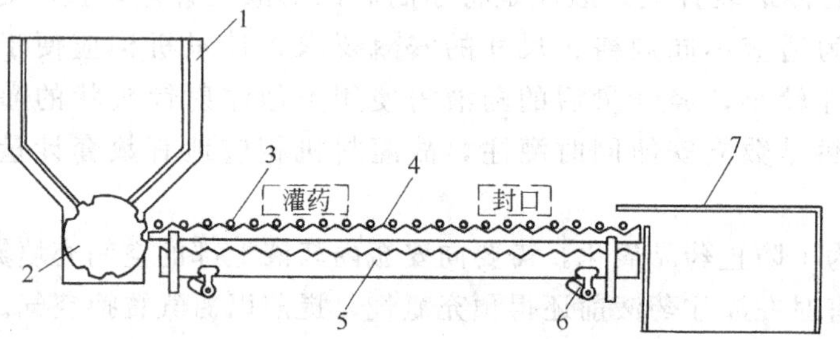

图 1-2-32　1～2mL 安瓿灌封机传送部分结构示意图

1—放瓶斗；2—梅花盘；3—安瓿；4—固定齿板；5—移瓶齿板；6—偏心轴；7—出瓶斗

偏心轴的转动使安瓿经过灌药和封口区域，完成灌药和封口的安瓿在进入出瓶斗前仍与水平成 45°角，在出瓶斗前安装有一块有角度的“舌头”，移瓶齿板的运动可推动安瓿在此转动 40°角并进入出瓶斗。因此，进入出瓶斗的安瓿呈垂直竖立状态，便于进入下一道工序。

2. 灌注部分

灌注部分结构见图 1-2-33。整个灌注部分可分三个功能部件。

(1) 凸轮-拉杆部件　将药液从贮液瓶中吸入注射器，并推入安瓿内。

(2) 注射器部件　控制注入每一安瓿的注射剂体积。

(3) 摆杆-电磁阀部件　当缺瓶现象发生时阻止凸轮-拉杆部件将药液推出。

凸轮 1 转到图示位置，开始压扇形板 2 摆动，使顶杆 3 上顶，在有安瓿情况下，顶杆顶在电磁阀 4 伸在顶杆座内的部分，与电磁阀连在一起的顶杆座 5 上

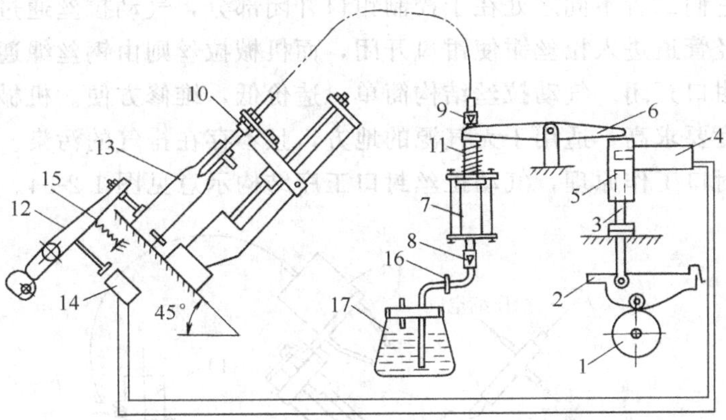

图 1-2-33　1～2mL 安瓿灌封机灌药工序结构示意图

1—凸轮；2—扇形板；3—顶杆；4—电磁阀；5—顶杆座；6—压杆；7—针筒；8,9—单向玻璃阀；10—针头；11—压簧；12—摆杆；13—安瓿；14—行程开关；15—拉簧；16—螺丝夹；17—贮液瓶

升，使压杆 6 摆动，压杆另一端即下压，推动针筒 7 的活塞向下运动，此时，单向玻璃阀 8 关闭，9 开启，药液经管道进针头 10 而注入安瓿内直到规定容量。当凸轮不再压扇形板时，针筒的活塞靠压簧 11 复位，此时单向玻璃阀 8 打开，9 关闭，药液又被吸入针筒。顶杆和扇形板依靠自重下落，扇形板滚轮与凸轮圆弧处接触后即开始重复下一个灌药期。有时因送料斗内安瓿堵塞或缺瓶而使输送轨道上暂时无安瓿输送，此时注射器若仍然继续灌注，不仅浪费药液，污染设备，还会影响灌药工序的正常进行。因此灌注部分还必须装配有自动止灌装置。当灌注针头处齿形板上无安瓿时，摆杆 12 与安瓿 13 接触的触头脱空，拉簧 15 使摆杆继续转动，并使其压在行程开关 14 上，此时接触电磁阀的电流可打开电磁阀，并用电磁力将其伸入顶杆座内部分拉掉，顶杆 3 不能使压杆 6 动作而控制注射器部件。

注射剂灌装之后常需注入惰性气体（氮气或二氧化碳），以其代替安瓿内的空气，增加药物的稳定性。充气的工序位于灌装之后，充气针头和灌装针头位于同一针管架上，由电机带动主轴控制凸轮和充气阀。

3. 封口部分

安瓿封口方式有熔封和拉丝封口。熔封是指旋转安瓿瓶颈玻璃在火焰的加热下熔融，借助表面张力作用而闭合的一种封口形式。拉丝封口是指当旋转安瓿瓶颈玻璃在火焰加热下熔融时，采用机械方法将瓶颈闭口。国内熔封技术不过关，易发生漏气现象，故国家医药局有关文件规定：1990 年后各针剂生产厂家应一律采用拉丝封口。

拉丝封口主要由拉丝机构、加热部件及压瓶机构三部分组成。拉丝机构包括拉丝钳、控制钳口开闭部分及钳子上下运动部分，其传动形式有气动拉丝和机械拉丝两种。它们二者不同之处在于控制钳口开闭部分，气动拉丝通过气阀凸轮控制压缩空气经管道进入拉丝钳使钳口开闭，而机械拉丝则由钢丝绳通过连杆和凸轮控制拉丝钳口开闭。气动拉丝结构简单，造价低，维修方便。机械拉丝结构复杂，制造精度要求高，适用于无气源的地方，且不存在排气的污染。下面详细介绍气动拉丝封口工作原理，气动拉丝封口工序结构示意见图 1-2-34。

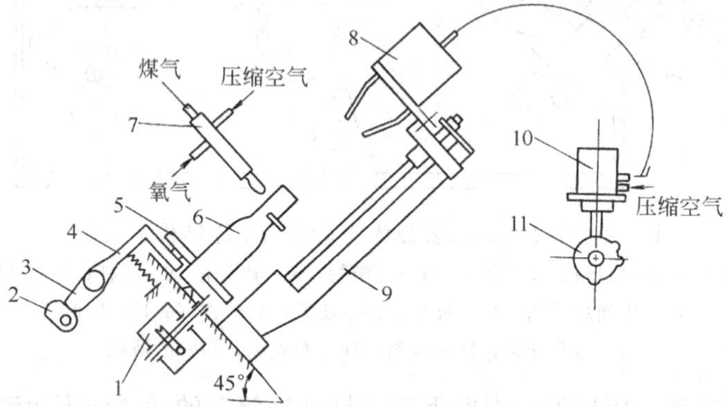

图 1-2-34　气动拉丝封口工序结构

1—蜗轮蜗杆箱；2—压瓶凸轮；3—摆杆；4—拉簧；5—压瓶滚轮；6—安瓿；7—火头；8—拉丝钳；9—拉丝钳座；10—气阀；11—气阀凸轮

灌好药液并充入气体的安瓿经移瓶齿板作用进入图示位置时，安瓿颈部靠在上固定齿板的齿槽上，安瓿下部放在蜗轮箱的滚轮上，底部则放在呈半圆形的支头上，安瓿上部由压瓶滚轮压住（压瓶滚轮的作用是防止拉丝钳拉安瓿颈丝时安瓿随拉丝钳移动）。此时，由于蜗轮转动带动滚轮旋转，从而使安瓿旋转，同时压瓶滚轮也旋转。加热火焰由煤气、压缩空气和氧气混合组成，火焰温度为1400℃左右。对安瓿颈部需加热部位圆周加热到一定火候，拉丝钳口张开向下，当达到最低位置时，拉丝钳收口，将安瓿头部拉住，并向上将安瓿熔化丝头抽断而使安瓿闭合；当拉丝钳到达最高位置时，拉丝钳张开、闭合两次，将拉出的废丝头甩掉，这样整个拉丝动作完成。拉丝过程中拉丝钳的张合由气阀凸轮控制压缩空气完成。安瓿封口完成后，由于凸轮作用，摆杆将压瓶滚轮拉起，移瓶齿板将封口安瓿移至下一位置，未封口安瓿送入火焰进行下一个周期动作。

4. 封液过程中常见生产问题及解决方法

(1) 冲液现象　冲液是指在注液过程中，药液从安瓿内冲起溅在瓶颈上方或冲出瓶外，冲液的发生会造成注液容量不准，封口焦头和封口不密等问题。

解决冲液现象主要措施有：注液针头出口多采用三角形的开口，中间拼拢，这样的设计能使药液在注液时沿安瓿瓶身进液，而不直冲瓶底，减少了液体注入瓶底的反冲力，调节针头进入安瓿的位置使其恰到好处；凸轮的设计使针头吸药和针管压药的行程加长，不给药时的行程缩短，保证针头出液先急后缓。

(2) 束液　束液是指注液结束时，针头上不得有液滴沾留挂在针尖上，若束液不好，则液滴容易弄湿安瓿颈，既影响注射剂容量，又会出现焦头或封口时瓶颈破裂等问题。

解决束液不好现象主要方法有：灌药凸轮的设计，使其在注液结束时返回快，单向玻璃阀设计有毛细孔，使针筒在注液完成后对针筒内的药液有微小的倒吸作用。另外，一般生产时常在贮液瓶和针筒连接的导管上夹一只螺丝夹可使束液效果更好。

(3) 封口火焰调节　封口火焰的温度直接影响封口质量，若火焰过大，拉丝钳还未下来，安瓿丝头已被火焰加热熔化并下垂，拉丝钳无法拉丝；火焰过小，则拉丝钳下来时瓶颈玻璃还未完全熔融，不是拉不动，就是将整支安瓿拉起，均影响生产操作。此外，因煤气火焰的影响还将产生“泡头”、“瘪头”、“尖头”等问题，产生原因及解决方法如下。

a. 泡头　煤气太大，火力太旺，需调小煤气；预热火头太高，可适当降低火头位置；主火头摆动角度不当，一般摆动 1°～2°角；压脚没压好，使瓶子上爬，应调整上下角度位置；钳子太低，造成钳去玻璃太多，玻璃瓶内药液挥发，压力增加，而成泡头，需将钳子调高。

b. 瘪头　瓶口有水迹或药迹，拉丝后因瓶口液体挥发，压力减少，外界压力大而瓶口倒吸形成平头，可调节灌装针头位置和大小，不使药液外冲；回火火焰不能太大，否则使已圆好口的瓶口重熔。

c. 尖头　预热火焰太大，加热火焰过大，使拉丝时丝头过长，可把煤气量调小些；火焰喷枪离瓶口过远，加热温度太低，应调节中层火头，对准瓶口，离瓶 3～4mm；压缩空气压力太大，造成火力急，温度低于软化点，可将空气量调小一点。

由上述可见，封口火焰的调节是封口好坏的首要条件，封口温度一般调节在 1400℃，由煤气和氧气压力控制，煤气压力大于 0.98kPa，氧气压力为 0.02～0.05MPa。火焰头部与安瓿瓶颈间最佳距离为 10mm，生产中拉丝火头前部还有预热火焰，当预热火焰使安瓿瓶颈加热到微红，再移入拉丝火焰熔化拉丝，有些灌封机在封口火焰后还设有保温火焰，使封好的安瓿慢慢冷却，以防止安瓿因突然冷却而发生爆裂现象。

(二) 10～20mL 安瓿灌封机

10～20mL 安瓿灌封机封口部分与 1～2mL 安瓿灌封机结构完全类似，在此只介绍该机的传送部分和灌注部分。

10～20mL 安瓿灌封机传送部分结构示意图见图 1-2-35。由于 5mL 以上安瓿重量重、体积大，因此安瓿输送轨道由 1～2mL 安瓿灌封机传送部分的固定齿板、移动齿板和二根偏心轴改为固定上、下齿板，移动齿板和三根偏心轴，以增加机器对安瓿的承受力。进料斗处的梅花盘也改为 4 槽，每次只送入一只安瓿，梅花盘后的链轮传动改为圆柱齿轮传动。此外，为了防止安瓿在进料斗内阻塞，料斗一侧增设了一块插板。

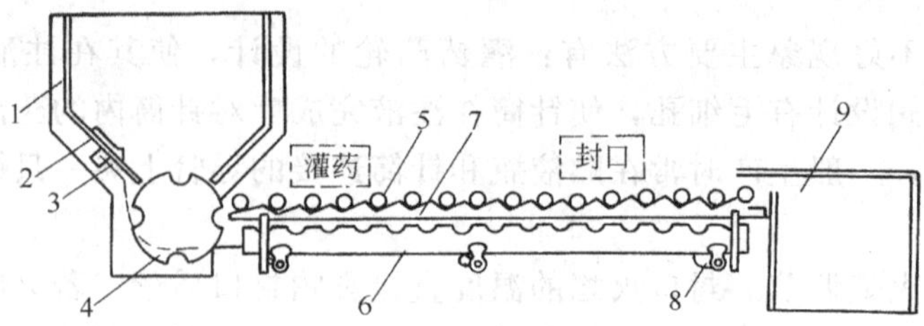

图 1-2-35　10～20mL 安瓿灌封机传送部分结构

1—放瓶斗；2—插板；3—拉杆；4—梅花板；5—安瓿；6—移瓶齿板；7—固定齿板；8—偏心轴；9—出瓶斗

10～20mL 安瓿灌封机灌药部分的原理和装置均与 1～2mL 安瓿灌封机类似。但由于灌药容量大，注射针筒的体积增加，相应的压杆运动幅度也需加大。灌装部分装置见图 1-2-36，随灌药凸轮运动，扇形板被其压动，带动与其相连的拉杆向下运动，但杆上方的微调螺钉与电磁阀芯接触后，压杆向下运动，从而压下针筒的活塞，使药液经单向玻璃阀进入针头并注入安瓿，其他部分及自动止灌装置均和 1～2mL 安瓿灌封机类似。

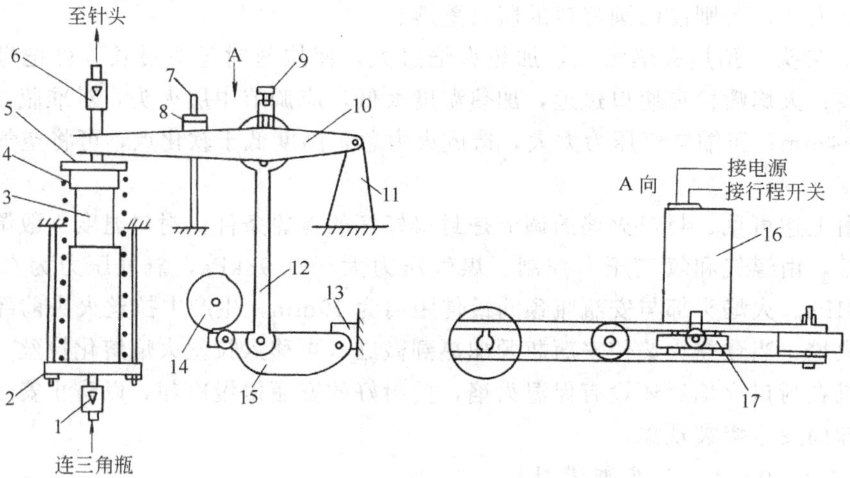

图 1-2-36　10～20mL 安瓿灌封机灌药部分结构

1,6—单向玻璃阀；2—针筒座；3—针筒；4—压簧；5—针筒压簧盖；7—调节螺丝；8—调节螺帽；9—微调螺钉螺母；10—压杆；11—支座；12—拉杆；13—固定座；14—灌药凸轮；15—扇形板；16—电磁阀；17—拉杆导向轮

（三）安瓿灌封机维修保养知识

（1）燃气头应该经常从火焰的大小来判断是否良好，因为燃气头的小孔使用

一定时间后容易被积炭堵塞或小孔变形而影响火力。

(2) 灌封机火头上面要装排气管，能排除热量及熔气中少量灰尘，同时又能保持室内温度、湿度和清洁，有利于产品质量和工作人员的健康。

(3) 机器必须保持清洁，生产过程中应及时清除药液和玻璃碎屑，严禁机器上有油污；交班前应将机器各部件清洗一次，加油一次，每周应大擦洗一次，特别是擦净平常使用中不易清洗到的地方，并可用压缩空气吹净。

(4) 在机器使用前后，应按照制造厂家提供的详细说明书等技术资料检验机器性能。

三、安瓿洗灌封联动机

安瓿洗灌封联动机是一种将安瓿洗涤、烘干灭菌以及药液灌封三个步骤联合起来的生产线，实现了注射剂生产承前联后同步协调操作，不仅节省了车间、厂房场地的投资，又减少了半成品的中间周转，将药物受污染的可能降低到最小限度。联动机由安瓿超声波清洗机、安瓿隧道灭菌箱和多针拉丝安瓿灌封机三部分组成。除了可以连续操作之外，每台单机还可以根据工艺需要，进行单独的生产操作。图 1-2-37 为 ACSD 安瓿超声波洗灌封联动机，是根据国外设备特点，结合我国针剂生产要求自行设计的国产联动机。

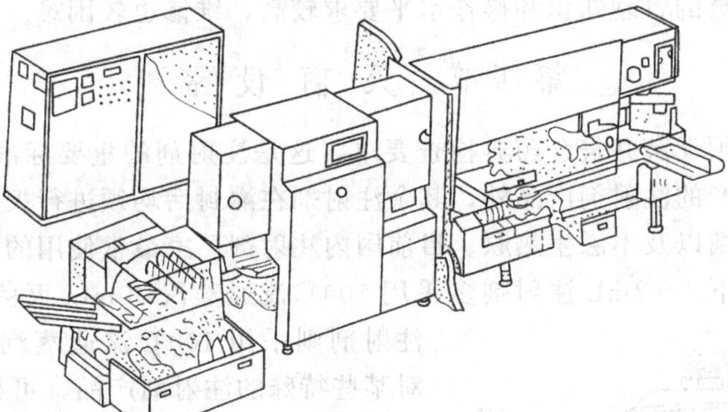

图 1-2-37　ACSD 安瓿洗灌封联动机

安瓿洗灌封联动机工作原理如图 1-2-38 所示，主要特点如下。

(1) 采用了先进的超声波清洗，多针水气交替冲洗，热空气层流消毒，层流净化，多针灌封和拉丝封口等先进生产工艺和技术。全机安瓿进出料采用串联式，可避免交叉污染，使整条联动机生产线结构清晰、明朗和紧凑，占地面积小。

(2) 全机设计考虑了运转过程的稳定可靠性和自动化程度，采用了先进的电子技术和微机控制，实现机电一体化，使整个生产过程达到自动平衡、监控保护、自动控温、自动记录、自动报警和故障显示，减轻了操作人员的劳动强度。

(3) 生产全过程是在密闭或层流条件下工作的，符合 GMP 要求。

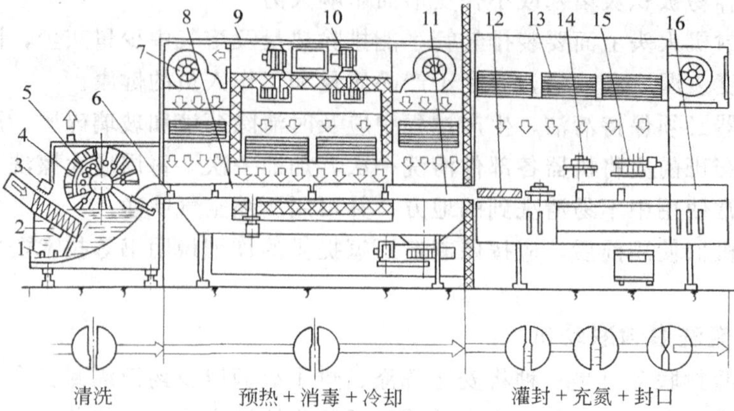

图 1-2-38 安瓿洗灌封联动机工作原理

1—水加热器；2—超声波换能器；3—喷淋水；4—冲水、气喷嘴；5—转鼓；6—预热器；7，10—风机；8—高温灭菌区；9—高效过滤器；11—冷却区；12—不等距螺杆分离；13—洁净层流罩；14—充气灌药工位；15—拉丝封口工位；16—成品出口

(4) 适合于我国1mL、2mL、5mL、10mL、20mL 5种安瓿规格，通用性强，规格更换件少，更换容易。但安瓿洗灌封机联动机价格昂贵，部件结构复杂，对操作人员的管理知识和操作水平要求较高，维修也较困难。

第四节　灭菌设备

注射剂必须无菌并符合药典检查要求，这是注射剂的重要标准之一。因此，除无菌操作生产的注射剂产品外，其余注射剂在灌封后均须进行灭菌，以确保注射剂产品的无菌以及不滋生热原。目前国内注射剂厂家最常使用的是湿热灭菌方法，一般情况下1～2mL注射剂多采用100℃流通蒸汽30min灭菌，10～20mL注射剂则采用100℃流通蒸汽45min灭菌。对某些特殊的注射剂产品，可根据药物性质适当选择灭菌温度和时间。也可采用其他灭菌方法，如微波灭菌法和高速热风灭菌法。

图 1-2-39 卧式热压灭菌箱

灭菌效果常以 D 值（降低90%微生物所需的时间），z 值（降低一个 $\lg D$ 值所需的温度数），F 值及 F_0 值（杀菌致死值）来表示，这几个参数的计算公式和相互关系分别表示如下。

$$Z=\frac{T_1-T_2}{\lg D_2-\lg D_1}$$

$$F=D(\lg N_0-\lg N_t)$$

$$F_0=\Delta t\cdot\sum 10^{(T-121)/Z}$$

式中 N_0、N_t——灭菌前（0 时间）和灭菌后（t 时间）溶液中残存的微生物数；

Δt——测温时间间隔；

T——在 t 时所测得的灭菌物温度,℃；

Z——常数（一般选为 10℃）。

由于 F_0 值能将不同的受热温度折算成相当于 121℃灭菌时的热效应，对于验证灭菌效果极为有用，故 F_0 值的计算公式在灭菌过程中最为常用。

一、热压灭菌检漏箱

国内注射剂厂家目前多采用定型的卧式热压灭菌箱来进行灭菌，其外形见图 1-2-39，结构示意见图 1-2-40。

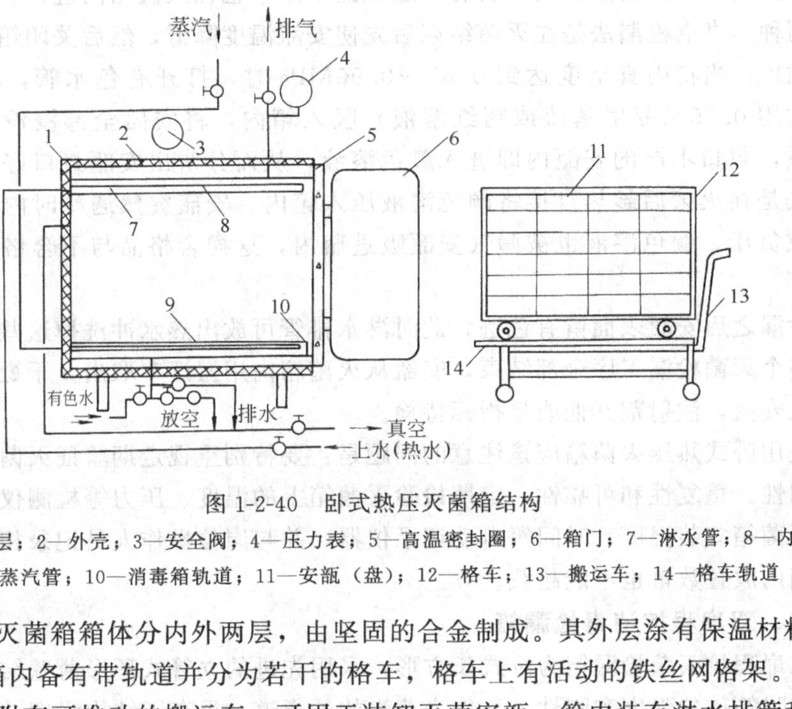

图 1-2-40 卧式热压灭菌箱结构

1—保温层；2—外壳；3—安全阀；4—压力表；5—高温密封圈；6—箱门；7—淋水管；8—内壁；9—蒸汽管；10—消毒箱轨道；11—安瓿（盘）；12—格车；13—搬运车；14—格车轨道

热压灭菌箱箱体分内外两层，由坚固的合金制成。其外层涂有保温材料（保温层），箱内备有带轨道并分为若干的格车，格车上有活动的铁丝网格架。

箱外附有可推动的搬运车，可用于装卸灭菌安瓿。箱内装有淋水排管和蒸汽排管，箱体与外界连接的管道有蒸汽进管、排气管、进水管、排水管、真空管和有色水管等。灭菌箱门由人工开与关，因为是受压容器，箱外装有安全阀和压力表。

热压灭菌箱工作程序包括灭菌、检漏、冲洗。

灭菌箱使用时先开蒸汽阀，让蒸汽通入夹层中加热约 10min，压力表读数上升到灭菌所需压力（一般采用热压灭菌温度与相应压力的关系见表 1-2-1）。同时用搬运车将装有安瓿的格车沿轨道推入灭菌箱内，严密关闭箱门，控制一定压力，让箱内温度达到灭菌温度时，开始计时，灭菌时间到达后，先关蒸汽阀，然后开排气阀排除箱内蒸汽，灭菌过程结束。

表 1-2-1　通常热压灭菌所需的温度与相应的压力及时间

温度/℃	压力(压力表上对应的压力)		建议最少的灭菌时间/min
	MPa	lbf/in^2	
115～116	0.070	10	30
121～123	0.105	15	15
126～129	0.140	20	10
134～138	0.225	32	3

安瓿在灌封过程中有时会出现质量问题，如冷爆、毛细孔等，这些现象用肉眼难以分辨，因此安瓿灭菌之后有一道检漏工序，也在灭菌箱内进行。检漏的方法有两种。真空检漏法是在灭菌结束后先使安瓿温度降低，然后关闭箱门将箱内空气抽出，当箱内真空度达到 0.85～0.90MPa 时，打开有色水管，将颜色溶液（常用 0.05%亚甲基蓝或曙红溶液）吸入箱内，将安瓿全部浸没，由于压力关系，封口不严的安瓿内即进入颜色溶液，从而分辨出安瓿封口好坏。另一种方法是在灭菌后趁热直接将颜色溶液压入箱内，安瓿突然遇冷时内部空气收缩形成负压，颜色溶液也被漏气安瓿吸进瓶内，这样合格品与不合格品能够初步分开。

检漏之后安瓿表面留有色迹，此时淋水排管可放出热水冲洗掉这些色迹。到此，整个灭菌检漏工序全部结束，安瓿从灭菌箱内用搬运车取出，干燥后直接剔除漏气安瓿，注射剂其他质量指标待检。

使用卧式热压灭菌箱应该注意的问题是：要特别重视定期验证灭菌箱的热分布均匀性、重复性和可靠性，定期检验灭菌箱上的温度、压力等检测仪表。最好每台灭菌箱安装温度、时间等自动记录仪器，并与岗位操作人员记录相对照。此外，箱内放置数量也不能超载。

二、双扉程控消毒检漏箱

双扉程控灭菌检漏箱为卧式长方形，采用先进的立管式环形薄壁结构。立管既能加强箱体的强度和刚性，又作为蒸汽的外通道，提高了结构强度。双扉门采用拉移式机械自锁保险，密封结构采用耐高温 O 形圈，利用特殊结构的气压推力使 O 形圈发生侧向位移，使双扉门达到自锁密封作用。双扉箱门可左右移开，也可制成上下移开，门的控制为手动与电气自控二种，当定位安排在程控时，有电气和机械连锁安全装置。当消毒室内压力处于－0.01～0.01MPa 范围外，门即自锁，不能打开，手控的误操作也不能打开门。箱内的压力依靠硅橡胶 O 形圈的密封得到保证。该机还设有手控点动开关与程控二种操作方式，程控可以按设定的温度、压力、真空度及持续时间的长短来操作，也可以按工艺要求用预先贮存的三种程序来安排生产。

双扉程控灭菌检漏箱工作时未消毒的产品从箱体的一端进入，经过箱内消毒灭菌后，在箱内真空度大于 0.93MPa 真空时，注入与药液不同颜色的色水（红或蓝色），封口不密的安瓿便吸进有色水，从而区别合格与不合格产品，灭菌品从箱体的另一个门取出，这样产品消毒前后严格分开，不会混淆。

双扉灭菌箱使用过程中应注意定期校正各仪表的精度与准确性，对蒸汽、压缩空气的安全阀要定期按压力容器校正，并保持消毒箱内清洁。

程控双扉消毒检漏箱是较先进的注射剂灭菌检漏设备，但由于价格原因，多采用手控的双扉消毒检漏箱。

三、水浴灭菌器

1. 电动门安瓿水浴灭菌器

电动门安瓿水浴灭菌器用于对安瓿、小输液等液体制剂的灭菌和检漏处理，是一种高性能的小容量液体药品的灭菌、检漏、清洗设备。以过热水为灭菌介质，以循环喷淋的方式对灌装药品加热升温和灭菌，消除了蒸汽灭菌时因冷空气存在而造成的温度死角，能实现较低温度下的均匀灭菌。灭菌温度范围为 60～127℃，灭菌结束后通过抽真空加正压通入有色水检漏，保证检出率 100%，有色水和二次清洗用水可多次使用。

设备特点：主体为卧式矩形结构，主体内壁选用优质不锈钢，灭菌室内壁经过特殊的机械及电化学表面处理，达到镜面光洁度，美观耐蚀，按照国家压力容器技术规范制造，确保人身和设备的安全和长时间的使用寿命；气动平移门或电动升降门安全、可靠、操作简单省力；硅橡胶密封圈耐温高、持久耐用；不锈钢消毒车适于各种实际需求的多种搬运方式；主控制采用微机触摸屏＋DCS 远程后台监控系统，操作过程中的温度、时间、压力、F_0 值、生产批号等参数均在屏幕上显示，并以曲线和报表的形式打印，亦可存盘备查。

2. 旋转式水浴灭菌器

旋转式水浴灭菌器采用双扉结构，以过热水为灭菌介质，以水喷淋方式对灌装后的药品加热升温和灭菌，药液在灭菌全程中处于旋转状态，再加喷淋水的强制对流，形成强力扰动的均匀趋化温度场，能实现灭菌温度均匀，提高灭菌质量，缩短灭菌时间，并可避免在灭菌后的冷却过程中由于冷却水不洁而造成的大输液再污染现象，同时因药品灭菌后的冷却是靠循环水间接均匀降温，确保无爆瓶、爆袋现象，且能实现较低温度下的均匀灭菌。适合于制药行业、生物制品行业等对悬浊液、乳浊液及其他容易沉淀的或具有热敏化学特性的药液、口服液等灌装药品的灭菌。

3. 大输液水浴灭菌器

大输液水浴灭菌器用于对玻璃瓶硬包装、非 PVC 软袋和 PP 或 PE 塑料瓶等软包装大输液的灭菌处理。以过热水为灭菌介质，以循环喷淋方式对灌装药品加热升温和灭菌，可消除蒸汽灭菌时因冷空气存在而造成的温度死角，并可避免在灭菌后的冷却过程中由于冷却水不洁而造成的大输液再污染现象，同时因药品灭菌后的冷却是靠循环水间接均匀降温，确保无爆瓶、爆袋现象，且能实现较低温度下的均匀灭菌。

设备特点：主体为卧式矩形结构，内壁选用优质不锈钢，灭菌室内壁经过特殊的机械及电化学表面处理，达到镜面光洁度，美观耐蚀，按照国家压力容器技术规范制造，确保人身和设备的安全和长时间的使用寿命。采用安全、可靠、操作简单省力的气动平移门，具有多重安全联锁保护。耐高温、持久耐用的硅橡胶密封圈，确保使用寿命。不锈钢消毒车根据装量的不同规格设计，有瓶装车或袋装车，车子格栅为可调式。消毒车的搬运可选用电动搬运车，也可用地轨搬运系统。主控制采用微机触摸屏＋DCS远程后台监控系统，使控制系统先进、可靠、更适于实际需要。

四、擦瓶机

安瓿经消毒检漏后，虽经热水冲淋，其外表面仍难免残留有水渍、色斑及其他影响印字等不清洁物质存在，个别破损的安瓿会将药水污溢于其他安瓿的外表面，为此工艺上设有擦瓶机。擦瓶机结构简单，如图1-2-41所示。

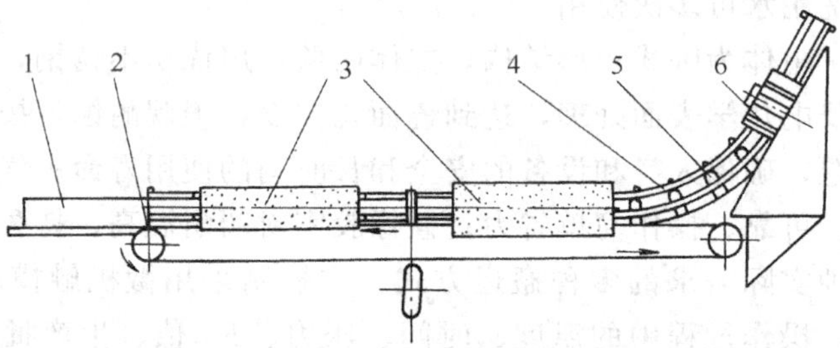

图1-2-41　擦瓶机工作示意图

1—出瓶盘；2—传送带；3—擦辊；4—轨道栏杆；5—安瓿；6—拨瓶轮轨道

利用与水平面成60°倾角的进瓶盘（在图的右上方，未示出），使安瓿具有自动下行的动力，在进瓶盘的下口设有一等速旋转的拨瓶轮，将安瓿依次在拨瓶爪作用下单个进入宽度仅容一个安瓿通过的轨道。轨道底部有传送带，将安瓿缓慢送过两组擦辊部位。擦辊由胶棒及干绒布套（或干毛巾套）组成。擦辊轴水平卧置于安瓿轨道一侧的中端处，它由链轮拖动旋转。当传送带将安瓿拖带到有擦辊处，受摩擦作用边自转边前进。两组擦辊中第一个擦辊直径稍大，用于揩擦安瓿的中上部，第二个擦辊直径稍小用于揩擦安瓿的中下部，其直径差异应适于相应的安瓿的丝颈与瓶身直径的差异。经滚擦干净的安瓿又于轨道末端的出瓶盘集中贮存。

第五节　质检（灯检）设备

注射剂质量检查中，澄明度检查是其中一项重要的内容。注射剂生产过程中如带入一些异物，如未滤去的不溶物，容器、滤器的剥落物及空气中的尘埃等，其中橡胶屑、纤维、玻璃屑等在体内会引起肉芽肿、微血管阻塞及肿块等不同的损坏。这些带有异物的注射剂通过澄明度检查加以剔除。

经真空检漏、外壁洗擦干净的安瓿通过一定照度的光线照射，用人工或光电设备可进一步判别是否存在破裂、漏气、装量过满或不足等问题。空瓶、焦头、泡头或有色点、浑浊、结晶、沉淀以及其他异物等不合格的安瓿，需加以剔除。

一、人工灯检

人工灯检要求灯检人员视力不低于 0.9（每年必须定期检测视力），使用 40W 日光灯，工作台及背景为不反光的黑色。人工灯检要求手工夹取安瓿时用一定手法直接对着灯光目测，按着国家药典的有关规定查找不合格的安瓿加以剔除。

二、异物光电自动检查机

半自动或自动安瓿异物检查机械的原理是利用旋转的安瓿带动药液一起旋转，当安瓿突然停止转动时，药液由于惯性会继续旋转一段时间。在安瓿停转的瞬间，以束光照射安瓿，背后的荧光屏上即同时出现安瓿及药液的图像。利用光电系统采集运动图像中（此时只有药液是运动的）微粒的大小和数量的信号，再经电路处理可直接得到不溶物的大小及多少的显示结果。再通过机械动作及时准确地将不合格安瓿输出导轨。

自动安瓿异物检查机能够同时检查两个安瓿，也可用以一个安瓿接受两次检查，以提高检查精度，如图 1-2-42 所示。据报道，与人工灯检方法相比较，光电检查机检出率为人工灯检的 2～3 倍，而漏检率降低为人工灯检的 1/2，误检率在人工误检率的范围之内，说明检测效果优于人工灯检。同时，光电检查机结构简单，操作维修方便，可以代替人工操作，减轻工人劳动强度。但由于安瓿中微粒越少，光电检查机的漏检率就越高，必须采用二次检查，因此机器检查速度较慢，且机器对有色安瓿检测灵敏度很低，有待进一步改进。

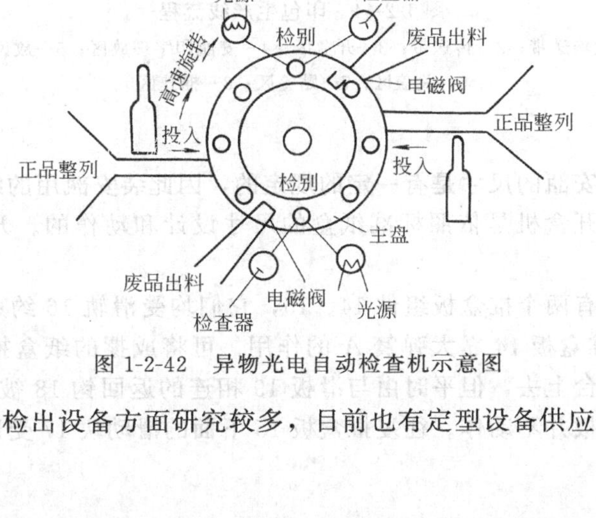

图 1-2-42　异物光电自动检查机示意图

国外在自动检出设备方面研究较多，目前也有定型设备供应，这些设备主要利用散射光信号检出注射剂中微粒，其外形见图 1-2-43。Eisai 结合利用光电晶体管和纤维光学，并安装有另一个带有前光源的检查台、较易检出不透明或黑色的微粒；Brevetti 则利用一排光电检测器，能够对安瓿的整个容量进行检查；Takeda 则是利用电导摄像仪平行检查多个样品。由于这些设备的操作均有机器或计算机自动控制，劳动强度大大降低，避免了人为因素对检出的多种影响，同时这些设备的检出速率也大大快于人工检出。近年来日本一些大型药厂已全面采用自动检出装置来代替人工灯检，效果很好。

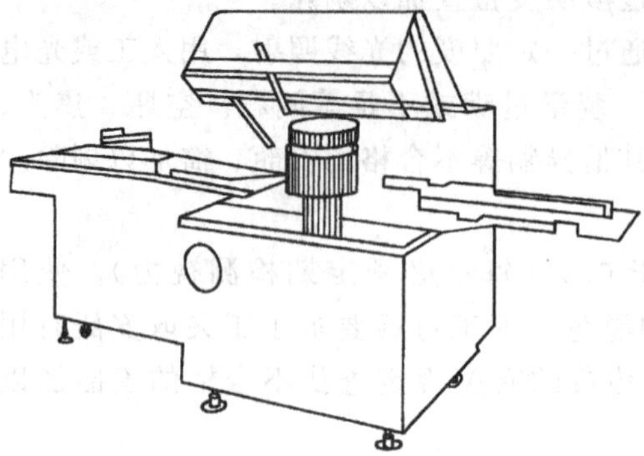

图 1-2-43　Eisai 微粒自动检查机外形图

第六节　注射剂包装设备

灯检、热原、pH 值等检验合格的安瓿还需于瓶身上正规印写上普通人能读懂的药品名称、含量、批号、有效期以及商标等标记。并将印字后的安瓿每 10 支装入贴有明确标签的纸盒里。印包机应包括开盒机、印字机、装盒关盖机、贴签机四个单机联动而成。印包生产线的流程如图 1-2-44 所示。现分述各单机的功能及结构原理。

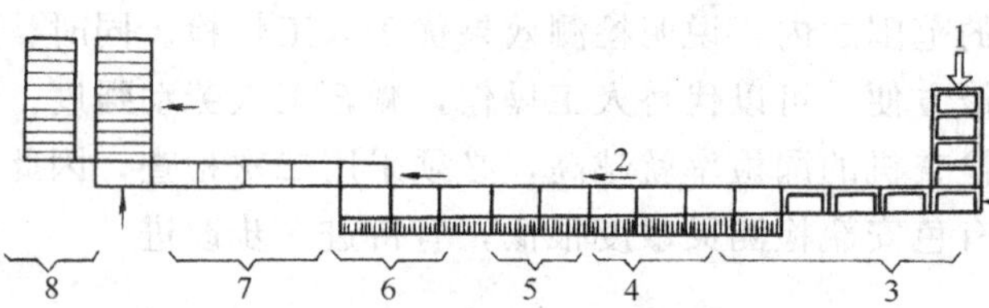

图 1-2-44　印包生产线流程

1—贮盒输送带；2—传送带；3—开盒区；4—安瓿印字理放区；5—放说明书；6—关盖区；7—贴签区；8—捆扎区

一、开盒机

国家标准中安瓿的尺寸是有一定的规定的，因此装安瓿用的纸盒的尺寸、规格也是标准的。开盒机是依照标准纸盒的尺寸设计和动作的。开盒机的结构如图 1-2-45 所示。

在开盒机上有两个推盒板组件 14、15，它们均受滑轨 16 约束。装在贮盒输送带 13 尽头的推盒板 14 靠大弹簧 A 的作用，可将成摞的纸盒推到与贮盒输送带相垂直的开盒台上去，但平时由与滑板 19 相连的返回钩 18 被脱钩器 21 上的斜爪控制，推盒板并不动作。往复推盒板 15 下面的滑动块 17 受连杆 5 带动，将

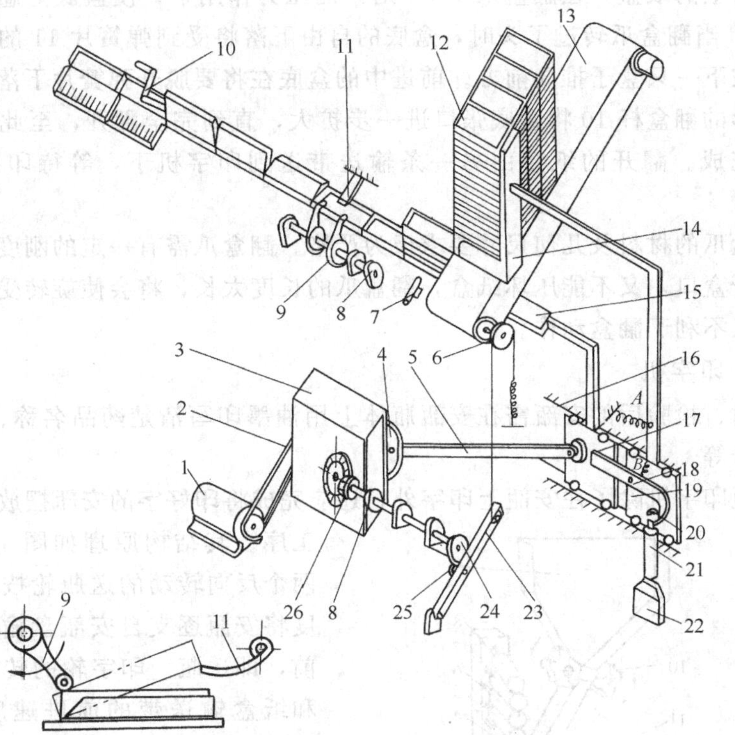

图 1-2-45　开盒机结构

1—马达；2—皮带轮；3—变速箱；4—曲柄盘；5—连杆；6—飞轮；7—光电管；8—链轮；9—翻盒爪；10—翻盒杆；11—弹簧片；12—贮盒；13—贮盒输送带；14—推盒板；15—往复推盒板；16—滑轨；17—滑动块；18—返回钩；19—滑板；20—限位销；21—脱钩器；22—牵引吸铁；23—摆杆；24—凸轮；25—滚轮；26—伞齿轮

不停地做往复运动，其往复行程即是一只盒长。受机架上挡板（图中未示出）的作用，往复推盒板每次只推光电管 7 前面的，也是一摞中最下面的与开盒台相接触的一只盒子。

当最后一只盒子推走后，光电管 7 发出信号使牵引吸铁 22 动作，脱钩器 21 的斜爪下移，返回钩 18 与脱钩器脱离，大弹簧 *A* 将带动推盒板 14 推送一摞新的纸盒到开盒台上去。当推盒板 14 向前时，小弹簧 *B* 将返回钩拉转，钩尖抵到限位销 20 上，同时返回钩另一端与滑动块上的撞轮接触。届时滑动块 17 受连杆 5 作用已开始向后移动，并顶着推盒板 14 后移，返回钩 18 的钩端将滑过脱钩器的销子斜面，将返回钩锁住。当滑动块再向前时，返回钩将静止不动。

在间歇运行的联动线上，经常巧妙地运用类似办法，而省去许多曲柄连杆结构的重复设置。

往复推盒板 15 往复推送一次，翻盒爪在链轮 8 的带动下旋转一周。被推送到开盒台上的纸盒，在翻盒爪 9（一对）的压力作用下，使盒底上翘，并越过弹簧片 11。当翻盒爪转过了头时，盒底的自由下落将受到弹簧片 11 的阻止，只能张着口被下一只盒子推向前方。前进中的盒底在将要脱开弹簧片下落的瞬间，遇到曲线形的翻盒杆 10 将盒底张口进一步扩大，直到完全翻开，至此开盒机的工作已经完成。翻开的纸盒由另一条输送带送到印字机下，等待印字及印字后装盒。

翻盒爪的材料及几何尺寸要求极为严格。翻盒爪需有一定的刚度和弹性，既要能撬开盒口，又不能压坏纸盒，翻盒爪的长度太长，将会使旋转受阻，翻盒爪若太短又不利于翻盒动作。

二、印字机

灌封、检验后的安瓿需在安瓿瓶体上用油墨印写清楚药品名称、有效日期、产品批号等。

安瓿印字机除了往安瓿上印字外，还应完成将印好字的安瓿摆放于纸盒里的工序。其结构原理如图 1-2-46 所示。两个反向转动的送瓶轮按着一定的速度将安瓿逐支自安瓿盘输送到推瓶板前，即送瓶。印字轮的转速及推瓶板和纸盒输送带的前进速度等需要协调，这四者同步运行。作往复间歇运动的推瓶板 11 每推送一支安瓿到印字轮 4 下，也相应的将另一支印好字的安瓿推送到开盖的纸盒 2 槽内。油墨是用人工的方法加到匀墨轮 8 上。通过对滚，由钢质轮 7 将油墨滚匀并传送给橡皮上墨轮 6。随之油墨即滚加在字轮 5 上，带墨的钢制字轮再将墨迹传印给印字轮 4。

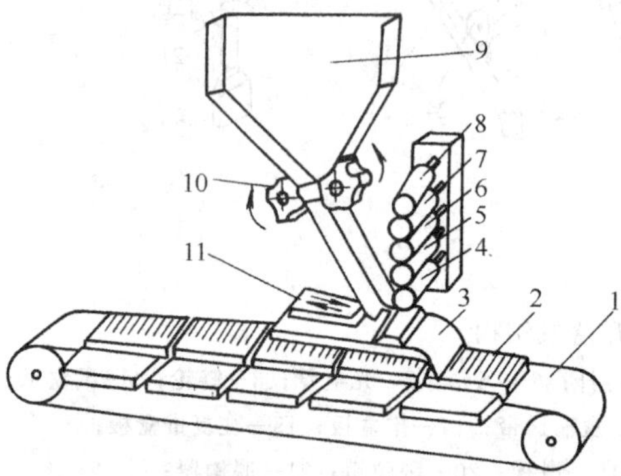

图 1-2-46　安瓿印字机结构原理

1—纸盒输送带；2—纸盒；3—托瓶板；4—橡皮印字轮；5—字轮；6—上墨轮；7—钢质轮；8—匀墨轮；9—安瓿盘；10—送瓶；11—推瓶板

由安瓿盘的下滑轨道滚落下来的安瓿将直接落到镶有海绵垫的托瓶板 3 上，以适应瓶身粗细不匀的变化。推瓶板 11 将托瓶板 3 及安瓿同步送至印字轮 4 下。转动着的印字轮在压住安瓿的同时也拖着其反向滚动，油墨字迹就印到安瓿上了。

由于安瓿与印字轮滚动接触只占其周长的 1/3，故全部字必须在小于 1/3 安瓿周长范围内布开。通常安瓿上需印有三行字，其中第一、二行是标明厂名、剂量、商标、药名等字样，是用铜板排定固定不变的。而第三行是药品的批号，则需使用活版铅字，准备随时变动调整，这就使字轮的结构十分复杂且需紧凑。

使用油墨印字的缺点是容易产生糊字现象。这需要控制字轮上的弹簧强度适当，方能保证字迹清晰。同时油墨的质量亦十分重要。

三、贴标签机

图 1-2-47 是完成向装有安瓿的纸盒上贴标签的设备结构示意图。

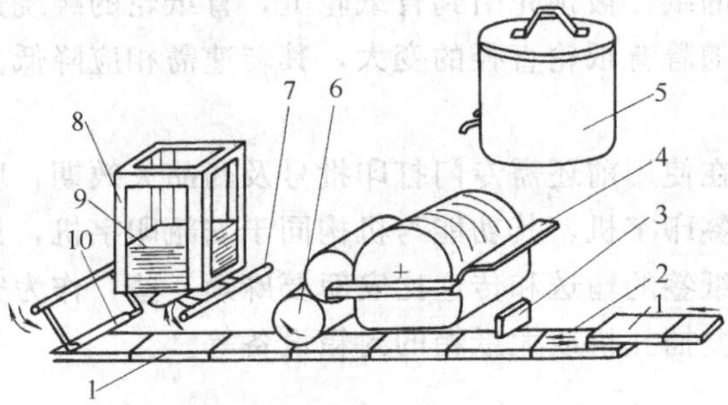

图 1-2-47　贴标签机结构示意图

1—纸盒；2—推板；3—挡盒板；4—胶水槽；5—胶水贮槽；6—上浆滚筒；7—真空吸头；8—标签架；9—标签；10—压辊

装有安瓿和说明书的纸盒在传送带前端受到悬空的挡盒板 3 的阻挡不能前进，而处于挡板下边的推板 2 在做间歇往复运动。当推板向右运动时，空出一个盒长使纸盒下落在工作台面上。在工作台面上纸盒是一只只相连的，因此推板每次向左运动时推送的是一串纸盒同时向左移动一个盒长。胶水槽 4 内贮有一定液面高度的胶水。由电机经减速后带动的大滚筒回转时将胶水带起，再借助一个中间滚筒可将胶水均布于上浆滚筒 6 的表面上。上浆滚筒 6 与左移过程中的纸盒接触时，自动将胶水滚涂于纸盒的表面上。做摆动的真空吸头 7 摆至上部时吸住标签架上的最下面一张，当真空吸头向下摆动时将标签一端顺势拉下来，同时另一个做摆动的压辊 10 恰从一端将标签压贴在纸盒盖上，此时真空系统切断，真空消失。由于推板 2 使纸盒向前移动，压辊的压力即将标签从标签架 8 上拉出并被滚压平贴在盒盖上。

当推板 2 右移时，真空吸头及压辊也改为向上摆动，返回原来位置。此时吸头重新又获得真空度，开始下一周期的吸、贴标签动作。

贴标签机的工作要求送盒、吸签、压签等动作协调。两个摆动件的摆动幅度需能微量可调，吸头两端的真空度大小也需各自独立可调，方可保证标签及时吸下，并且不致贴歪。另外也可防止由于真空度过大，或是接真空时太猛而导致的双张标签同时吸下的现象。现在大量使用不干胶代替胶水，标签直接印制在背面有胶的胶带纸上，并在印刷时预先沿标签边缘划有剪切线，胶带纸的背面贴有连续的背纸（也叫衬纸），所以剪切线并不会使标签与整个胶带纸分离。不干胶贴签机原理如图 1-2-48 所示。

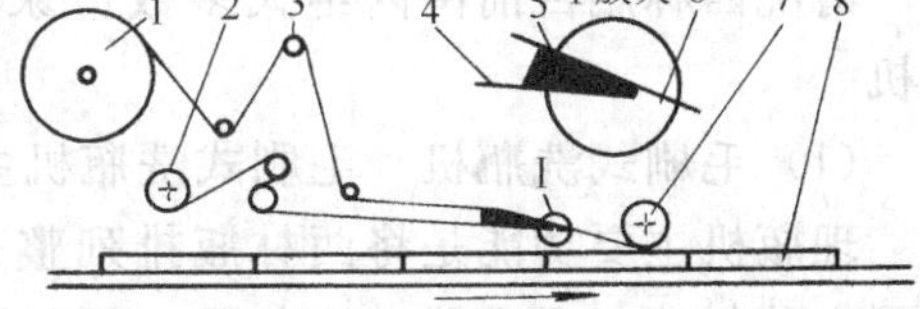

图 1-2-48　不干胶贴签机原理

1—胶带纸轮；2—背（衬）纸轮；3—中间张紧轮；4—背纸；5—剥离刃；6—标签纸；7—压签轮；8—纸盒

印有标签的整盘胶带纸装在胶带纸

轮上，经过多个中间张紧轮 3，引到剥离刃 5 前。由于剥离刃处的突然转向，刚度大的标签纸保持前伸状态，被压签轮 7 压贴到输送带上不断前进的纸盒面上。背纸是柔韧性较好的纸，被预先引到背纸轮上，背纸轮的缠绕速度应与输送带的前进速度协调，即随着背纸轮直径的变大，其转速需相应降低。

四、其他

已印好的标签在使用前还需专门打印批号及药品失效期，所以还需另有一套专用设备，称为标签印字机，其功能与机构同于安瓿印字机，只是印字位置不必像安瓿那样准确，纸签的输送和传递比安瓿要麻烦一些，作为安瓿印包的整个工艺内容还应包括纸盒捆扎机或大纸箱的封箱设备等。

第七节 粉针剂生产设备

粉针剂是以固态形态封装，使用之前加入注射用水或其他溶媒，将药物溶解而使用的一类灭菌制剂，主要是一些在水溶液中易降解失效的抗生素、生物制品等。制备粉针方法一般有两种。一种是无菌分装即将原料药精制成无菌粉末，在无菌条件下直接分装在灭菌容器中密封而制成，个别品种还可将粉末分装在注射容器中后灭菌。另一种是冷冻干燥，是将药物配制成无菌水溶液，在无菌条件下经过滤、灌装、冷冻干燥，再充惰性气体，封口而成。

由于粉针剂一般不耐热、不耐湿，其生产操作与溶液型注射剂有所不同。以下将着重介绍粉针剂生产中与溶液型注射剂不同的一些机械设备。

目前，国内粉针剂的分装容器大致可分西林瓶（5mL，7mL 管子瓶或模子瓶）、直管瓶、安瓿瓶三种类型。就产量而言，西林瓶分装占粉针产量的绝大部分，直管瓶分装只占少量，而安瓿瓶分装极少，主要供冷冻干燥制品用。尽管直管瓶分装成本低，贮存期长，但由于医疗使用上不方便，因而逐渐被西林瓶取代。安瓿瓶的分装，设备能耗大，目前只适用小品种生产。下面将介绍西林瓶的分装设备。

一、无菌分装

（一）粉针容器处理

1. 洗瓶机

清洗西林瓶目前国内绝大多数厂家使用毛刷式洗瓶机，此外还有超声波清洗机。

（1）毛刷式洗瓶机　毛刷式洗瓶机主要包括理瓶机和冲瓶机。

理瓶机主要功能是将西林瓶排列整齐并送入冲洗。理瓶机结构见图 1-2-49。主要由贮料斗、提升器、梳瓶器、翻瓶杆、推瓶板组成。机器运转时，提升器能把贮料斗内堆放的西林瓶提升到梳瓶器处，电梳瓶器的往返运动把瓶子梳理成为直线排列的形式，经传送到翻瓶器处利用理瓶上的翻瓶杆结构，瓶底向下的翻瓶杆顶在瓶底上，当翻瓶杆向外做 180°转动时瓶子下滑方向不变。瓶口向下时则翻瓶杆即插入瓶内，同时向外转动将瓶带出，并做180°垂直转动使瓶子瓶口向上，这样就达到了理瓶的作用。再经过推瓶板逐次向洗瓶机内推动，使瓶子进入洗瓶机。

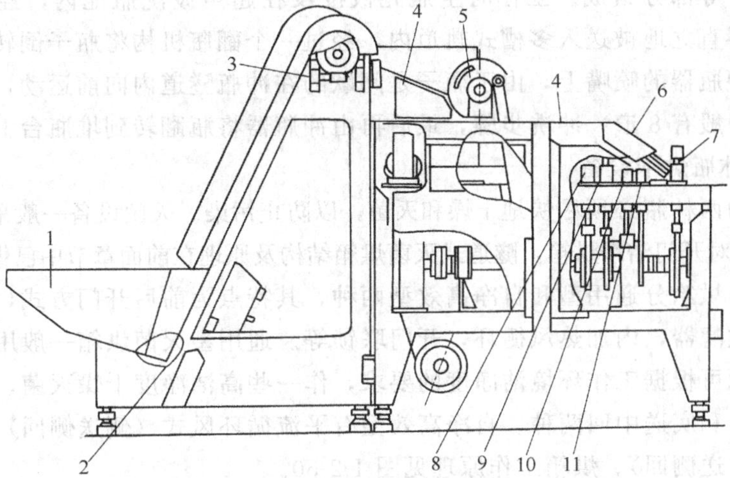

图 1-2-49　理瓶机结构

1—存瓶；2—提升轨道；3—提升减速器；4—料斗排列；5—轨道输送；6—理瓶区；7—推出轨道；8—压瓶；9—拦瓶；10—翻瓶；11—推瓶

洗瓶机是由进瓶盘、刷瓶转盘和冲瓶三部分组成。经理瓶机整理并排列整齐的西林瓶经推瓶板送入洗瓶机的进瓶转盘，进瓶转盘的转动可将待洗的西林瓶送入进瓶轨道，进瓶轨道可使瓶倒转90°，使瓶体与水平成45°角。在进瓶轨道上安装有淋水管，可对西林瓶内外充分淋水，然后由一个转动的圆形毛刷刷洗瓶体外表面，并借助毛刷的推动力将瓶送入刷瓶转盘。刷瓶转盘上安装有20把毛刷，由一凸轮轨道控制，能在旋转中插入西林瓶内，刷洗瓶体内表面。刷洗结束后毛刷即从瓶内抽出，瓶子经转盘轨道进入冲瓶轨道，冲瓶轨道上安装的喷嘴连接有净化压缩空气，去离子水以及过滤蒸馏水，首先将瓶内的水用净化压缩空气冲净，然后用去离子水和过滤蒸馏水冲净瓶内，最后由净化压缩空气将瓶内吹干。冲瓶轨道的后端可使与水平呈角度的西林瓶复位，洗净的西林瓶仍然以整齐的站立状态出瓶。

毛刷式洗瓶机工作时常出现的问题有毛刷折断或弯曲，瓶子刷不干净和瓶体内残留水等。造成毛刷损坏的主要原因是由于毛刷铁丝的绕曲方向与毛刷旋转方向相反，有时也由于瓶体在洗瓶转盘中定位与毛刷的同心度相差较大。解决的方法是应该注意毛刷的选择以及生产操作中适当调整毛刷的位置与角度。毛刷的头部应能够碰到清洗瓶体的内底部，否则易造成瓶底残存脏物。当进瓶轨道与刷瓶转盘之间高度不一致时，则易造成瓶体挤压而破裂。而当压缩空气压力低或空气喷嘴安装位置较高时，则瓶体内部分水迹不易被完全吹净。因此，在洗瓶过程中应随时注意出现的问题，并及时加以解决来保证洗瓶的质量与效率。

(2) 超声波洗瓶机　超声波洗瓶机由超声波水池、冲瓶传送装置、冲洗部分和空气吹干等部分组成。工作时空瓶先被浸没在超声波洗瓶池内，经过超声处理，然后再直立地被送入多槽式轨道内，经过一个翻瓶机构将瓶子倒转，瓶口向下倒插在冲瓶器的喷嘴上，由于瓶子是间歇的在冲瓶隧道内向前运动，其间共经过多道（一般有 8 道）冲洗步骤，最后再由冲瓶器将瓶翻转到堆瓶台上。

2. 西林瓶烘干设备

洗净的西林瓶必须尽快地干燥和灭菌，以防止污染。灭菌设备一般采用隧道式灭菌烘箱和对开门洁净烘箱，隧道式灭菌烘箱结构及原理在前面章节中已做介绍。

对开门烘箱分通用型和自净高效型两种，其特点为前后开门方式，进出风口配有高效过滤器，内加热风循环，开门联锁等。通用型灭菌烘箱一般用于常规干燥灭菌，也可根据工作环境洁净度的要求，作一些高洁净度干燥灭菌，送风方式分侧送侧回和底送中回两种。自净高效型有平流循环风式（侧送侧回）和垂直层流风式（中送侧回）。烘箱工作原理见图 1-2-50。

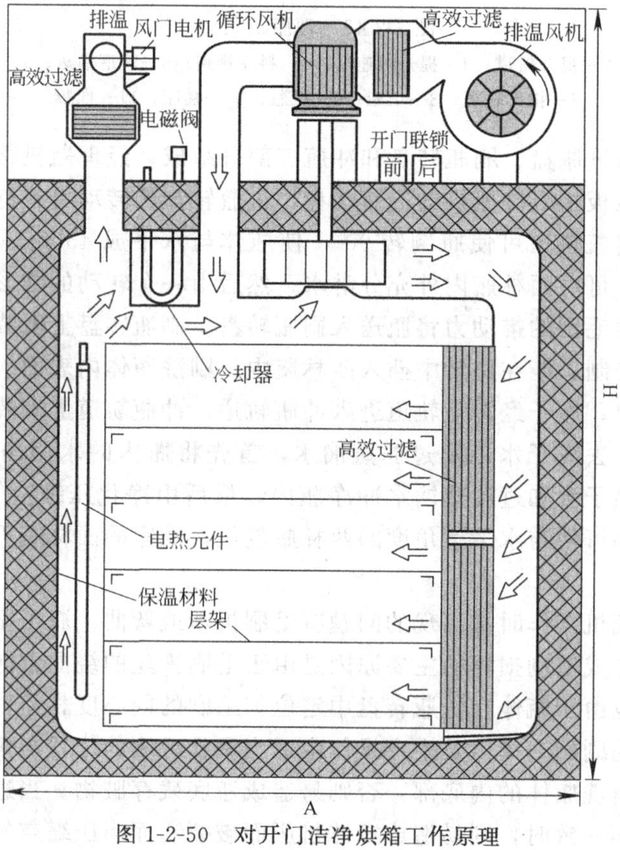

图 1-2-50　对开门洁净烘箱工作原理

自净高效型平流循环风式烘箱，在离心风机的作用下，将热空气从一侧高温高效过滤器送入箱内，经另一侧返回，烘箱经 20～30min 自循环后洁净度可达 A 级（即含粒径≥0.5μm 的微粒≤3.5 粒/L）。主要用于抗生素玻璃瓶和 50～100mL 输液瓶的灭菌，也可作其他灭菌之用。自净高效型垂直层流风式烘箱，将热空气从顶部高温高效过滤器送入箱内，经底部从两侧返回。主要用于原料生产的桶装器具的灭菌。

对开门烘箱操作时一次性将工作温度、排湿温度、排湿时间、恒温时间及停机温度设定完成，开机后控制将自动按照所设定程序工作，直到工作完成自动停机。

3. 胶塞、铝盖的处理

（1）胶塞的处理　胶塞先用 0.3%的盐酸煮沸 5～15min 后，用过滤的自来水连续冲洗 1～2h，并不断用空气搅拌，再用蒸馏水冲洗二次，最后经硅化处理后置于 120℃电烘箱内干燥，灭菌备用。

（2）铝盖的处理　如果铝盖在冲制过程中带有较多油污时，可以用洗涤剂清洁，再用去离子水冲洗干净后置于 120℃电烘箱内 1h 干燥灭菌，如果铝盖本身没有油污，可免去洗涤的过程。国外的铝盖本身经涂塑处理过，因此表面无油污，只需灭菌即可。

胶塞、铝盖处理过程中主要使用的设备是电烘箱，其结构是由箱体、风机、电热器和控制仪表等组成，如图 1-2-51 所示。电烘箱工作时，电热丝将空气加热，由风机强制使空气在箱内形成有规则的、分布均匀的循环，以使箱体内部热交换彻底，使每个地方都能达到规定的温度。

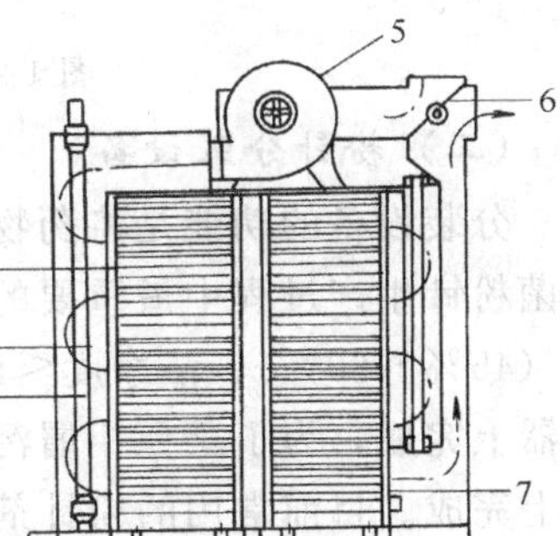

图 1-2-51　电烘箱结构
1—隔板；2—加热器；3—搁板；4—新风进口；5—鼓风机；6—气流调节器；7—搁板架子

电烘箱工作过程中应注意调节各风口大小，始终保持箱内各点温度相同。一般调节方法是右上边通风调大，右下边通风应调小；反之，左上风口调小，左下调大。这是按风速大则压力小的原理。另外工作中还应注意电热偶测温头的位置适当，使箱内温度与仪表测出的读数相一致。同时，工作结束后箱内各角落均应彻底清洗，以保持箱内清洁，风机也应定期清洗。

（3）胶塞洁净灭菌烘箱　分普通型和自净高效型两种。普通型胶塞灭菌烘箱，是由离心风机将热空气由两侧经底部送入箱内，从顶部返回；自净高效型烘箱采用顶送侧回风原理，在轴流风机的作用下，将热空气从顶部经高温高效过滤器送入箱内，经两侧返回，见图 1-2-52。胶塞灭菌烘箱主要用于胶塞灭菌和干燥，也是胶塞漂洗机的配套产品；也可作免洗胶塞烘干灭菌之用。

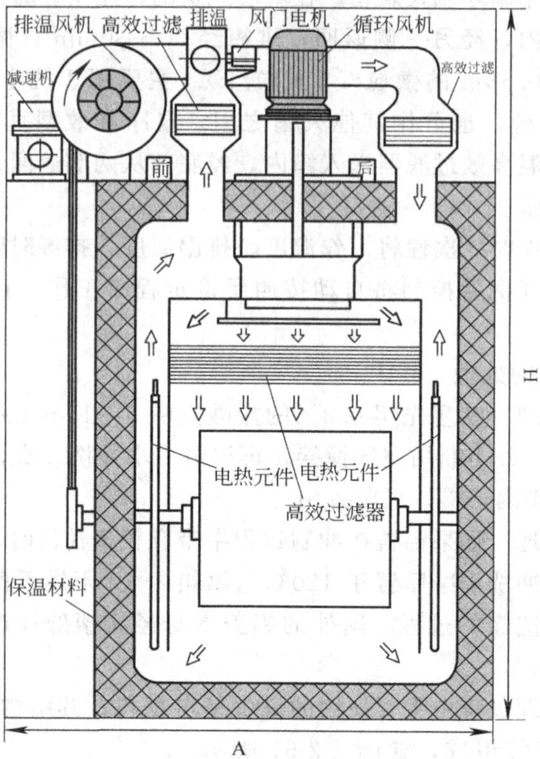

图 1-2-52　自净高效型烘箱工作原理

（二）粉针分装设备

分装设备的功能是将药物定量灌入西林瓶内，加上橡胶塞并压上铝盖。这是无菌粉针生产过程中最重要的工序，在无菌室内以恒温（20±2)℃，一定相对湿度（45%～60%）、洁净度≤B 级的情况下分装。一般装药和加橡皮塞在同一台机器上完成，为了避免铝屑污染产品，轧盖均与分装分开，压铝盖则在另一台设备上完成。目前常用的粉针剂分装设备均是依靠粉体的体积进行分装，由于固体状药物在松密度、流动性、晶型等物理性状方面存在很大差异，采用容积定量法出现的误差也大于重量定量法，因此对分装设备的设计要求较高，既要能够适应不同种类的药物，又要能够分装不同剂量的药物。最常使用的分装机有螺杆式分装机和气流分装机。

1. 螺杆式分装机

螺杆式分装机是利用螺杆的间歇旋转将药物装入瓶内达到定量分装的目的。螺杆分装机由进瓶转盘、定位星轮、饲料器、分装头、胶塞振荡饲料器、盖塞机构和故障自动停车装置所组成，有单头分装机和多头分装机两种。螺杆分装机具有结构简单，无需净化压缩空气及真空系统等附属设备，调节装量范围大以及原料药粉损耗小等优点。但由于是机械方法操作，速度较慢，生产规模小。

螺杆分装机工作时，将待装药物加于饲料斗内，由一个不断转动的搅拌器使药粉均匀散布在螺杆周围，利用一个来回往复摆动的扇形齿轮带动一个只能单向转动的离合器，使与一个垂直的螺杆相连而做单向的间歇旋转，结构如图 1-2-53 所示。

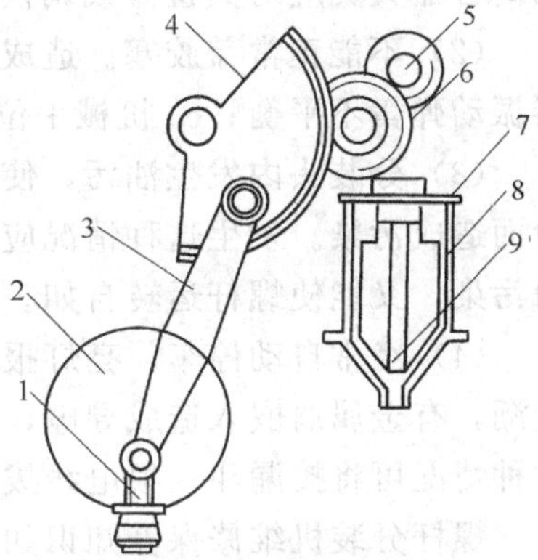

图 1-2-53　装量调节装置及单向离合器

1—调节；2—偏心轮；3—曲柄；4—扇形齿轮；5—单向离合器；6—齿轮；7—物料；8—搅口；9—螺杆

当扇形轮向下摆动时，螺杆转动同时将药粉由漏斗内推出装入瓶中，当扇形轮向上摆动时，由于单向离合器的作用螺杆停止转动，药粉也停止下粉。利用螺杆停止转动的时间，定位星轮带动瓶子向前移动一个位置，以便进行下一个装粉周期。装量的控制除了调换不同规格的螺杆（一般小号螺杆分装 0.12～0.4g 剂量，中号螺杆分装 0.4～0.8g 剂量，大号螺杆分装 0.8～1.4g 剂量），更重要的是根据药粉物理性状等情况，不时调节带动扇形轮运动的一根连杆的偏心位置，使扇形轮摆动幅度大小有所改变，使螺杆转速改变从而达到装量有所增减。为了保证装量的准确性，要求螺杆与漏斗壁之间的间距越小越好，一般是每边 0.2mm。在生产过程中螺杆高速旋转，同时每天要拆下清洗灭菌，很难保证每次位置都装得绝对准确，一旦螺杆与漏斗相摩擦，会产生金属屑而污染药品，在生产过程中又难以发现。为此，机器设有自动保护装置，当螺杆与漏斗相碰时，电源即自动切断，机器停止运转，且发出信号告诉操作者。西林瓶在完成装粉后，胶塞经过振荡器振荡，由轨道内滑出，落到一个机械手处而被机械手夹住盖在瓶上。

胶塞振荡器由振荡盘、支撑弹簧、磁铁、整流器和电阻所组成。振荡器除了使胶塞能自动沿螺旋轨道爬升外，还可以起到排队整理的作用，使胶塞排成一个方向。振荡器应首先安放平稳，三根支撑弹簧应调得一样角度，使其受力均匀，电磁铁的间隙也应调节适当，这样才能运行正常。

螺杆式分装机适用于流动性较好的药粉，对于松散、黏性、颗粒不均匀的药粉则很难分装，但其优点是装量调节范围大，一般调节螺杆转速就能够将装粉量在 1∶1～1∶3 的范围内任意调节，但装量误差最小的螺杆转速是 4～6 转/次，即扇形轮的摆幅居中的位置。因此要获得较小的装量误差，除了药粉的物理性能因素外，操作者的操作经验是非常重要的。

螺杆分装机生产中常见问题及解决方法如下。

(1) 装量差异。造成的原因有：a. 螺杆位置过高，致使装药停止时仍有一部分药粉进入瓶内，使装量偏多；b. 螺杆位置过低，造成下粉时散开而不到瓶内，使装量偏少；c. 单向离合器失灵，使螺杆反转或刹车后仍向前转过一个角度。解决方法是：如果是螺杆位置安装不当应重新调整，使其恰到好处。如是单向离合器失灵应对其检修或调换。

(2) 不能正常盖胶塞。造成原因有：a. 胶塞硅化时硅油过多；b. 胶塞振荡器振动弹簧不平衡；c. 机械手位置调整偏差。

(3) 分装头内发生油污，使药粉污染。主要是螺杆轴承内或轴承的油落入药粉而造成污染。发生这种情况应拆卸分装头，清洗灭菌后重新安装，既可防止药粉污染，又能使螺杆运转自如。

(4) 经常自动停车，亮灯报警。产生原因：a. 药粉湿度过大或漏斗绝缘体受潮，有金属屑嵌入造成导电，这种情况可用万用表检查；b. 控制器本身故障，这种情况可将接漏斗一根电线拔下，以检查控制器是否仍亮红灯。

螺杆分装机维修保养知识如下。

(1) 每次机器工作结束后应及时进行全面清洁灭菌操作，凡接触到药粉的部件应全部拆下，充分清洁灭菌后备用。

(2) 机械传动部件均应定期加润滑油，保证机器运转自如。

2. 气流分装机

气流分装机采用气流原理，依靠真空气压对药粉分剂量并灌装，装量误差小，速度快，机器性能稳定。这是一种较为先进的粉针分装设备，实现了机械半自动流水线生产，提高了生产能力和产品质量，减轻了工人劳动强度。气流分装机由真空泵、压缩空气泵、层流罩、空气净化去湿系统、供瓶系统、饲料斗、分装头、盖塞机等机件组成。一些进口设备还配有电子自控系统或小型计算机。能够自动显示故障部件，并自动停车，定时对所装剂量进行重量测定，打印出测定结果。国产气流分装机工作程序为进空瓶、装粉、盖胶塞、出瓶，如图 1-2-54 所示。

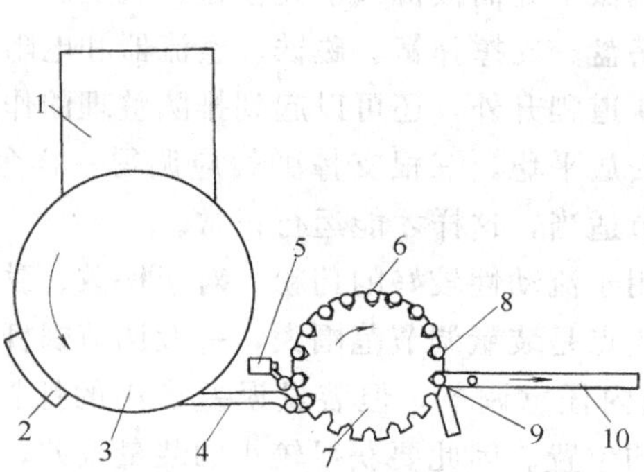

图 1-2-54　气流分装机工作程序图

1—贮瓶板；2—贮瓶斗；3—送瓶转盘；4—进瓶输送带；5—行程开关；6—装粉工位；7—转盘；8—盖胶塞工位；9—落瓶轨道；10—出瓶输送带

经洗净灭菌、检查合格的瓶子送至送瓶转盘，转盘中倒立的瓶子被抛至贮瓶斗中，正立瓶子则由进瓶输送带送至转盘的凸槽中。送瓶输送带中有 S 形导轨，阻止倒瓶进入转盘。当瓶子空缺时，行程开关起作用，切断主传动电机电源，停车待瓶子补充后方继续开车。转盘系间歇回转，在停顿的时间内完成装粉与盖胶塞动作后，瓶子再由转盘送至出瓶输送带出瓶，遇到出瓶输送带发生故障或出瓶输送带积瓶时，则转盘中的瓶子被送至落瓶轨道中，最终被装入瓶盘内。

气流分装机工作原理见图 1-2-55。

药粉在饲料斗内经搅拌保持疏松状态，当装粉盘剂量孔对准授粉口时如图 1-2-55 所示，真空接通，药粉被吸入剂量孔内并有滤粉片阻挡，让空气逸出；当剂量孔回转 180°至装粉工位时，净化压缩空气通过吹粉阀门（由凸轮控制）将药粉吸入瓶中。当缺瓶时机器自动停车，剂量孔内药粉经废粉回收收集，回收使用。为了防止细小粉末堵塞滤粉片而影响装置，在装粉孔转至与装粉工位相隔 60°的位置时，再用净化空气吹净滤粉片。剂量孔内剂量调节依靠一个阿基米德螺旋槽来控制，8 个剂量孔可以同步地一次调节活塞的深度而完成，装粉剂量的调节则通过根据不同特性药粉，为分装头配备不同规格的活塞及过滤器来达到。

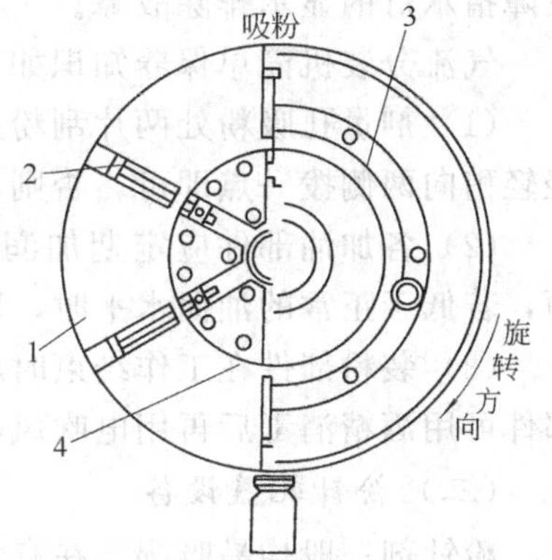

图 1-2-55　气流分装机工作示意图
1—装粉盘；2—滤粉片；3—装置刻度盘；4—装置调节器

经处理后的胶塞在胶塞振荡器中，由振荡盘送入导轨内，再由吸塞嘴通过胶塞卡扣在盖塞点，将胶塞盖入瓶口上。

压缩空气系统是由动力部门送来的压缩空气，预先进行净化和干燥，并经过除菌处理。空气通过机内过滤器后分成二路，分别通过压缩空气缓冲缸上下室及通过气量控制阀门，一路通过吹析阀门接入装粉盘吹气口，另一路则直接接入清扫器。

真空系统的真空管由装粉盘清扫口接入缓冲瓶，再通过真空滤粉器接入真空泵，通过该泵附带的排气过滤器接至无菌室外排空。

气流分装机优点是速度快，装量误差小，性能稳定，且能适应于流动性较差的固体分装，但不适用于小剂量的产品，目前抗生素分装均采用此设备。

气流分装机生产中常见问题及解决方法如下。

（1）装量差异。造成的原因有真空度过大或过小，饲料斗内药粉量过少、滤片堵塞或活塞个别位置不准确，应根据具体情况逐一排除。

（2）盖塞效果不好，出现缺塞或胶塞从瓶口弹出等情况。前者原因是胶塞硅化不适或加盖部分位置不当，后者可能是由于胶塞硅化时硅油量多或容器温度过高而引起其内空气膨胀所致，应根据具体情况解决。可以调节盖塞部分位置，减少硅油用量或使瓶子温度降低后再用。

（3）缺灌。造成的原因是分装头内过滤器堵塞，应找出相对应剂量孔调换过滤片来解决。

（4）机器停机。原因有：缺瓶、缺塞、防护罩未关好均可造成不出车，应按故障指示灯的显示排除故障。

气流分装机简单保养知识如下。

（1）剂量孔吸粉处两片刮粉片的调节应小心，调节时先持刮片向内插紧，再轻轻稍向两侧拨一点即可，否则刮片碰到分装头易造成金属屑污染或损坏机件。

（2）各加油部件应定期加润滑油，真空泵内必须保证泵内有油和一定的油面，若低于正常的油面水平时，应及时补充油。

（3）装粉部件在工作结束时应及时清洗，并烘干消毒，不能消毒的一些塑料部件可用酒精消毒后再用电吹风吹干备用。

（三）粉针轧盖设备

粉针剂一般均易吸湿，在有水分的情况下药物稳定性下降，因此粉针在分装后在胶塞处应轧上铝盖，保证瓶内药粉密封不透气，确保药物在贮存期内的质量。粉针轧盖机按工作部件可分单刀式和多头式。按轧盖方式可分为挤压式和滚压式，国内最常用的是单刀式轧盖机。

1. 单刀式轧盖机

单刀式轧盖机主要由进瓶转盘、进瓶星轮、轧盖头、轧盖刀、定位器、铝盖供料振荡器等组成。工作时，盖好胶塞的瓶子由进瓶转盘送入轨道，经过铝盘轨道时铝盖供料振荡器将铝盖放置于瓶口上，由撑牙齿轮控制的一个星轮将瓶子送入轧盖头部分，底座将瓶子顶起，由轧盖头带动作高速旋转，由于轧盖刀压紧铝盖的下边缘，同时瓶子旋转，即将铝盖下缘轧紧于瓶颈上。

2. 多头式轧盖机

多头式轧盖机的工作原理与单刀式轧盖机相似，只是轧盖头由一个增加为几个，同时机器由间隙运动变为连续运动。其工作特点是速度快，产量高。有些进口设备安装有电脑控制系统，可预先输入一些操作参数，如压力范围、合格率、百分比等，机器能够按照设定的程序进行操作，可大大节约劳动力。但这样的设备对瓶子的各种尺寸规格要求特别严，因此目前国内尚未大面积推广使用。

轧盖机容易发生的技术故障是漏盖、松盖、瓶颈轧破和铝盖有裙边，主要是铝盖轨道位置太高或轧盖头滚刀位置调节不当而致，应根据具体情况加以判断与调整。

（四）西林瓶贴签设备

本节介绍的贴标签机（以下简称贴签机）系专供西林瓶粘贴标签用，采用双轨进瓶，可按需要在瓶口封蜡或不封蜡。贴签机因真空吸签而简化了机械结构，使贴签顺序交接连续运动，实现了机械化生产。提高了产品质量和生产能力，减轻了工人劳动强度。近年来在粉针剂生产中得到广泛应用。

贴签机（湿胶式）主要由压瓶转盘、压瓶轨道、拨盘、上胶盘、签槽、吸签手、贴签轨道等组成，另外还有真空泵、热吹风和封蜡等辅助设施。其贴签原理与注射剂包装盒上贴签相类似，均采用真空吸签方式，贴签工序结构如图 1-2-56 所示。

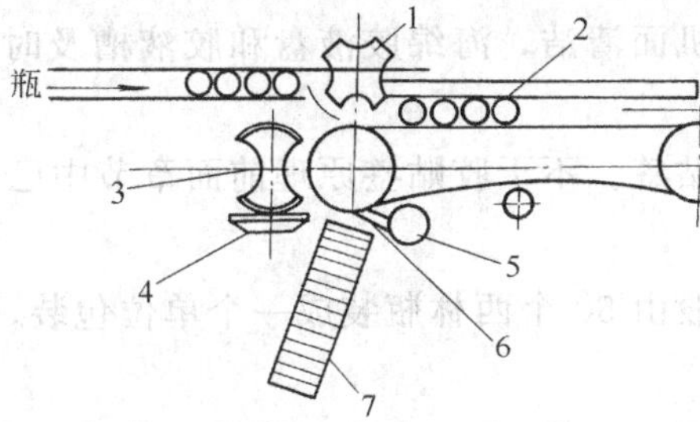

图 1-2-56　贴签工序结构

1—拨盘；2—海绵压紧块；3—海绵轮；4—胶水轮；5—吸签手；6—六等分吸标签轮；7—标签槽

将检验合格的西林瓶产品贮放于压瓶转盘上，经排列整齐后推向螺旋导轨，瓶口向下浸入熔融蜡槽中封蜡（也可由另一导轨不封蜡），封蜡后的瓶子经另一螺旋导轨使瓶口向上推送至贴签部位。瓶签由吸签手用真空方式从签槽内吸出，并送到吸签轮处，此时吸签手真空关闭，而吸签轮的真空打开，瓶签被反向吸在吸签轮上六个真空吸孔处，并随之运转，其工作过程如图 1-2-57 所示。胶水轮依靠海绵的作用将胶水涂在瓶签的反面，胶水量可由胶水刮片调节。为了瓶签上胶水快速干燥，粘贴处还安装有一只小型电热吹风，保证瓶签快速干燥且牢固。

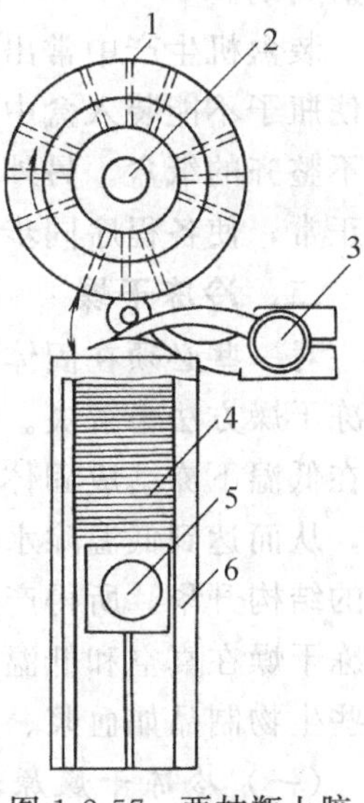

图 1-2-57　西林瓶上胶贴签过程示意

1—吸签轮；2—真空气位；3—吸签手；4—标签纸；5—推签滑轮；6—标签槽

贴签机工作中常见问题及解决方法如下。

(1) 瓶签不正。造成原因是真空度不够，瓶签槽与吸签手相对位置不平行，造成标签纸在吸签轮部位不正，应加以适当调节，保证吸签位置正好盖在六个真空吸孔上。

(2) 吸不出签。主要原因是签纸太厚，或真空度不够。

(3) 每次多吸签。主要原因是瓶签纸张太薄，或真空度太大。

(4) 瓶签贴不牢。造成原因是胶黏度不够，应重新调整，或者是瓶签纸张为横丝纹，应改为横切横印。

(5) 胶水满布瓶身。造成原因是胶水轮位置不当，应该前移，使涂胶水位置不致满布瓶签，而留有一段空白。

贴签机维修保养知识如下。

(1) 定期检查各部件运转是否正常，并对各齿轮进行加油，涡轮箱及各滚动轴承轴壳内保持适当的润滑油。

(2) 定期拆洗、清理吸签手及吸签轮，保证真空气位畅通。

(3) 每班结束应保持机面清洁，海绵胶液盘和胶液槽及时清洗干净备用，O形三角胶带没有胶水沾粘。

此外还可采用不干胶贴签。不干胶贴签原理前面章节中已作介绍。

(五) 装盒机

粉针剂产品的装盒一般由50个西林瓶装成一个单位包装，因此也称50瓶装纸盒机。

装盒机由自动送盒、进盒、开盖、进瓶、落瓶、装盒、推盒等动作机件组成。工作时，由程序电子控制器按预先设置的程序发出信号，分别控制各个气缸的电子阀门，使之按程序要求分别先打开纸盒的进盒开关，使堆放在一起的纸盒按每10个一堆进入传送带位置。传送带未加程控，按每5瓶一排的间歇进行。纸盒最下边的一个盒子被传送带上的挡板拉着向前运行、压瓶冲头提起，先将小瓶压入袋盒位置，再由压瓶冲头压入盒子格档中，压瓶冲头再提起，进行下一个装盒周期。

装盒机生产中常出现问题是因纸盒机械强度不够或纸盒格档没有整齐排列，而使瓶子不能装入盒中或装入格档中。解决的方法是改善纸盒机械强度，剔除格档不整齐的纸盒。另外也应经常注意气缸中气压大小，合适的气压可保证气缸动作正常，使各程序同步协调。

二、冷冻干燥

对一些必须在固体环境下保存，又无法直接制成无菌粉末的药物一般可采用冷冻干燥方法来解决。该方法是将药物配制成溶液，经无菌过滤、无菌灌装后将其在低温下冻结成固体，再在一定真空度和低温下将水分从冻结状态下升华除去，从而达到低温除水和干燥的目的。冻干的固体药物由于其内水分以微小冰晶体的结构升华，所得产品呈多孔疏松状态，使用前加水后极易溶解。同时，由于冷冻干燥在真空和低温条件下进行，药物不会发生氧化或受热降阶，尤其可用于一些生物制品如血浆、血清、激素、疫苗及抗生素等的制备。

(一) 冷冻干燥原理

从水的物态三相图（图1-2-58）及冰的饱和蒸汽压图（图1-2-59）可以看出，固态的水（冰）和液态的水一样在不同的温度下，都具有不同的饱和蒸汽压。冰（固态的水）在低于其饱和蒸汽压的真空下，水分即被升华。在冷冻干燥时，通常所采用的真空度约为相应温度下的饱和蒸汽压的1/2～1/4。如－40℃

时干燥，采用的真空度为2.67～6.67Pa。

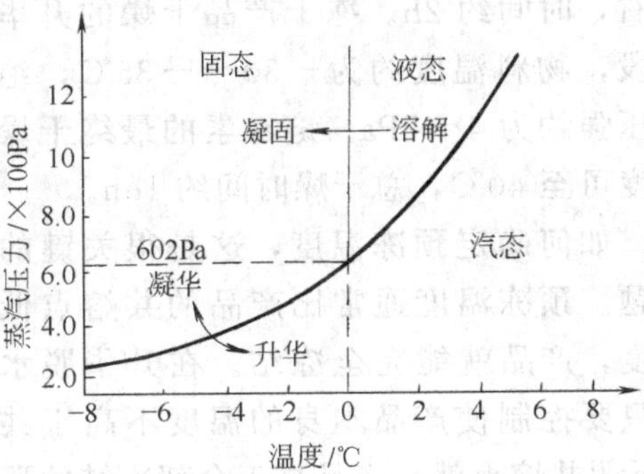

图1-2-58　水的物态三相图

温度	饱和蒸汽压
0℃	610.6Pa
−10℃	212Pa
−20℃	103Pa

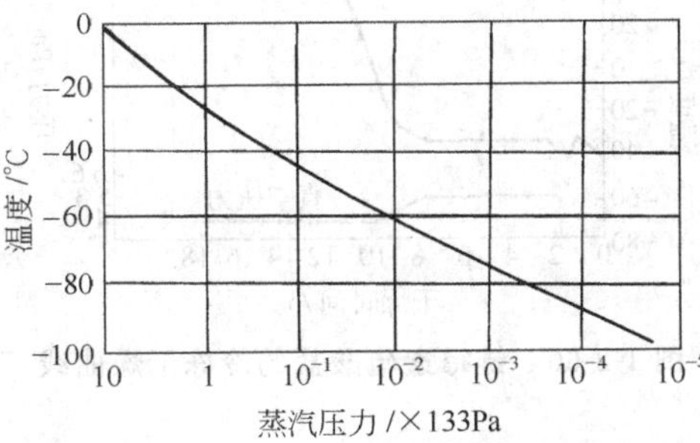

图1-2-59　冰的饱和蒸汽压图

温度	饱和蒸汽压
−30℃	38Pa
−40℃	12.8Pa
−50℃	3.9Pa

在冷冻干燥过程中，被干燥的产品首先要进行预冻，然后在真空状态下进行升华，使水分直接由冰变成汽而获得干燥。在整个升华阶段，产品必须保持在冻结状态。在产品的预冻阶段，还要掌握合适的预冻温度。如果预冻温度不够低，则产品可能没有完全冻结实，在抽真空升华时，会膨胀起泡；若预冻的温度太低，这不仅增加不必要的能量消耗，而且对于某些产品会减低冻干后的成活率。

在冻干产品的干燥升华阶段，由于产品升华时要吸收热量（每1g冰完全升华成水蒸气大约需要吸收2.8kJ的热量）。如果不对产品进行加热或热量不足，则在升华时将吸收产品本身的热量而使产品的温度降低，相应的产品蒸汽压亦降低，于是引起升华速度的降低，整个干燥的时间就会延长；如果对产品的加热过多，产品的升华速率固然会提高，但在抵消了产品升华所吸收的热量之后，多余的热量会使冻结产品本身的温度上升，使产品可能出现局部熔化甚至全部熔化，引起产品的干缩起泡现象，整个干燥就会失败。

为了获得良好的冻干产品，一般在冻干时应根据每种冷冻干燥机的性能和产品的特点，在经过试验的基础上制订出一条冻干曲线，然后控制机器，使冻干过程各阶段的温度符合预先制订的冻干曲线。也可以通过一个程序控制器，让机器自动地按照预先设定的冻干曲线来工作，从而得到合乎希望的产品。

图1-2-60示出链霉素硫酸盐的冷冻干燥曲线，从图中可看出，冷冻干燥过程分为两个阶段。第一阶段，在低于熔点的温度下，将水分从冻结的物料内升华，大约有98％～99％的水分均在此时去除；第二阶段，将物料温度逐渐升到或略高于室温（此时物料中的水分已很低，不再会融化），经此阶段水分可以减

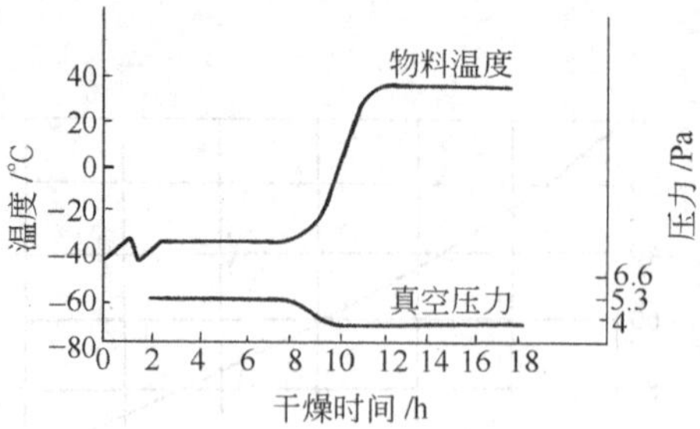

图 1-2-60 链霉素硫酸盐的冷冻干燥曲线

少到低于0.5%。在这里预冻温度-40℃左右，时间约2h。冻干产品干燥的升华阶段，物料温度约为-30～-35℃，绝对压强约为4～7Pa。链霉素的最终干燥温度可至40℃，总干燥时间约18h。

如何确定预冻温度，这是很关键的问题。预冻温度通常比产品的共熔点低几度，产品就能完全冻结。在升华脱水时只要控制使产品本身的温度不高于共熔点的温度，产品就不会发生熔化现象。所谓共熔点就是产品真正全部冻结的那个温度，也相当于冻结的产品开始熔化的那个温度。不同的物料有不同的共熔点。

产品的共熔点可以用一种仪器测量出来。这种仪器在测量温度变化同时，测量其电阻的变化。纯水是几乎不导电的，但水中含有杂质时，水的导电性就明显增加。对于一种冻干产品，由于其中含有很复杂的成分，在液态时是导电的。当到达共熔点的温度时，全部液体变成固体。这时物料的电阻会发生一个突然增大的现象。这一突变与液体中的离子导电突然停止有关。因此在降温的过程中，如果进行温度的测量记录，当温度降到发生电阻的突然增大时，这时的温度便是产品的共熔点。

（二）冷冻干燥设备

冷冻干燥法的操作在冷冻干燥机内完成，冷冻干燥机主要结构有制冷系统、真空系统、加热系统、冷冻干燥室和电器仪表控制系统等。其结构简图见图1-2-61。主要部件分干燥室、凝结室，冷冻机组、真空泵和加热装置等。

制品的冻干在干燥室内进行。干燥室的内部材料包括隔板等主要部件，均采用含碳量较低的316或304不锈钢制品。两排冷管及热管浇铸其中，分别用于对产品的冷却和加热。干燥室顶部装有真空传感器，能将其内真空度转化成电信号并显示。室门四周镶嵌有硅橡胶条或聚四氟乙烯材料的密封圈，使用之前还需涂以真空油脂保证其良好的密封性。与干燥室相连接的是冷凝器，冷凝器内装有螺旋式冷气盘管，其工作温度低于干燥室内药品温度，最低可达-60℃。它主要用于捕集制品升华的水汽，并使之在盘管上冷凝，从而保证冻干过程的顺利完成。

真空系统包括有机械泵（旋片式真空泵）和增压泵（罗茨真空泵），一般先用机械泵将系统真空抽到1.3kPa以下，再用增压泵将工作真空度抽到小于66.7Pa。干燥室与凝结器之间装有大口径真空蝶阀，凝结器与增压泵之间装有小蝶阀及真空测头，便于对系统进行真空度测漏检查。

制冷系统包括干燥室内的冷气排管和凝结管，制冷系统使用的制冷液体高压

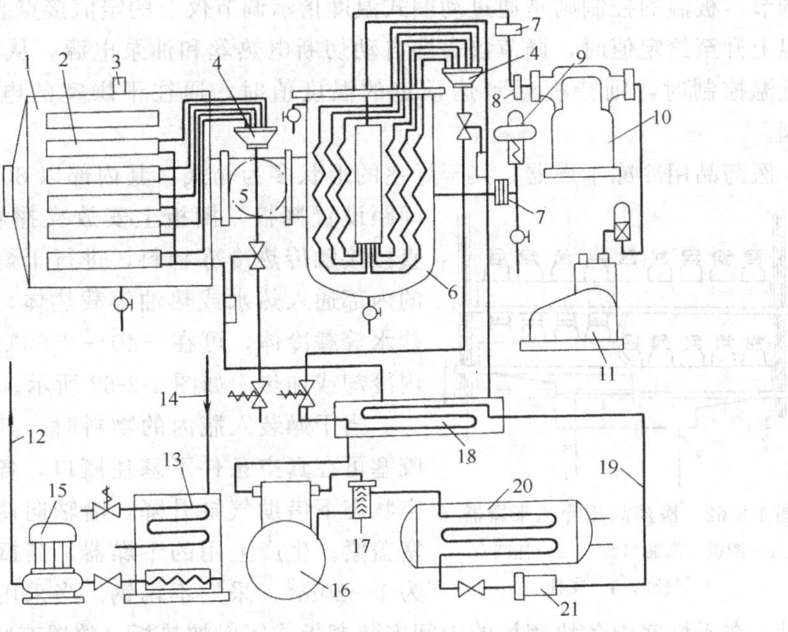

图 1-2-61　LZC-40 冷冻干燥机系统图

1—干燥箱；2—冷热搁板；3—真空测头；4—分流阀；5—大蝶阀；6—凝结器；7—小蝶阀；8—真空馏头；9—鼓风机；10—罗茨真空泵；11—旋片式真空泵；12—油路管；13—油水冷却管；14—制冷低压管路；15—油泵；16—冷冻机；17—油分离器；18—热交换器；19—制冷高压管路；20—水冷凝器；21—干燥过滤器

氟里昂-22。由水冷凝器出来的高压氟里昂经过干燥过滤器、热交换器电磁阀到达膨胀阀，使制冷剂有节制地进入蒸发器，由于冷冻机的抽吸作用，使蒸发器内压力下降，高压液体制冷剂在蒸发器内迅速膨胀，吸收环境热量，使干燥室内制品或凝结器中的水气温度下降而凝固。高压液体制冷液吸热后迅速蒸发而成为低压制冷剂，气体被冷冻机抽回，再经压缩成高压气体，最后被冷凝器冷却成高压制冷液，重新进入制冷系统循环。制冷系统中感温式膨胀阀可以人工调节，使通过的制冷剂恰好在蒸发器的末端蒸发完毕，而且还可以通过安装在蒸发器末端的感温泡沫自动控制膨胀阀开度，防止随着冷却过程的延续，会有剩余的制冷液返回压缩机而造成对机械的危害。通常为了防止含有一定水分的制冷剂通过膨胀阀小孔时，由于温度骤降而有冰栓析出而堵塞膨胀阀小孔，在干燥过滤器中使用硅胶脱水，并用金属网和毛毡作为滤材。

加热系统是由油泵、油箱、电加热器等组成的一个循环管路。油箱中的油经电热丝加热后，由油泵输送至干燥室搁板加热排管，对制品进行加温，以提供升华热。当要降低油温时，可开启冷却水管的电磁阀。电器仪表控制系统能够远距离操纵（利用统一型号的铂热电阻与动圈式温度指示仪），并显示干燥室内各层板温、制品温度、加热温度以及凝结器内温度等，并能自动进行各种温度的记录和调节，板温的控制则是通过动圈式温度指示调节仪上的定值接点装置实现，当板温上升至给定值时，调节仪表即自动切断电热丝和油泵电源，从而维持恒温。在低温控制时，则待板温到达预定的温度值时，通往干燥室的电磁阀能自动关阀。

医药品用冷冻干燥器，其干燥室的形状多为箱式。其内部以 80～120mm 的间距设置搁板，搁板上安放支撑物料的托架，直接接触传热冷冻物料，进行干燥操作。搁板的内部通入热水或热油等载热体，或通入冷冻盐水等载冷体，可在－40～＋60℃的温度范围内冷却或加热。如图 1-2-62 所示。

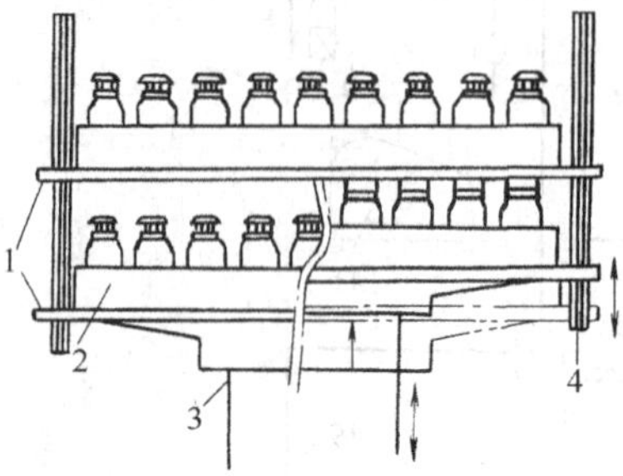

图 1-2-62　医药品用冷冻干燥器
1—搁板（塞瓶口盘）；2—托架；3—汽缸；4—支柱

当干燥装入瓶内的物料时，其结构应使橡胶塞可在真空条件下塞住瓶口，各块搁板在真空状态下借助气缸升降，沿轴向使搁板上的瓶塞盖紧。生产上用的干燥器，其搁板面积大多为 1～20m^2，采用不锈钢。当采用辐射加热方式时，在干燥室内各块搁板的中间安装搁板式辐射加热板，放置有物料的托架不与加热板接触。

冷冻干燥是一种具有一定操作要求的工艺，选择正确的工艺流程即能够保证良好的干燥效果。

冷冻干燥产品有如下特点。

(1) 因物料处于冷冻状态下干燥，水分以冰的状态直接升华成水蒸气，故物料的物理结构和分子结构变化极小。

(2) 由于物料在低温真空条件下进行干燥操作，故对热敏性物料，亦能在不丧失其酶活性或生物试样原来性质的条件下长期保存，故干燥产品十分稳定。

(3) 因为干燥后的物料其组织的多孔性能不变，故若添加水，即可在短时间内恢复干燥前的状态。

(4) 因干燥后物料的残存水分很低，若防湿包装良好，可在常温条件下长期贮存。

冷冻干燥中常见生产问题及相应解决方法如下。

(1) 制品含水量偏高。原因主要是装入容器内的药液层过厚，干燥过程中供给热量不足，干燥速度减慢，或是因制品吸湿性强，出箱时吸潮等引起含水量偏高。因此操作中应注意装量不宜超过 12mm，另外冷冻结束放入干燥室内，其空气应经硅胶脱水，并经除菌过滤后进入干燥箱，且出箱时制品温度应比室温稍高，防止水分凝结在制品上，出箱后制品也不宜在短时间内封口，可保留在干燥箱内用小型真空泵抽真空保存，或暂存于装有无菌干燥剂的容器中，尽量克服制品水分偏高的问题。

(2) 喷瓶。主要由于在预冻中没有达到共熔点以下，制品没完全冻结，或者升华干燥时升温过快，在大量升华时使制品温度超过了共熔点，则部分制品熔化成液体，在高真空度下，少量液体从已干燥的固体界面下喷出形成喷瓶。因此在冷冻干燥操作过程中应严格控制预冻与升华干燥时的升温，克服喷瓶现象。

(3) 制品外形不饱满或萎缩成团块。造成原因是药液浓度过高，在冻干时开始形成的干燥层结构致密，使升华水汽穿过已干燥外层，阻力增大，造成升华水蒸气在干燥层停滞时间长，已干药物逐渐溶解，使制品体积收缩外形不饱满。若药液浓度过低，干燥后制品疏松，吸湿性太强，且由于表面积过大，干燥的制品缺乏一定的机械强度，经外界振动而分散成粉末并黏附瓶壁，造成外观不美且使用也成问题。解决这类问题应考虑在配制过程中加入一些填充剂，来改善制品的外观。

盛放冷冻干燥制品的容器也可采用安瓿，安瓿的处理、灌装及制品封口、成品包装在前已作介绍。

第八节　输液剂生产设备

输液剂是指由静脉以及胃肠道以外的其他途径滴注入体内的大剂量注射剂，一般输入的剂量在 100mL 以上甚至数千毫升。输液剂主要用于抢救危重病人，应付自然灾害，疫情，提供全胃肠外营养，使用范围很广。输液剂的生产过程以及质量要求基本与溶液型注射剂相同，但由于输液剂的容量远大于注射剂，其生产过程中还有一些专用的设备。此外配制输液的配液车间要求空气净化，条件严格，为防止外界空气污染，要封闭，设有满足要求的空气输入与排出系统。配液用器具、输液泵等应该使用优质不锈钢材制备。设备内腔需光滑无死角，易于蒸汽灭菌。配液罐及整个工艺管线要求封闭操作。配液罐分有单层及双层的，当需加热时，单层配液罐内将有不锈钢蒸汽加热管，双层配液罐则是利用夹层实现药液的冷却或加热的，一般配液罐内都装有搅拌器，以保证各种药液迅速混合均匀。本节主要介绍输液剂生产过程中的与洗瓶、灌装以及灭菌等工序有关的设备。

一、洗瓶机（玻璃瓶）

在输液剂生产中，广泛使用玻璃瓶（1000mL 为多）。

目前，国内使用的大多数输液剂仍采用玻璃瓶灌装，在使用之前应对输液瓶进行清洗，以消除各种可能存在的危害到产品质量及使用安全的因素。因此，洗瓶工序是输液剂生产中的一个重要工序，洗涤质量的好坏直接影响产品的质量。由玻璃厂来的瓶子，通常由人工拆除外包装，送入理瓶机。也有用真空或压缩空气拎取瓶子，并送至理瓶机，再经洗瓶机完成洗瓶工作。

（一）理瓶机

理瓶机的作用是将拆包取出的瓶子按顺序排列起来，并逐个输送给洗瓶机。

理瓶机型式很多，常见的有圆盘式及等差式。圆盘式理瓶机如图 1-2-63 所示。低速旋转的圆盘上搁置着待洗的玻璃瓶，固定的拨杆将运动着的瓶子拨向转盘周边，经由周边的固定围沿将瓶子引导至输送带上。等差式理瓶机如图 1-2-64 所示。数根平行等速的传送带被链轮拖动着一致向前，传送带上的瓶子随着传送带前进。与其相垂直布置的差速输送带，利用不同齿数的链轮变速达到不同速度要求，第Ⅰ、Ⅱ带以较低速度运行，第Ⅲ带的速度是第Ⅰ带的 1.18 倍，第Ⅳ带的速度是第Ⅰ带的 1.85 倍。差速是为了达到在将瓶子引出机器的时候，不至于形成堆积而不能保持逐个输入洗瓶机的目的。在超过输瓶口的前方还有一条第Ⅴ带，其与第Ⅰ带的速比是 0.85，而且与前四根带子的传动方向相反，其目的是把卡在出瓶口的瓶子迅速带走。

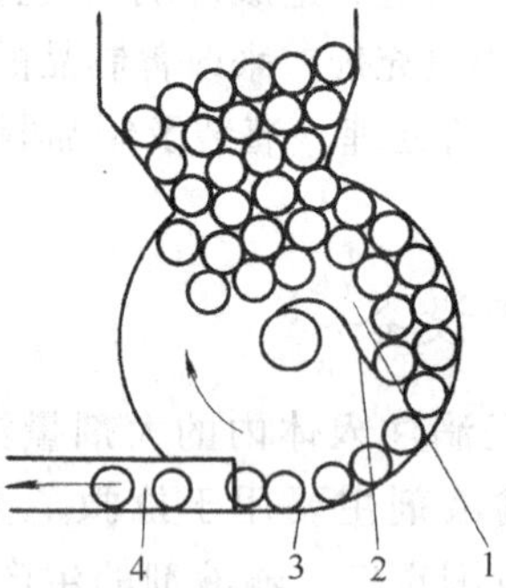

图 1-2-63　圆盘式理瓶机

1—转盘；2—拨杆；3—围沿；4—输送带

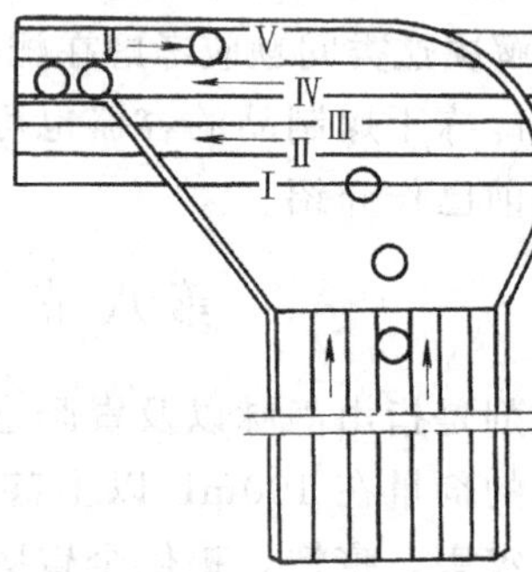

图 1-2-64　等差式理瓶机

（二）联合洗瓶机组

常用的洗瓶设备有滚筒式洗瓶机和联合洗瓶机组。联合洗瓶机组工作时，输液瓶由人工放入放瓶台并推入进瓶转盘，瓶子即逐个进入输送带，首先传送到外刷机，外刷机上旋转的毛刷可使送入的输液瓶产生相对运动，以便毛刷能将瓶体外表面全面刷洗，同时，喷淋水管喷淋水，及时冲掉瓶体外表面附着的脏物。经过外刷机清洗后的输液瓶随输送带继续运动，即进入内刷机。进入内刷机前，机械手每次将两只输液瓶倒插入间歇运动的链条皮碗中，然后经过 17 道不同液体的洗刷区域（2 次热水喷淋，2 次碱水喷淋，2 次热水喷淋，2 次冷水喷淋，2 次毛刷带喷水刷洗，2 次冷水冲洗，3 次蒸馏水冲洗，2 次注射用水冲洗），最后由机械手将瓶从皮碗中拔出放入输送带，沥干翻转后直接送入灌装间灌装药液。由于内刷机洗刷工艺要求使用毛刷刷洗瓶体内表面两次，因而洗瓶机采用间隙式设计原理，且毛刷在瓶体内的洗刷时间每次不少于 3.5s，这样的洗刷效果较为理想。为了保证洗刷后瓶体的清洁，洗瓶机上方装有抽风装置，强制排除热气和碱蒸汽，整个内刷机除毛刷箱为开启型结构外，其余部分均封闭于箱体内，进一步保证了洗瓶的质量。

使用洗瓶机时应经常注意内、外刷机上毛刷的清洁及损耗情况，以使洗刷机处于正常的运转状态，保证洗瓶质量。工作结束时应清除机内所有的输液瓶，使机器免受负载。此外，应经常性检查各送液泵及喷淋头的过滤装置，发现脏物及时清除，以免因喷淋压力或流量变化而影响洗涤效果。

目前，国外大多数制药企业以及国内的合资厂家多采用塑料容器灌装输液产品。由于塑料输液瓶为一次性使用容器，且其生产均是在灌装工序之前，省却了洗瓶这一步工序。使用无菌压缩空气的塑料吹塑机将瓶子直接吹制成型，计量装置即将规定容量的液体灌入瓶内，紧接着将瓶口封住。这样的生产流水线体积小，配合紧凑，符合 GMP 要求，确保了输液剂产品的质量。

二、灌装设备

灌装设备按其运动方式可分为旋转式灌装机和直线式灌装机。前者广泛应用于饮料、糖浆剂等液体的灌装中，由于是连续式运动，机械设计较为复杂；后者则属于间歇式运动，机械结构相对简单。图 1-2-65 为直线式输液灌装机外观结构图，主要用于灌装 500mL 输液。

此机型输送带的前后端分别安装有进瓶螺杆、进瓶拨盘和出瓶拨盘，使输液瓶体的输送更加平稳。灌装部件为漏斗式，由阀门直接控制灌装流量，因此在灌装中没有金属摩擦，保证了药液的纯度。此外，该机还装有无级变速器，生产能力可在 1200～3600 瓶/h 范围内任意调节，生产灵活性大。

其主要缺点是当遇到破损输液瓶时，机器无法停止灌装药液，造成浪费并污染设备。输液瓶封口所采用的方式类似于粉针剂，即首先塞入橡胶塞，然后再外加铝盖。目前，橡胶塞及铝盖的加入均采用机械方法。铝盖轧盖机已在粉针剂中加以介绍，在此仅介绍翻塞机。

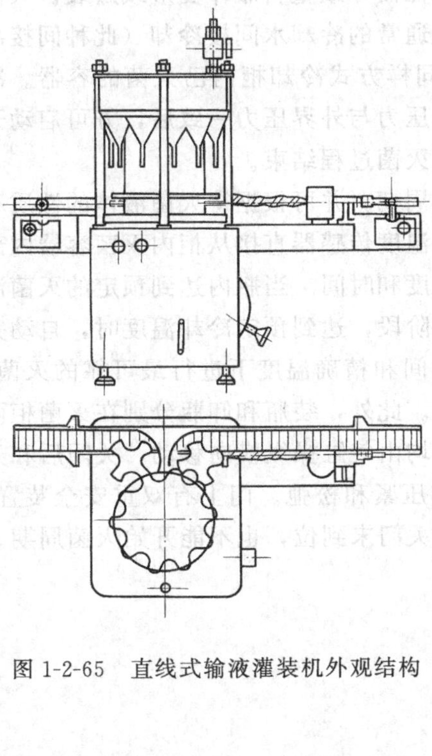

图 1-2-65　直线式输液灌装机外观结构

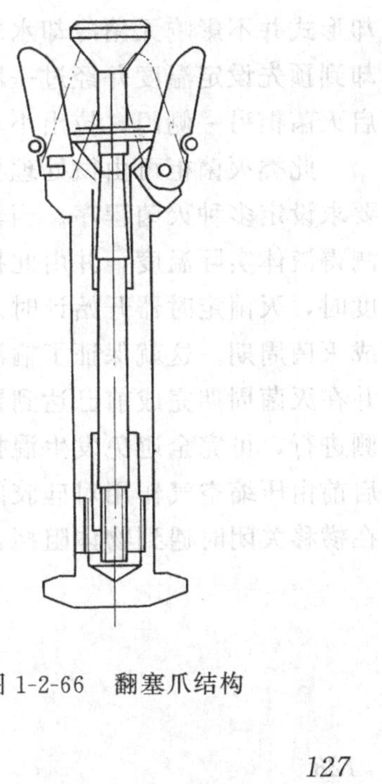

图 1-2-66　翻塞爪结构

翻塞机的翻塞动作主要由翻塞爪完成，其外形结构见图 1-2-66。由输送带输入的输液瓶进入能使瓶体自动定心的定位套，翻塞爪受平面凸轮规律性回转运动的作用而完成将橡胶塞翻口的动作。由于输液瓶能够自动定心，翻塞动作完成的成功率大大提高，瓶子的质量要求也可相应降低。

翻塞机的生产能力可在 1200～3600 瓶/h 间作任意调节，且当输送带上出现故障时，能够自动停车。

三、灭菌设备

输液剂的灭菌工序不同于溶液型注射剂，因为输液剂容量大，灭菌要求高，灭菌不彻底将严重影响输液剂的质量和使用安全。以下介绍用于对密封容器（包括玻璃瓶、塑料瓶和塑料袋）内液体进行灭菌的灭菌柜。

从灭菌柜的一侧将装有待灭菌液体容器的小车推入柜内，揿按钮后气缸动作将灭菌柜门关闭，开始向柜内注入水（一般为去离子水或蒸馏水），一直到低于柜内灭菌容器的控制液位。启动循环泵并在整个工艺过程中不断将水送至分布在柜内顶部的喷水嘴淋洒向整个荷载中，循环水本身也因此作为灭菌柜总载荷的一部分，其在作为冷却水使用之前也经灭菌。循环水流经板式热交换器被蒸汽逐步加热，在整个工艺各阶段，通过喷水嘴的连续喷淋使得柜内温度分布均匀。当待灭菌容器内液体温度只与预设定灭菌温度相差 1℃时，灭菌开始。在对塑料瓶输液灭菌时，为了保持在灭菌温度下柜内有足够的压力，必须充入压缩空气，以免由于在灭菌温度下柜内压力相对瓶内压力较低而导致塑料瓶体变形或爆裂。灭菌时间到后，循环水流经同一板式热交换器被通常的冷却水间接冷却（此种间接冷却形式并不影响无菌冷却水的质量），并以同样方式冷却柜内已灭菌的容器。冷却到预先设定温度并经过一段时间确保柜内压力与外界压力一致后，方可启动开启灭菌柜另一侧门，拉出小车卸瓶，即为一灭菌过程结束。

此类灭菌柜可由微处理机自动控制灭菌周期，并可根据待灭菌液体的性质和要求设定多种灭菌程序。当输液灭菌时，由温度传感器直接从柜内灭菌容器内部测得液体实际温度，并由此控制实际灭菌温度和时间。当瓶内达到预定的灭菌温度时，灭菌定时器开始计时。同样，在冷却阶段，达到预定冷却温度时，自动完成灭菌周期。这就保证了输液产品在精确时间和精确温度下进行最可靠的灭菌，并在灭菌周期完成前已达到预定的冷却温度。此外，装瓶和卸瓶分别在灭菌柜两侧进行，可完全避免发生混批的现象。柜门均由气缸操纵横向移动，关闭后和开启前由压缩空气作用对硅胶门封条分别予以压紧和松弛。门上有双重安全装置，在横移关闭时遇到物体阻挡，则自动停止；关门未到位，也不能开始灭菌周期。

第二篇　制剂车间工艺设计

车间设计是一个多目标的优化问题，不同于常规的数学问题，不是只有惟一正确的答案，设计中在作出选择和判断时常常要考虑各种经常是相互矛盾的因素，要在允许的时间范围内选择一个兼顾各方面要求的方案，满足技术、经济和环境保护等的要求。在化工、石化、医药等行业的工程设计中，工艺设计作为主导专业与其他许多专业有密切关系，本篇从"GMP"规范和洁净车间要求出发，阐述制剂车间工艺设计的原则、程序和方法，并介绍辅助专业的设计要求。

第一章　概　述

第一节　国外制剂厂简况

一、厂址选择

在国外，制剂厂的外环境不同于一般工厂，大多环境幽静、空气洁净，工厂远离交通要道，处在大片草坪和树木之中，绿化面积较大，有些工厂绿化面积甚至超过工厂占地面积70%之多。厂区做到泥土不外露，给人以"花园工厂"之感。

二、车间设计

目前国外制剂车间以单层大跨度为多，采用全面空调和照明的厂房。外窗的设置视要求而定。各种管路如风管，水、汽、压缩空气、真空等管路和电缆桥架均安装在吊顶内，保证了车间内整洁。

厂房根据生产要求划分不同等级的洁净区，各区有不同标准，用作不同生产的需要。车间内大多设置有参观走廊，有的参观走廊位置高出被参观室。实验室也全部采用空调。

国外制剂车间自动化、机械化生产水平较高，目前主要发展单机自动化（如自动压片、包衣）并配以空气洁净技术（如针剂联动线在隧道烘箱和灌封机上安置层流罩）。在包装方面发展机械化联动生产包装线。还有些制剂工厂配有电子计算机控制中心，对全厂的公用设施如空调机系统、冷冻系统、压缩空气系统等的温度、湿度、压力、流量、风速等参数作检测记录和调节控制。但生产中一些老设备依然采用，如三足式离心机、板框过滤机、箱式干燥等，这些设备的使用与物料性能和数量有关，说明这类设备有其优点和生存力。

（1）在片剂生产方面，国外采用了每台单机的除尘措施和提高自动化，以减少整个片剂生产中粉尘和减轻操作人员的劳动强度。

（2）在针剂生产方面，国外最大的两个特点是：①采用洗烘灌封包装联动机；②玻璃厂供应的空安瓿已经割圆和洗净，然后严加密封，运到药厂就可直接上联动机供生产使用。

车间设计中对仓库设计要求也很高，即按产品要求来决定仓库的设计温度和湿度。仓库设计中的自动化、机械化程度尤其高，如有高 20m 的十层货架，货物进出都在中央控制室用计算机控制，只要计算机向机器发出指令，机器就能把货物经传送带自动提运到指定的货位，然后从指定货位中取出货物。有些工厂甚至还设置有电视监控系统。

三、设备安装

国外制剂车间生产设备的安置采用移动式或直接放置地面的方式。如配料罐采用轮子，有的 $1m^3$ 罐也采用轮子。操作台的材质优而轻巧、美观。

设备安装口的位置选择在重大设备的附近，并力求安装运输路线短。安装口在外墙的位置一般都选择在窗户外，窗户、窗台都后装后砌，待安装完毕后补齐。内墙上也尽可能利用门、窗洞位置，大型设备安装部位的楼板荷重考虑设备重量。

第二节　我国制剂工业现状

我国是药品生产大国，目前可以生产的原料药 1400 多种，是世界化学原料药主要出口国之一。与原料药生产相比，我国制剂生产相对落后，与国外相比差距较大。近二十年来我国医药工业发展比较迅速，药品和医疗器械的研制和开发取得了一定的进展，其中包括一批具有国际 20 世纪 80 年代、90 年代水平的优质产品；药物制剂水平得到提高，多种先进的药物新制剂如控释制剂、透皮吸收剂、膜剂、气雾剂及靶向制剂和多种新辅料不断问世，缩短了与国际先进水平的差距；多项新技术、新工艺、新设备的应用，提高了制药工程整体水平；中药工业现代化水平得到提高，先进的工艺、技术和装备在中药工业中得到广泛应用。但是与世界先进国家相比还有较大差距，主要表现在以下几方面。

1. 品种数量上的差距

据不完全统计，美国目前能生产的制剂规格品种多达 15 万个，为我国的 40 余倍；德国 6 万多个规格品种为我国的 17 倍；国外一个原料药可以做成 10 种以上制剂，我国一个原料药一般仅有 2～3 种制剂。除单方制剂有差距外，复方制剂的差距更大。品种上的差距，导致经济效益上的差距。按照国际惯例，医药产品的原料与制剂的比价差一般是 1∶10，而我国一般为 1∶3。也就是说，发达国家药物制剂的附加值为原料药的 10 倍以上，而我国只有 3 倍。

2. 新产品质量上的差距

除了制剂品种和剂型上的差距之外，我国制剂产品的内在质量与国外同类产品相比差距也很大。我国化学药物制剂工业缺乏自主创新能力，即使是仿制品在技术水平、工艺、产品质量等方面也与国外先进水平有差距。其根本原因是科学技术落后，特别是制剂技术（开发、研究、设计、生产工艺等）和制剂设备。

3. 制剂相关辅料上的差距

在辅料生产方面，我国专业性强的辅料生产厂家较少，辅料生产厂家的规模小、品种单一，产品能真正符合药典标准的则更少。致使制剂产品难以达到国际通行的制剂标准要求，直接影响了产品出口及市场竞争能力。

4. 生产条件上的差距

随着“GMP”认证的推广，国内许多企业进行了改造，生产状况得到了很大的改善。但还有个别企业虽有完善的制度和操作规程，但没有能严格执行，部分设备陈旧落后，未能及时更新，直接影响产品的质量和企业的信誉。

一个好的制剂或复方制剂可使药物的治疗效果得到充分的发挥或将其毒副作用降到最低水平，其重要意义不亚于开发一种新型的化学药品。因此开发、生产新剂型意义重大。

第三节　制剂车间工艺设计的基本要求

一、制剂车间设计的总要求

制剂车间是由各种制剂设备以系统的合理的方式组合起来的整体，它根据一定的工艺流程和现场建设条件，通过最经济和安全的途径，由药物原料生产一定数量和符合一定质量要求的剂型。

二、制剂车间工艺设计要求

工艺设计人员在进行制剂车间工艺设计时要考虑同时满足如下条件。

(1) 产品的数量和质量要求。

(2) 选择最经济的工艺路线。即要求最经济地使用资金、原辅材料、公用工程和人力。要达到这一目的，必须进行工艺流程优化和参数优化的工作。

(3) 安全。制剂车间中大量的物质是制剂设备和药物原料及产品，这些都有可能对人员和厂房造成一定的危害。在设计时必须充分考虑各种明显的和潜在的危险因素，保证生产人员的健康安全。

(4) 符合国家和地方政府的法律和法规。如消防、劳动安全、环境保护和节能等法规。

(5) 必须符合 GMP 的规定。

(6) 整个系统必须是可操作的和可控制的。可操作是指设计不仅能满足常规操作的要求，而且也能满足开停车等非常规操作的要求。可控制是指系统能抑制外部挠动的影响而能稳定生产。

由此可见，设计是一个多目标的优化问题，设计人员在作出选择和判断时要考虑各种经常是相互矛盾的因素，满足技术、经济和环境保护等的要求。在允许的时间范围内选择一个兼顾各方面要求的方案，这种选择或决策贯穿于整个设计工程。制剂厂设计乃是许多专业的组合，在设计中大都以工艺为主导，工艺设计人员要对各专业提出设计条件，而相关专业又要相互提交设计条件和返回设计条件。因此，制剂车间的设计是一个系统工程，工艺设计人员不但要熟悉工艺，还要了解各专业和工厂的要求，在设计中起主导和协调作用。

第四节　设计阶段及各阶段的任务

工程项目从设想、提出、建设直到建成投产这个全过程，国际上称之为项目发展周期。项目发展周期被分为投资前期、投资时期和生产时期，并把每个时期又分成若干阶段，在不同的阶段中，进行不同的工作，而这些阶段是相互联系的，工作是步步深入的。

在我国投资前期的工作包括项目建议书、可行性研究和设计任务书等；投资时期的工作包括谈判与订立合同、初步设计、施工图设计、施工和调试验收等。

投资前期的工作很重要，其中项目建议书是投资决策前对项目的轮廓设想，提出项目建设的必要性分析，项目建设的初步可能性，是开展可行性研究的依据。国内外都非常重视这一时期的工作，被称为决定投资命运的环节。

一、可行性研究阶段

可行性研究是投资前期，通过调查研究，运用多种科学成果，对具体工程项目建设的必要性、可能性与合理性进行全面的技术经济论证的一门综合性学科。可行性研究的内容，一般说来应包括以下几个方面。

(1) 总论　概述项目名称、企业性质及法人，报告编制的依据和原则，项目提出的背景，投资必要性和经济意义，研究范围和过程。

(2) 市场预测　列出现有产品的品种、型号、规格、质量标准和用途。分析产品国内、外市场供需情况的现状和主要的消费去向。预测产品国内外近期、远期需要量和覆盖面的发展趋势，从而分析产品的价格及其变化趋势。

(3) 产品方案及生产规模　从国家产业政策、行业发展规划、技术政策、产品结构和清洁生产的要求出发，结合市场预测情况，进行产品方案的比较和选择。

(4) 工艺技术方案　论述国内、外工艺技术概况，根据原材料的供应情况，进行工艺技术方案的比较和选择，绘制工艺流程图。进行车间物料平衡和热量平衡计算。定出车间的消耗定额，并与国内、外先进水平比较。

进行自控方案和主要设备的选型。

(5) 原料、辅助材料及燃料的供应　计算原料、辅助材料及燃料的需用量。

论述其供应和运输情况。

(6) 建厂条件和厂址方案　了解厂址的天文地理资料、当地的社会经济、交通运输、资源供应、环境条件的现状和发展规划，扼要归纳各厂址方案的优缺点并进行技术经济比较，从而确定厂址方案。

(7) 公用工程和辅助设施方案　包括总图运输、给排水、供电及电讯、供热、储运设施及机械化运输、工厂外管网、空压站、氮氧站、冷冻站、维修、制袋、制桶、中央化验室、土建、生活福利设施等方面的内容。着重论述其设施方案。

(8) 节能、消防、环境保护、劳动保护与安全卫生　在可行性研究报告中都必须分别进行专篇论述，以达到政府对口职能部门的审查要求。

(9) 工厂组织和劳动定员　制定工厂体制和组织机构，车间审查班制和定员，论述人员的来源和培训方案。

(10) 项目实施规划　确定项目建设的总时间，以图表形式表示项目具体实施规划的进度。

(11) 投资估算和资金筹措　投资估算包括建设投资估算、固定资产投资方向调节税估算、建设期贷款利息估算、流动资金估算等，从而得出项目工程总投资。

资金筹措包括资金来源和资金运筹计划。

(12) 财务、经济评价及社会效益评价　估算生产成本和各类费用，进行财务评价、国民经济评价（包括静态指标、动态指标和不确定性分析）和社会效益的评价。

(13) 结论　根据研究对项目进行综合评价，得出可行性研究报告总的结论，指出存在的问题，提出解决问题的建议。

以上内容不仅适用于新建项目，同时也适用于改建项目，但对改建项目来说，首先要将现状调查清楚，并与上述内容结合起来考虑。

对于上述可行性研究的内容，可以概括为以下三大方面。

第一是市场研究。这是建设项目能否存在的依据。

第二是工艺技术研究。包括投入物、厂址、技术、设备、生产组织等，这些内容主要是解决项目在技术上的“可能性”问题。

第三是项目的经济效益研究。这是可行性研究的核心和重点，是解决项目的“合理性”问题。

对于有洁净室的工厂，在进行可行性研究时，从暖通专业的角度主要是着重于建厂条件和厂址选择、项目技术方案及环境保护三个方面的工作，论述厂址的大气环境；确定洁净室的温湿度参数、洁净度级别、净化方案以及热水、冷冻水的数量及来源等；确定废气处理的方案和噪声控制措施；此外，节能问题也应贯彻在上述各项工作之中。

二、初步设计阶段

可行性研究阶段结束后，其工作报告必须经过有关部门作出项目评价，即目前所谓的“评估”。评估主要是从三个方面，一是企业经济评价，从企业本身的盈利进行分析；二是国民经济评价，从国民经济利益来分析；三是社会评价，从社会效益来分析。

评估若确认可行性研究报告中推荐的方案确实可行之后，再由上级部门批准，则可行性研究报告就作为建设项目投资决策和编制设计任务书的依据。可行性研究报告和设计任务书下达到设计部门，设计部门便可开展初步设计工作。

由于在可行性研究阶段中，对产品方案、建设规模、厂址、工艺流程、主要设备选型、总图布置等都进行了方案比较选择和论证，确定了原则，推荐了建设方案，可行性研究报告又经过上级批准下达（1991 年国家计委有文规定，报批项目设计任务书统称为报批项目可行性研究报告），因此初步设计工作必须以此为基础，一般不另作方案比较选择和重新论证。但初步设计阶段需要提出所用设备材料的名称和数量，并编制概算，故上述各项工作都必须较可行性研究阶段更深入一步。

初步设计的主要任务就是根据批准的可行性研究报告，确定全厂性设计原则、设计标准、设计方案和重大技术问题。如总工艺流程、生产方法、工厂组成、总图布置、水、电、汽的供应方式和用量、关键设备及仪表选型、全厂储运方案、消防、劳动安全与工业卫生、环境保护及综合利用以及车间或单体工程工艺流程和各专业设计方案等。编制出初步设计文件与概算。

初步设计和总概算经上级主管部门审查批准后是确定建设项目的投资额、编制固定资产投资计划、组织主要设备订货、进行施工准备以及编制施工图设计的依据。其深度应满足如下要求。

(1) 设计方案的比较选择和确定。

(2) 主要设备材料的订货。

(3) 土地征用。

(4) 基建投资的控制。

(5) 施工图设计的编制。

(6) 施工组织设计的编制。

(7) 施工准备和生产准备等。

初步设计主要包括如下内容。

(1) 设计依据和设计范围。

(2) 设计原则。

(3) 建设规模和产品方案。

(4) 生产方法和工艺流程。

(5) 工作制度。

(6) 原料及中间产品的技术规格。

(7) 物料衡算和热量衡算。

(8) 主要工艺设备选择说明。

(9) 工艺主要原材料及公用系统消耗。

(10) 生产分析控制。

(11) 车间(装置)布置。

(12) 设备。

(13) 仪表及自动控制。

(14) 土建。

(15) 采暖通风及空调。

(16) 公用工程。

(17) 原、辅材料及成品储运。

(18) 车间维修。

(19) 职业安全卫生。

(20) 环境保护。

(21) 消防。

(22) 节能。

(23) 车间定员。

(24) 概算。

(25) 工程技术经济。

初步设计阶段基本程序网络，见图 2-1-1。

接到设计任务书，组织设计班子，安排阶段工作计划⟶研究文件，领会意图，落实设计条件⟶各专业研究技术方案，指出调研问题⟶确定工艺方案和全厂性设计方案⟶确定车间方案和各专业重大技术方案设计标准⟶确定总图方案⟶估算工作量，安排计划⟶设计开工报告⟶签协作工作表⟶工艺和总图向各专业提出正式条件⟶各专业根据工艺总图作出设计方案⟶各专业协同确定车间位置⟶确定总平面图⟶总图向各专业提条件，水、暖、电等专业按初步设计要求完成室外设计⟶编制概算，校对⟶归档发行⟶设计总结⟶施工图设计准备

图 2-1-1　初步设计阶段基本程序网络

三、施工图设计阶段

初步设计文件报请上级批准后，施工图设计便在此基础上进行，施工图设计深度应满足下列要求。

(1) 各种设备、材料的订货、备料。

(2) 各种非标准设备的制作。

(3) 预算的编制。

(4) 土建、安装工程的要求。

施工图是工艺专业的最终成品，它由文字说明、表格和图纸三部分组成。主要包括如下内容。

(1) 图纸目录。

(2) 设计说明。

(3) 管道及仪表流程图。

(4) 设备布置图。

(5) 设备一览表。

(6) 设备安装图。

(7) 设备地脚螺栓表。

(8) 管道布置图。

(9) 软管站布置图。

(10) 管道及管道特性表。

(11) 管架表。

(12) 弹簧表。

(13) 隔热材料表。

(14) 防腐材料表。

(15) 综合材料表。

(16) 设备管口方位图等。

施工图设计是设计部门工作最繁重的一个环节，其基本程序，见图 2-1-2。

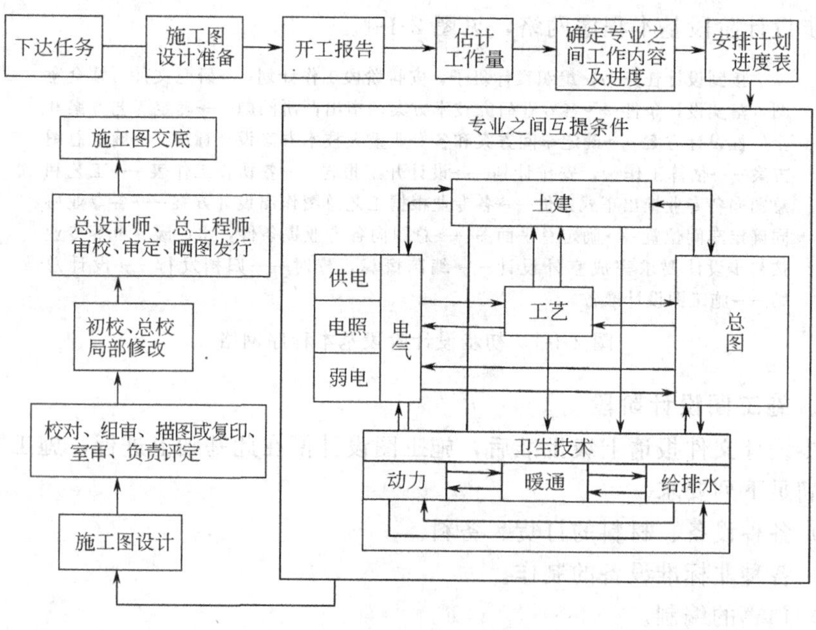

图 2-1-2　施工图设计基本程序

四、施工、调试、验收阶段

（一）施工

施工中凡涉及方案问题、标准问题和安全方面问题的变动，都必须首先与设计部门协商，待取得一致意见后，方可改动。方案是经过可行性研究阶段、初步设计阶段和施工图阶段慎重考虑后确定的，并与其他专业有密切联系，施工中轻易改动，势必会影响到竣工后的使用要求；标准的改动涉及投资的增减；而安全方面的问题更是至关重要。其中不仅包括结构的安全问题，而且包括洁净厂房设计中建筑、暖通、给排水和电气专业所采取的一系列安全措施，如建筑防火区的划分，暖通和气体动力专业的防火阀，给排水专业的消防设施以及电气专业报警装置。这些措施对于竣工投产后的安全运行是不可缺少的，因此都不得随意改动。

洁净厂房净化空调系统的施工，对于风管来说主要强调制作过程中的清洁和安装过程中的密封，这对于减少高效过滤器的灰尘负荷达到设计要求的洁净度级别是很重要的环节。

高效和亚高效过滤器的安装，应符合下列要求。

安装时间应严格控制，在土建施工、净化空调系统施工完毕，系统经过检查、擦拭并吹洗运转12h后方能进行；在进行安装时方能将高效或亚高效过滤器从保护袋中取出，进行透光目视检查，凡滤纸破损、漏胶和外框变形者，不得安装；安装时应注意使气流方向和外框上的箭头保持一致，竖向安装的高效过滤器，应使波纹板垂直于地面；此外，过滤器与安装框架之间，必须采取密封措施；安装就位后，必须进行检漏和堵漏。

其他设备的安装应按设备说明书的要求进行。

（二）调试与验收

净化空调系统验收前，必须进行系统的调整与测试，即调试。该项工作是在建设单位的组织下，以施工单位为主，设计单位参加，共同进行的。

竣工验收的测试包括如下内容。

(1) 风量及风压。通风机的出口和入口的总送回风量，各送回风口的风量，风机的全风压及转数。

(2) 温度和相对湿度。空气处理室的性能，室内温度和相对湿度。

(3) 静压值。

(4) 系统各级过滤器的效率。

(5) 室内空气含尘浓度。

(6) 室内噪声和照明效果。

对于每一个净化系统，还应从同一种气流组织且换气次数相近的洁净室中选择1～2个有代表性的洁净室进行气流流型、速度场和含尘浓度场的测定。

在进行上述工作之前，应做完设备的单体试车，系统的大清扫，以及有关设备、阀门等附件的全面检查，发现问题及时解决。

验收工程量，应提出下列文件。

（1）设计说明书，设计修改的证明文件和施工图，并在图上标明所有施工过程中的修改部分的内容。

（2）主要设备、材料和仪器仪表的出厂合格证或检验资料。

（3）单项设备的评定记录。

（4）系统调试的记录。

第二章　物料衡算和热量衡算

第一节　物料衡算

根据质量守恒定律，以生产过程或生产单元设备为研究对象，对其进出口处进行定量计算，称为物料衡算。通过物料衡算可以计算原料与产品间的定量转变关系，以及计算各种原料的消耗量，各种中间产品、副产品的产量、损耗量及组成。

一、物料衡算的基础

物料衡算的基础是物质的质量守恒定律，即进入一个系统的全部物料量必等于离开系统的全部物料量，再加上过程中的损失量和在系统中的积累量。

$$\sum G_1=\sum G_2+\sum G_3+\sum G_4$$

式中　$\sum G_1$——输入物料量总和；

$\sum G_2$——输出物料量总和；

$\sum G_3$——物料损失量总和；

$\sum G_4$——物料积累量总和。

当系统内物料积累量为零时，上式可以写成：

$$\sum G_1=\sum G_2+\sum G_3$$

物料衡算是所有工艺计算的基础，通过物料衡算可确定设备容积、台数、主要尺寸，同时可进行热量衡算、管路尺寸计算等。

二、物料衡算的基准

(1) 对于间歇式操作的过程，常采用一批原料为基准进行计算。

(2) 对于连续式操作的过程，可以采用单位时间产品数量或原料量为基准进行计算。

物料衡算的结果应列成原材料消耗定额及消耗量表。

消耗定额是指每吨产品或以一定量的产品（如每千克针剂、每万片药片等）所消耗的原材料量；而消耗量是指以每年或每日等时间所消耗的原材料量。

制剂车间的消耗定额及消耗量计算时应把原料、辅料及主要包装材料一起算入。

第二节　热量衡算

制药生产过程中包含有化学过程和物理过程，往往伴随着能量变化，因此必须进行能量衡算。又因生产中一般无轴功存在或轴功相对来讲影响较小，因此能量衡算实质上是热量衡算。生产过程中产生的热量或冷量会使物料温度上升或下降，为了保证生产过程在一定温度下进行，则外界须对生产系统有热量的加入或排除。通过热量衡算，对需加热或冷却设备进行热量计算，可以确定加热或冷却介质的用量，以及设备所需传递的热量。

一、热量衡算的基础

热量衡算的基础是能量守恒定律，在无轴功的条件下，进入系统的热量与离开系统的热量相互平衡。实际生产中传热设备的热量衡算可由下式表示。

$$Q_1+Q_2+Q_3=Q_4+Q_5+Q_6$$

式中 Q_1——物料进入设备带入热量，kJ；

Q_2——由加热剂或冷却剂传给设备和物料的热量，kJ；

Q_3——过程热效应，kJ；

Q_4——物料离开设备带出的热量，kJ；

Q_5——消耗在加热设备各个部件上的热量，kJ；

Q_6——设备向四周散失的热量，kJ。

二、热量衡算的方法

热量衡算时一般建议以 273K 为基准温度，以液态为基准物态。

1. 物料进入设备带入热量 Q_1（或物料离开设备带出的热量 Q_4）的计算

$$Q_1(Q_4)=\sum G_i c_{pi}(T-T_0)$$

式中 G_i——i 物料质量，kg；

c_{pi}——i 物料平均等压比热容，kJ/(kg·℃)；

T——物料温度,℃；

T_0——计算基准温度,℃。

生产过程中有相变化时还要加上相变热。

2. 过程热效应（Q_3）

过程热效应包括化学过程热效应（Q_r）和物理过程热效应（Q_p）。即：

$$Q_3=Q_r+Q_p$$

$$Q_r=1000\times q_r^{\ominus}\times G_A/M_A$$

式中 G_A——参与反应的 A 物质量，kg；

$q_r^{\ominus}$——标准化学反应热，kJ/mol；

M_A——A 物质的分子量。

Q_p 可通过盖斯定律来计算。

3. 消耗在加热设备各个部件上的热量（Q_5）的计算

$$Q_5=\sum M_i c_{pi}\ (T_2-T_1)$$

式中 M_i——设备上 i 部件质量，kg；

c_{pi}——设备上 i 部件比热容，kJ/(kg·℃)；

T_1——设备各部件初温，℃；

T_2——设备各部件终温，℃。

4. 设备向四周散失的热量（Q_6）的计算

$$Q_6=\sum A\alpha_t(T_{w2}-T_0)\tau\times10^{-3}$$

式中 A——设备散热表面积，m^2；

α_t——散热表面向四周介质的联合给热系数，$W/(m^2\cdot℃)$；

T_{w2}——器壁向四周散热时的表面温度，℃；

T_0——周围介质温度，℃；

τ——过程持续时间，s。

5. 由加热剂或冷却剂传给设备和物料的热量的计算

$$Q_2=Q_4+Q_5+Q_6-Q_1-Q_3$$

选定加热剂（或冷却剂），即可从有关手册查出该物质 c_p，再确定其进出口温差 ΔT，则加热剂（或冷却剂）的用量为：

$$w=Q_2/c_p\cdot\Delta T$$

$$Q_2=kA_1\cdot\Delta T_m\cdot\tau$$

式中 k——传热系数，$kJ/(m^2\cdot h\cdot℃)$；

A_1——传热面积，m^2；

ΔT_m——对数平均温差，℃；

τ——过程持续的时间，s。

$$\Delta T_m=(\Delta T_1-\Delta T_2)/\ln(\Delta T_1/\Delta T_2)$$

从上式即可计算所需的传热面积。对不需加热或冷却的设备可不必进行热量计算，此时水、汽等消耗量的确定可从同类型的生产车间取得。

热量衡算结束应列成动力消耗定额及消耗量表。

第三章 车间布置及管道设计

第一节 设计依据及原始资料的收集

车间布置设计包括两方面内容，一是指有制剂车间的工厂与周围环境的布局和工厂本身制剂车间与其他车间之间的布局，称为工厂布置；二是指车间内部设备等的布置，称为车间设备布置。

在开始车间布置设计前首先要收集设计依据和原始资料。包括明确产品方案和生产规模、厂区位置和水文气象地质资料，然后作多方案比较，确定流程和布置。由于制剂厂的产品是防治人类疾病，增强人体体质的特殊商品，因此制剂车间布置时，除了要遵循一般化工车间布置原则外，还要遵循一些特殊原则。车间布置与工艺流程、设备选型有着密切的关系，当流程、设备改动时，土建工程也随之而改动，并会影响通风、照明等工程。因此制剂厂布置要按照可行性研究报告的研究结果确定产品方案和规模，按 GMP 标准开展设计。

车间一般有生产、辅助生产和行政-生活三个部分组成，在车间布置设计过程中，需要确定车间的火灾危险类别、爆炸与火灾危险性场所等级及卫生标准；确定车间建筑物的主要尺寸；确定车间内全部工艺设备的空间位置。本章及以后各章将分别予以介绍。

一、室外计算参数

在洁净室设计中室外计算参数的确定要比一般空调更为重要，内容也更多。这是因为净化空调系统除了一般空调中对温湿度有一定要求外，对空气洁净度也有一定要求，因此对室外环境的大气尘浓度也必须收集。此外，净化空调系统的风量要比一般空调系统大几倍到几十倍甚至上百倍，过高的室外计算参数将使设备投资和运行费用激增，过低则满足不了工艺的要求。

室外计算参数的内容包括温度和相对湿度、室外风速和年主导风向及频率、大气压力、室外大气尘、厂房周围的环境情况等。

（一）温度和相对湿度

夏季空调室外计算干球温度，应采用历年平均每年不保证 50h 的干球温度。夏季空调外围护结构传热的最高计算温度和新风计算温度，均采用该值。

夏季空调室外计算日平均温度，应采用历年平均每年不保证 5 天的日平均温度。

夏季空调室外计算湿球温度，应采用室内温、湿度不保证时间平均每年不超过 50h 的标准加以确定。

冬季空调室外计算温度，应采用历年平均每年不保证1天的日平均温度。

冬季空调室外计算相对湿度，应采用历年一月份平均相对湿度的平均值。

（二）室外风速和主导风向及其频率

冬、夏季室外风速应分别采用历年最冷、最热三个月平均风速的平均值。

冬、夏季主导风向及其频率应分别采用历年最冷、最热三个月主导风向及其平均频率。

年主导风向及其频率，应采用历年的主导风向及其平均频率。

（三）大气压力

冬、夏季大气压力应分别采用历年最冷、最热三个月平均大气压的平均值。

（四）室外大气尘及厂房周围情况

洁净厂房应置于室外大气含尘浓度低，含有害气体少并且振动小的环境中，初步设计时应收集厂房所在环境的大气尘浓度、有害气体的含量以及尘源、振源分布情况等。

我国部分城市室外气象参数，见表2-3-1。

国内不同环境的大气尘浓度，见表2-3-2。

国外不同环境的大气尘浓度，见表2-3-3。

（五）空调室外计算温度的简化确定

工程设计时，若遇到缺乏资料的城市，空调室外计算温度可按下述的简化方法加以确定。

冬季空调室外计算温度 T_{wk}：

$$T_{wk}=0.57T_d+0.43T_p+(1\sim3)$$

式中 T_d——历年一月平均温度的平均值，℃；

T_p——历年一月中的最低日平均温度，℃。

夏季空调室外计算温度 T_k：

$$T_k=0.47T_a+0.53T_r-(1\sim3)$$

式中 T_a——历年七月平均温度的平均值，℃；

T_r——历年中的极端最高温度，℃。

夏季空调室外计算日平均温度 T_{kp}：

$$T_{kp}=0.3T_a+0.2T_r$$

式中 T_a——历年七月平均温度的平均值，℃；

T_r——历年中的极端最高温度，℃。

夏季室外平均每年不保证50h的湿球温度。

以历年中“最不利年”（按历年最热三个月，通常是六月、七月、八月，月平均温度最高的选取）不保证120h（相当于每天四次定时记录的20次），代替平均每年不保证50h的统计方法，可使统计工作大为简化。

表 2-3-1　我国部分

地　名	室外计算(干球)温度/℃			夏季室外平均每年不保证 50h 的湿球温度/℃	室外计算相对湿度/%(冬季空气调节)	室外风速/(m/s)		年主导风向及其频率	
	冬季空气调节	夏季空气调节	夏季空气调节日平均			冬季	夏季	风向	频率/%
北京市	－12	33.8	29	26.5	41	3.0	1.9	C/N	23/10
上海市	－4	34.0	30	28.3	73	3.2	3.0	ESE/SE	10/10
天津市	－11	33.2	39	27.2	54	2.9	2.5	C/SSW/SWP	9/8/8
哈尔滨	－29	30.3	35	23.9	72	3.4	3.3	S	14
长春	－26	30.5	35	24.2	68	4.3	3.7	SW	20
沈阳	－23	31.3	37	25.3	63	3.2	3.0	S	14
石家庄	－11	35.2	30	26.5	48	1.8	1.3	C/SE	39/9
太原	－15	31.8	26	23.3	46	2.7	2.1	C/N	23/14
呼和浩特	－22	29.6	25	20.8	55	1.5	1.3	C/NW	49/8
银川	－18	30.5	26	22.2	57	1.7	1.6	C/N	38/9
西安	－9	35.6	31	26.6	63	1.9	2.2	C/NE	25/6
西宁	－15	25.4	20	16.4	46	1.7	2.0	C/NE	35/25
兰州	－13	30.6	26	20.1	55	0.4	1.1	C/NE	62/7
乌兰木齐	－27	33.6	30	18.7	78	1.3	3.4	S	19
济南	－10	35.5	31	26.8	49	3.0	2.5	C/SSW	22/16
南京	－6	35.2	32	28.5	71	2.5	2.3	C/NE	24/10
合肥	－7	35.1	32	28.2	71	2.3	2.1	C/ENE	16/19
杭州	－4	35.7	32	28.6	77	2.1	1.7	C/E	32/7
南昌	－3	35.7	32	27.9	72	3.7	2.5	NNE	21
福州	－4	35.3	20	28.0	72	2.5	2.1	C/SE	19/15
郑州	－8	36.3	31	27.9	54	3.6	2.8	C/NE	12/12
武汉	－5	35.2	32	28.2	75	2.8	2.6	NNE	14
长沙	－3	36.2	32	28.0	77	2.6	2.5	NW/C	27/23
南宁	5	34.5	30	27.3	72	1.9	1.9	C/E	21/13
广州	5	33.6	30	28.0	68	2.4	1.9	C/N	27/19
成都	1	31.6	28	26.7	80	1.0	1.1	C/NNE/NE	40/10/10
贵阳	－3	29.9	26	22.7	76	2.3	1.9	C/NE	24/14
昆明	1	26.8	22	19.7	69	2.4	1.7	C/SW	36/19
拉萨	－8	22.7	18	213.5	28	2.0	1.6	C/ESE	31/14

① 1mmHg＝133.322Pa。

主导风向及其频率				大气压力/mmHg[①]		极端最低温度/℃	极端最高温度/℃	最大冻土深度/cm
冬季		夏季						
风向	频率/%	风向	频率/%	冬季	夏季			
C/N/NNW	22/13/13	C/S/N	27/10/10	767	741	−27.4	40.6	85
NW	14	SE	17	769	754	−9.4	38.8	8
NWN/C/NW	13/12/9	SE/C/ESE	13/10/9	771	754	−22.9	39.6	69
SSW	15	S	14	751	739	−38.1	36.4	197
SW/SSW/WSW	25/10/10	SW/SSW	17/13	745	733	−36.5	38.0	169
N/S	13/11	S/SSW	18/15	765	750	−30.6	38.3	139
C/NNW	36/8	C/SE	43/9	763	747	−26.5	42.7	53
C/N	21/17	C/NNW	26/14	700	689	−25.5	39.4	77
C/NW	53/10	C/SW/SSW	50/7/7	676	667	−32.8	37.3	120
C/N	39/12	C/S	38/12	672	662	−30.6	39.3	103
C/NE/SW	29/13/9	C/NE/SW	20/18/10	734	719	−20.6	41.7	45
C/SE	45/22	C/SE	27/23/12	581	580	−26.6	32.4	134
C/NE	77/5	C/E/NE	51/8/8	638	632	−21.7	39.1	103
C/S	39/15	S/N	22/13	714	701	−41.5	40.9	162
C/SSW/NE	22/15/12	C/SSW/NE	25/15/10	765	749	−19.7	42.5	44
C/NE	27/11	C/SE	21/13	769	753	−14.0	40.7	
C/ENE/NW	22/9/7	C/S/SSE	21/14/11	767	751	−20.6	41.0	11
C/NWN/N/NNE	31/10/8/8	C/E/ESE/SSE	35/8/7/7	769	754	−9.6	39.7	
NNE/N/C	26/24/19	C/SW/SSW/NE	23/11/9/9	764	749	−7.7	40.6	
C/NW	19/13	SE/C	26/25	760	748	−1.2	29.3	
WNW/C/NE	14/13/13	C/NE/S/SSE	11/11/11/10	760	744	−17.9	43	18
NNW/NE/C/N	19/12/9/9	C/SE/S	13/13/13	768	751	−17.3	39.4	
NW/C/NNW	35/24/13	C/S/NW	22/15/13	763	748	−9.5	40.6	4
C/ENE/E	28/15/14	C/E/SE/SSE	23/14/12/11	759	747	−2.1	40.4	
N	33	C/SE	28/15	765	754	0.0	38.7	
NNE/NE/N	43/13/11/10	CN/NNE/NE/SW	39/97/7/7	722	711	−4.6	37.3	
NE/C/NNE/ENE	21/19/13/22	C/S/SSW/SSE	31/14/13/8	673	666	−7.8	37.5	
C/SW/WSW	36/26/10	C/SW/S	38/15/12	609	606	−5.4	31.5	
C/E/ESE/C	30/16/13	C/ESE/W	36/16/11	488	489	−16.5	29.4	26

表 2-3-2　国内不同环境的大气尘浓度

环境	计算浓度(≥0.5μm 粒/L)	所测单位情况
市区	$(15\sim35)\times10^4$	北京、上海、天津三地区的工厂、医院、研究所等七个单位
市郊	$(8\sim20)\times10^4$	北京、上海、洛阳、无锡四地区的工厂、学校等六个单位
农村	$(3.8\sim7.8)\times10^4$	西北地区的户县、汉中、临潼等地的工厂、研究所等四个单位

表 2-3-3　国外不同环境的大气尘浓度

环境	计算浓度(≥0.5μm 粒/L)	资料来源	环境	计算浓度(≥0.5μm 粒/L)	资料来源
农村	3×10^4	前苏联	污染地区	177×10^4	日本
大城市	12.5×10^4		普通地区	17.7×10^4	
工业中心	25×10^4		洁净地区	3.5×10^4	
农村	10×10^4	日本	洁净室设计用	17.5×10^4	
城郊	20×10^4		特别干净	0.19×10^4	
城市	50×10^4		特别污染	56×10^4	

（六）室外大气尘浓度的简化确定

目前全国多数地区没有室外大气尘的计算浓度资料，初步设计时可根据洁净厂房厂址周围的情况估计确定，一般情况下，洁净厂房周围环境是农村的，取 10×10^4 粒/L；是城市郊区的，取 20×10^4 粒/L；是城市中心的，取 30×10^4 粒/L；有严重污染的，取 100×10^4 粒/L。但高效空气净化系统均应按最后一项考虑，中效和亚高效系统则按前三项考虑。

二、室内计算参数

室内计算参数包括室内温湿度基数及其允许波动范围；室内空气洁净度、流速、噪声、振动及压力等。医药工业部门室内温、湿度参数见表 2-3-4。

表 2-3-4　医药工业部门室内温、湿度参数

工业部门	车间名称	空气温度基数及其允许波动范围/℃		空气相对湿度范围/%
		夏季	冬季	
医药工业	抗生素无菌分装车间，青霉素、链霉素分装，菌落试验，无菌鉴定，无菌衣更衣室	≤22(盖瓶塞的工艺操作)，≤25(灌装安瓿等发热大的操作)	20	≤55
	针剂及大输液车间调配、灌装等属于半无菌操作的房间	25	18	≤65

确定室内计算参数时需要了解如下内容。

全年（主要是夏季、冬季）和每天每班的要求；是全室性净化还是局部净化；根据哪些因素定室内参数及各种因素的影响等；

洁净厂房内的工艺过程；

工作班次、每班工作时间和人数；

散热设备，如电动机、仪表、电热设备、照明等的安装功率和安装系数、负荷系数和使用系数等；

气体燃烧点的数量，每班最大及平均气体消耗量、气体的热值等；

散湿设备的液面尺寸，液体温度等；

局部排风设备散发有害物的性质、散发量、散发情况等；

相邻的非洁净厂房的工艺特性、温度湿度要求、有害物的散发及排放情况、噪声源等。

三、土建资料

洁净厂房围护结构的构造、传热系数、门窗的结构及尺寸等。

四、动力资料

(1) 热源（蒸汽、热水、电等）、热源参数（温度、压力等）、热源供应量及工作制度。

(2) 冷源。包括深井水的水质情况和炎热季节的水温、水量、可用的水压等；冷冻设备的制冷能力、冷冻水供水温度、供回水情况、炎热季节供给冷凝器用的冷却水温、水量、水质等。

五、空调通风设备、净化设备资料

了解并收集经济适用的空调设备、冷冻设备、控制仪表、各类过滤器、吹淋设备、消声设备、局部净化设备、真空清扫设备以及管道保温材料等的性能、安装、价格等。

对于原有建筑进行洁净技术改造时，应取得工艺、土建、动力、空调等方面的有关竣工图或现状图，并在可能条件下，应尽量利用原有的设备和材料。

第二节　工　厂　布　置

一、厂址的重要性

虽然使用高效过滤器后，室内空气含尘浓度可以几乎不受室外大气尘浓度变化的影响，但这只是说明在无法逃避尘粒污染源的情况下，建造高洁净要求的制剂车间在技术上是可能的，并不是说无需考虑洁净车间周围的大气尘浓度等条件。由表 2-3-2 和表 2-3-3 可以看出，洁净地区和污染地区室外大气尘浓度可相差十倍至几十倍，这就造成了高效过滤器使用寿命有的 1～2 年，而有的却高达 10 年之久的差别，此外，如果室外环境特别干净，若达到 C 级洁净度，末级过滤器可以不采用高效过滤器，而采用中效过滤器或亚高效过滤器（$\eta \geqslant 0.90 \sim 0.999$），但在污染地区则完全不可能。因此，室外大气尘浓度的高低对于洁净车间的净化效果、初投资和运行费用都有很大影响。

二、制剂工厂布置的原则

制剂工厂布置时首先要满足一般工厂布置的要求。

(1) 符合生产工艺要求，即保证径直和短捷的生产流水线，使公用系统耗量大的车间尽量集中布置，使各种物料和公用系统介质的输送距离为最短。工厂布置也应该使人员的交通路线径直和短捷，使不同物流之间，物流和人流之间都应该尽可能避免交叉和迂回。

(2) 符合安全、劳动卫生等要求，即工厂布置应该充分考虑安全布局，严格遵守防火、卫生等安全规范标准的有关规定，其中重点是防止火灾和爆炸的发生。

(3) 符合土建要求及设备安装、维修的要求。

(4) 符合发展的要求，即要求对工厂的发展变化有较大的适应性能。在设计上要适当考虑工厂的发展远景和标准提高的可能。与此同时还要注意今后扩建时不致影响生产以及扩大生产的灵活性。

除此以外制剂厂还必须满足GMP的要求，具体如下。

(1) 制剂工厂厂址宜选在周围环境较清洁或绿化较好的地区，不宜选在多风沙的地区和有严重灰尘、烟气、腐蚀性气体污染的工业区，如必须位于上述地区时，应在其全年主导风向的上风侧或全年最小频率风向下风侧。应尽量远离铁路、公路和机场。

(2) 厂区内建筑物布置时应将洁净度高的车间尽量形成独立小区，尽量远离产尘量大的车间。并应位于其全年主导风向的上风侧或全年最小频率风向下风侧。所谓风向频率是统计频率及静风次数，在一定时间内，各种风向出现的次数占所有观察总次数的百分比，用下式表示。

$$风向频率=\frac{该风出现次数}{风向的出现次数}\times 100\%$$

(3) 厂区要减少露土面积，这点对药品质量也有直接关系。土在干燥状态下是尘粒的主要源泉。关于减少露土面积的主要办法是，厂区路面应选用坚固、起尘少的材料，如沥青、混凝土等。厂房周围应进行绿化，可铺植草坪、种植对大气尘浓度不产生有害影响的树木，并形成绿化小区，但不得妨碍消防操作。露土部分全用草皮覆盖，即使树根处的土地也要用碎石或草皮覆盖，另外厂区内设立喷水池也是吸收尘粒的好措施，而且还能美化环境。在厂区绿化中切忌大量种花，因花粉会增加粉尘量，还会招来不少昆虫。

厂区地形位置的不同，布局也会有差异。在占地面积已经规定的条件下，需要根据生产规模考虑厂房的层数。现代化制剂厂以单层厂房较为理想，这样可以省去物料、产品的上下输送。如果由于面积所限，可考虑采用多层厂房。但需要保证一定的绿化面积和仓库面积。

工厂布置设计的合理性很重要，在一定程度上给生产管理、产品质量、质量检验等工作带来方便和保证。目前不少中小型制剂厂都采用大块式组合式布置，厂区内各建筑物组合得好，能满足方便生产、方便管理，减少污染、提高工效、减少能耗。组合式布置还能缩短生产工序的路线，节约用地，并能将零星的间隙地合并成较大面积的绿化区。

三、烟囱对大气尘浓度的影响

工业设施排放到大气中的污染物，一般多为粉尘、烟雾和有害气体，其中煤烟在大气中的扩散有时甚至可以影响自地表面起 300m 高度和水平距离 1～10km。有洁净室的工厂在总体设计时，除了处理好厂房与烟囱之间的风向位置关系外，其间距不宜小于烟囱高度的 12 倍。

某厂烟囱高 45m，锅炉容量为 10t/h 和 18t/h 各一台，源强稳定，烟气排放连续。图 2-3-1 为按主导风向绘制的烟尘污染范围模式图。

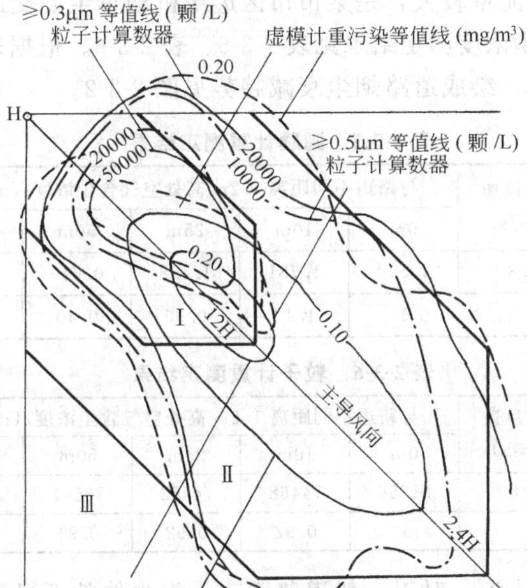

图 2-3-1　烟囱烟尘污染分区模式图

Ⅰ—重污染区；Ⅱ—较重污染区；Ⅲ—轻污染区

按照污染程度的不同，将污染区分为“重污染区”、“较重污染区”和“轻污染区”三个部分。

重污染区（Ⅰ区）：以烟囱为顶点，以主导风向为轴，两边张角 90°，长轴为烟囱高度的 12 倍，短轴与长轴相垂直为烟囱高度的 6 倍，所构成的六边形为重污染区。

较重污染区（Ⅱ区）：与Ⅰ区有同样的原点和主轴，该区长轴相当于烟囱的 24 倍，短轴相当于烟囱的 12 倍，所构成的六边形中扣除Ⅰ区即为较重污染区。

轻污染区（Ⅲ区）：烟囱顶点下风向直角范围内除去“Ⅰ”、“Ⅱ”两区之外的区域。

必须指出，以上研究只是对烟囱污染状况作了相对区域划分，每个烟囱会依其源强、风力及周围情况等因素而有不同影响。

四、道路污染的影响

从洁净厂房的角度看，无论是厂区道路还是厂区外城市道路，它们不仅是振动源，噪声源，而且是线形污染源。道路源强除与车速、风速、自然条件以及路旁绿化直接有关外，还决定于道路构造类型与车流量。

道路尘埃的水平扩散，是总体设计中研究洁净厂房与道路相互位置关系时必须考虑的一个重要方面。某道路为沥青路面，宽 15.5m，两侧无路肩和人行道，无组织排水。路边有少量柳树，路旁有少量房屋，两侧为农田，附近无足以影响测试的其他尘源；车流量较大，是某市市区边缘机动车主要交通干线。离路边不同距离 1.2m 高处含尘浓度测定结果见表 2-3-5、表 2-3-6。根据表 2-3-5、表 2-3-6 中的浓度衰减百分率，绘成道路烟尘衰减趋势见图 2-3-2。

表 2-3-5　滤膜计重测定结果

机动车平均流量/(辆/h)	平均风速/(m/s)	与路边不同距离 1.2m 高处空气含尘浓度/(mg/m^3)(10 次平均)					
		0m	10m	25m	50m	100m	150m
871	1.8	1.558	1.781	1.498	0.630	0.220	0.350
浓度比例		1	1.13	0.96	0.40	0.14	0.22

表 2-3-6　粒子计重测定结果

机动车平均流量/(辆/h)	平均风速/(m/s)	与路边不同距离 1.2m 高处空气含尘浓度/(mg/m^3)(10 次平均)					
		0m	10m	25m	50m	100m	150m
871	1.8	81256	74468	74482	73541	47021	
浓度比例		1	0.92	0.92	0.91	0.58	

从图 2-3-2 可以认为，对于一般道路而言，沿尘埃的下风侧 0～50m 为重污染带，50～100m 为较重污染带，100m 以外为轻污染带。

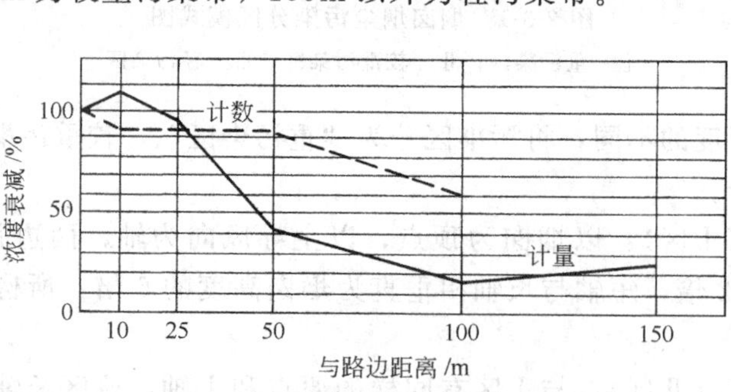

图 2-3-2　道路烟尘衰减趋势图

第三节　车间布置设计

一、常用的设计规范、规定和实施指南

制剂车间设计除需遵循一般车间常用的设计规范和规定以外，还需遵照下列规范和实施指南进行车间设计。

(1) 医药工业洁净厂房设计规范（1996 年）。

(2) 建筑设计防火规范 GBJ16—87（1997 年版）。

(3) 药品生产质量管理规范（2010 版）。

(4) 药品生产质量管理规范（2010 版）附录。

二、车间布置设计要考虑的问题

在设计前要充分讨论各项设计标准，如土建装修、各专业的设备选用、自控水平等。特别是投资、经常费用与利润之间的关系，如何掌握恰当是值得推敲的。以往设计常满足于厂房的通风设施，忽视了工艺设备更新及管理。这样的设计将会带来不少问题，如单机不过关、局部净化不够以致增大区域洁净度，从而造成耗电大、成本高，而且单机不过关还造成效率低、噪声大等问题，管理不好更是对洁净带来超负荷的负担。

（一）制剂车间洁净分区概念的建立

细菌的传播途径可归纳为以下几个方面。①工具和容器；②人员；③原材料；④包装材料；⑤空气中的尘粒。其中①、②项可以通过卫生消毒、净化制度来解决。③项可以通过原材料检验手段、保存条件、精制过滤、工艺等来解决。④项可通过洗涤、消毒来解决。而第⑤项空气中的尘粒则是一个很关键的污染源。这一项的有效保证方法是测定洁净度。根据测定资料表明，高洁净度房间的菌落数相对较少，尘粒数又可以通过不同的过滤方式来控制，同时还可以对不同要求的生产岗位采用不同的洁净级别。由此产生了一个新的车间分区概念，即按洁净度分类。生产区的划分视药品的生产工艺和质量要求而定，按规范可分为一般生产区，洁净区（A、B、C、D 级）。

一般生产区——如药品外包装工段；化验室。

洁净区——大于 C 级的有：

(1) 最终能热压灭菌的注射剂的调配工段；

(2) 洗瓶工段的粗洗；

(3) 片剂生产的全过程；

(4) 胶囊生产的全过程；

(5) 口服药的洗瓶、调配、灌装、加盖。

洁净区——C 级的有：

(1) 最终能热压灭菌的注射剂瓶子的清洗、烘干、贮存工段；

(2) 大输液的灌装、加薄膜、盖塞；

(3) 滴眼剂的灌封；

(4) 最终不能热压灭菌注射剂（包括冻干产品）的调配室、瓶子的清洗；

(5) 粉针分装线的轧盖；

(6) 一般原料药生产的精制、烘干和包装。

洁净区——B级的有：

(1) 最终不能热压灭菌注射剂（包括冻干产品及粉针）的瓶子的烘干、贮存；

(2) 粉针剂的原料调配、过筛、混粉、分装、加塞室；

(3) 最终不能热压灭菌的注射剂及冻干制剂的灌封室；

(4) 无菌眼药膏、药水的调配和灌封室；

(5) 无菌原料药生产的精制、烘干和包装工序；

(6) 血浆制品的粗分室、精分室。

洁净区——局部A级的有：

(1) 无菌检验；

(2) 菌种接种工作台；

(3) 无菌生产用薄膜过滤器的装配；

(4) 某些注射剂的灌封；

(5) 粉针剂的分装；

(6) 血制品的冻干室、血浆的粗分工作台、精分工作台。

以上洁净分区是根据药品生产质量管理规范的规定及国外某些药厂的质量管理规定，但目前国外不少厂根据各自的标准制定了高于上述分区的要求。我们认为，还是应根据实际需要制定标准，不必无限制的提高标准，因提高标准将增加能耗、提高成本。

（二）按工艺流程合理紧凑地布置，避免人流物流交叉混杂

(1) 生产区域的布局要顺应工艺流程，避免生产流程的迂回、往返。

(2) 洁净厂房中人员和物料的出入口应分别设置。原、辅料和成品的出入口也宜分开设置。

(3) 物料传递路线尽量短捷，相邻房间之间的物料传递尽量利用室内传递门窗，减少在走廊内输送。

(4) 人员和物料电梯宜分开。电梯不宜设在洁净区内，必需设置时，电梯前应设气闸室。货梯与洁净货梯也应分开设置。全车间人流、物流入口应尽量少。理想状态是人流、物流出入口各设一个，这样容易控制全车间的清洁度。安排车间内的人流、物流路线时，应控制人员出入和物料运输，无关人员和物料不得通过正在操作区。

（三）对有空气洁净度要求的房间的布局

(1) 空气洁净度高的洁净室宜靠近空调机房，并布置在上风侧。

（2）空气洁净度相同的房间或区域宜相对集中，以利通风布置合理化。

（3）洁净级别和卫生要求不同的房间相互联系中要有防污染措施，如设立必要的气闸、缓冲间、传递窗等；洁净区入口处宜布置洁净等级较低的工作室。

（4）在有窗厂房中一般应将洁净级别较高的房间布置在内侧或中心部位；在窗户密闭性较差的情况下布置时又需将无菌洁净室安排在外侧时，可设一封闭式外走廊，作为缓冲区；在无窗厂房中无此要求。

（四）人员和物料进入洁净区的要求

应有各自的净化用室和设施。净化用室的设置要求与生产区的洁净级别相适应。

（五）洁净区内原料、半成品、成品的存放

洁净区内应设置与生产规模相适应的原材料、半成品、成品存放区，并应分别设置待验区、合格品区和不合格品区，这样能有条理地进行工作，从而防止不同药品的中间体之间发生混杂的现象，防止由其他药品或其他物质带来的交叉污染，并防止遗漏任何生产或控制步骤的事故发生。合理存放待处理的不合格的原材料、半成品，以免错误投产。

（六）设备与安装

（1）洁净室内只设置必要的工艺设备。尽可能采用新型设备（有自净能力的设备），尽量减少洁净面积，洁净级别也不宜大面积提高。这样，可以降低投资和能耗。易造成污染的工艺设备应布置在靠近排风口位置。设备尽量不采用基础，必须设置时，采用可移动砌块水磨石光洁基础块。

（2）合理考虑设备起吊、进场运输路线。门窗留孔要能容纳进场设备通过，必要时把间隔墙设计成可拆卸的轻质墙。

（3）当设备安装在跨越不同洁净等级的房间或墙面时，应采取密封的隔断装置，以保证达到不同等级的洁净要求。

（4）不同洁净等级房间之间的物料如采用传送带传递时，传送带不宜穿越隔墙，而宜在隔墙两边分段传送。

（5）吊装孔位置布置在电梯井道旁侧，每层吊装孔布置在同一垂线位置上。

（6）吊装孔不宜开得过大（一般控制在 2.7m 以内），对外形尺寸特别大的设备吊装时，可采用安装墙或安装门，一般宜布置在车间内走廊的终端。若电梯能满足所有设备的搬运，则不设吊装孔。

（七）安全出入口

由于洁净室需经过曲折的卫生通道才能进入内部，故当发生事故或火警时，为了人员的及时疏散，在洁净区要有一紧急出口，直接对洁净区外的交通道。紧急出口门，应向疏散方向单向开启。

（八）卫生通道的安排

(1) 洁净室与卫生通道不在同一层的布置通常将拖鞋、存外衣、淋浴、更内衣放在底层，然后通过一专用的楼梯至有关各层，并进入各层的二次更衣室（即穿无菌衣、鞋和手消毒），最后通过风淋室进入洁净区。

(2) 洁净室与卫生通道在同一层布置适用于洁净区面积小或严格要求分隔的洁净室。不论洁净室与卫生通道设在同一层与否，其进入洁净区的入口位置均很重要，理想的入口应尽量接近洁净区中心。

（九）管道敷设

(1) 洁净车间的管线很多，特别是风管道，体积很大，需占很大的空间，其余如照明、动力电线、上下水管、压缩空气管、蒸汽管、物料管等；为了洁净要求，通常均需暗敷。因此在布置时，水平管线宜设置技术夹层或技术夹道，穿越楼层的竖向管线宜设技术竖井。

(2) 多层厂房技术竖井其设置位置及大小应根据具体情况决定，一般设在纵横向转角的通道上，设在非洁净区或C级区。各种管道竖井可以和通风夹墙、技术走廊等结合起来。

（十）要考虑防止昆虫、动物进入车间的措施

（十一）合理安排下列房间的面积

收贮待用的各种原料及中间体待检的面积；化验和控制室面积；设备和容器清洗面积（此场地洁净度要与使用此设备和容器的场地的洁净度相协调）；清洁工具间、原辅料的加工和处理面积尽可能安排在仓库附近，全车间使用的原辅料集中加工、称量，然后按批量分别用货架堆放待领用。生产工段需用时专人登记发放，这样可避免将大批原辅料领出，也有利于集中清洗、消毒容器。

（十二）空调间的安排

空调间的安排应紧靠洁净区，使通风管道路线最短。对于多层厂房的空调机房宜采用每层设一个空调机房，最多二层设一个。这样可避免或减少上下穿行大面积通风管道占用的面积，也简化风道布置更有利于管道安排。空调机房位置的选定要根据工艺布置及洁净区的划分能安排最短捷、交叉最少的送回风管道，这时多层厂房的技术夹层更显重要，因技术夹层不可能很高而各专业管道较多，作为体积最大线路最长的风道若不安排好，将直接影响其他管道的布置。

三、车间布置设计对工艺的要求

(1) 工艺对洁净室的洁净度级别应提出适当的要求，高级别洁净室（如A级）的面积要严格加以控制。

(2) 在不影响生产的条件下，工艺布置时应把洁净度相同的洁净室布置在一

起，为净化空调系统的合理布置创造必要的条件。

(3) 洁净室的布置应考虑工艺之间关系并使原料、半成品的运输线路最短；如果两个工序相连的洁净室相邻，应尽量设置传递窗，以减少污染和产尘；同一洁净厂房内有多间级别不同的洁净室时，洁净度级别最高的洁净室设在人流最少的位置。

(4) 洁净室只能布置必要的工艺设备，布置要紧凑以减少面积，但要有一定间隙，以利于空气流通，减少涡流。易产生粉尘和烟气的设备应尽量布置在洁净室的外部，如必须设在室内时，应设排气装置，并尽量减少排风量。对于特殊设备（如垂直层流洁净室内的加热设备），应与暖通协商确定适当的位置，并采取相应的处理措施。

(5) 工艺布置时洁净度要求高的工序应置于上风侧，对于水平层流洁净室则应布置在第一工作区，对于产生污染多的工艺应布置在下风侧或靠近排风口。

(6) 洁净室内的设备及家具应采用表面光滑、不易起尘的材料制作，桌椅等应限制在最少数量。

(7) 洁净室宜设置壁柜存放物品，当有特殊要求时，可向壁柜内送洁净空气。

(8) 工艺生产所用之易燃易爆等气体容器不应设在洁净室内。洁净室内的管道及阀门严禁漏气。

四、车间布置设计对设备的要求

一个制剂车间的设计，首先要加以考虑的是采用最佳的工艺操作，以达到安全生产，选择经济上合理、生产上可靠的现代化技术与设备。

设备对工艺的先进性、对洁净影响都很大，尤其是制剂生产。工艺对设备的选择除了材质外，还要尽量选择密闭、自动化、联动化，以减少操作工序和操作人员，降低污染来源，并且设备一定要便于清洗和拆除，这样才能符合GMP要求。

下面按几种剂型生产流程举例介绍工艺设备对布置的影响。

（一）片剂生产

片剂生产中最大问题是产生粉尘，主要应着手如何减少粉尘，并且在生产中有足够的中间贮存面积和清洗容器间，以减少混药和乱堆乱放。设计中按GMP要求片剂车间洁净度为D级，而在空调设计中又往往设计为直流风，这就需要消耗较大的动力。如何较好地解决这一矛盾，对片剂生产是一很关键问题。

关于中转面积的安排也是设计遇到的一个难问题。中转面积太少，当产量不断增加，导致车间各处都是料桶，既不利整洁又不便管理。但中转面积太大又造成空调耗电大大增加。所以在工艺生产的安排上，尽量周转快并且改进贮桶形式和方法，合理安排中转区面积。

压片机加料形式与布置有相当重要的关系。加料有在同一层加料或夹层加料等方式，需视生产能力大小、土建结构形式、压片机型号等因素来决定采用何种加料方式。

（二）针剂生产

针剂有冻干粉针和水针，水针又有注射剂和口服剂，最终产品可灭菌及不可灭菌几种。在针剂生产中以下工序对布置有影响。

(1) 洗烘灌封联动机　从洗瓶到灌封在一联动机内完成，并带有局部层流罩。采用此种设备可节约占地面积，使环境清洁，劳动强度大大降低。目前国外又发展了Ⅱ字形联动机，使布局合理性又进了一步。

(2) 灌瓶、甩水　是水针的老工艺。采用此工艺非但布置面积较大，并且较难达到洁净要求，操作人员多，劳动强度也大。目前在设计中应尽量不采用此工艺。

（三）粉针生产

粉针生产以往国内均是由各制造厂生产的单机自行连接，目前已有联动生产设备供应。

(1) 粉针生产中单机生产能力影响了车间布置和操作人数，如分装机有60～300瓶/min几种形式。当同样产量下采用60瓶/min的分装机时，则设备台数增加、占地面积扩大，并使净化面积扩大和操作人员增多，从而给管理和净化带来不利。

(2) 单机设备不同，尺寸也不同。如隧道烘箱，国内有13m、8m、6m等几种尺寸而国外隧道烘箱仅2.5m，这样对整个生产线乃至车间布置影响相当大。

(3) 在粉针生产中，胶塞处理相当重要。因为胶塞是直接与无菌粉末接触的，设备为洗、烘、消毒均在一台不锈钢设备内完成，出料时设备自身还带有水平层流，以保护消毒、洗净后的胶塞不受污染。

（四）输液生产

大输液是急救用药，在临床上使用量相当大。大输液偶有发生热原和长霉等问题，影响大输液澄明度有以下因素。

(1) 生产环境的空气质量。

(2) 辅助药液调配。

(3) 容器的洁净程度。

(4) 生产设备的先进性。

(5) 生产管理。

大输液生产中生产流水线的选择影响到布局，目前还有塑料瓶生产。在生产线上增加局部层流不仅提高了洁净要求，而且可适当降低环境洁净度，节约了能源。

消毒柜的选择也很关键，若选择一台双扉内冷式消毒柜，则不仅减轻了劳动强度，又提高了产品生产能力，占地又少。

五、车间平面布置的合理性

（一）车间形状

根据投资省、上马快、能耗少、工艺路线紧凑等要求，制剂厂建造一单层大面积厂房最为合适，若再设计为无窗厂房就更理想。单层厂房的优点如下。

（1）可设计成大跨度厂房，柱子减少后分隔房间灵活、紧凑，面积节约。

（2）外墙面积最少、能耗少，外界污染也少。

（3）车间布局可按工艺流程布置得合理、紧凑，生产过程中交叉污染的机会也最少。

（4）投资省、上马快，尤其对地质条件较差的地区，可使基础投资减少。

（5）设备安装方便。

（6）物料、半成品及成品输送有条件采用机械化输送。

车间的形状可以有许多形式，如长方形、L 形、T 形、U 形、山形、口形等，在满足工艺及其他各项规范要求的前提下，可以选择采用。由于长方形具有占地面积小，便于设备布置，便于安排通道、出入口，能较多提供自然采光和自然通风，在车间布置时被较多的采用。

（二）有窗厂房和无窗厂房的考虑

无窗厂房对制剂车间是理想的形式，因受污染少，能保证药品质量，但无窗后将与外界隔绝，厂房内工作人员感觉不良，此外对空调、照明要求也高。因此近年来又有主张少窗厂房的。在有窗厂房设计中宜设置周围封闭外走廊，即在洁净生产区外有一个起环境缓冲作用的外走廊，它不仅对洁净区的温湿度为一缓冲地带，就是在防止外界污染问题上也是非常有利的，但占地面积相对较大。

六、车间布置中的若干技术要求

（一）人员净化用室、生活用室布置要求

（1）人员净化用室和生活用室的布置应避免往复交叉，一般按下列程序进行布置。

a. 非无菌产品、可灭菌产品，其生产区人员净化程序见图 2-3-3。

b. 不可灭菌产品生产区人员净化程序见图 2-3-4。

（2）盥洗室应设洗手和消毒设备。水龙头按最大班人数 10 人 1 只计，宜装烘干器。

（3）人员净化用室和生活用室的建筑面积，可按洁净区设计人数平均 4～6m^2/人计算。

（4）洁净区的入口处，应设置气闸室或空气淋浴室。气闸室的出入门应予连锁，使用时不同时打开。设置单人空气吹淋室时，按最大班每 30 人设 1 台。洁净区域工作人员超过 5 人时，空气吹淋室一侧应设旁通门。

（5）生活用室为厕所、淋浴室（休息室、吸烟室根据需要设置），均设置在

人员净化用室区域外。

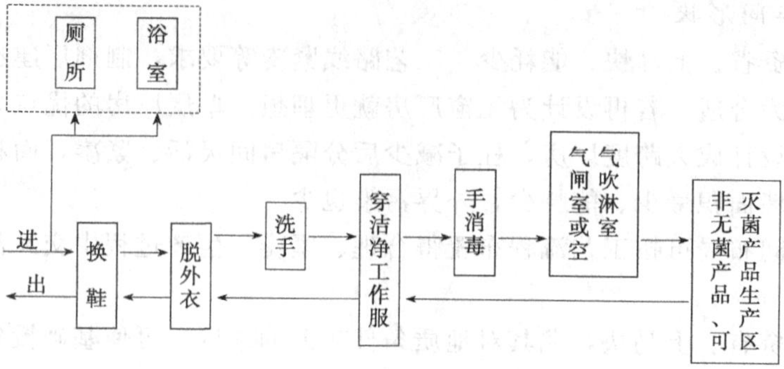

图 2-3-3　非无菌产品、可灭菌产品生产区人员净化程序

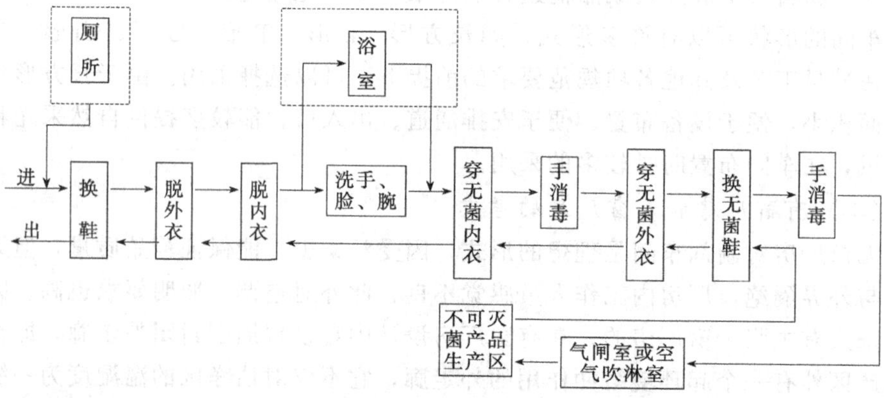

图 2-3-4　不可灭菌产品生产区人员净化程序

（虚线框内的设施可根据需要设置）

（二）物料净化用室布置要求

(1) 原、辅料外包装清洁室，设在洁净区外，经处理后由气闸室或传递窗（柜）送入称量室。

(2) 包装材料清洁室，设在洁净区外，处理后送入贮藏室。

(3) 凡进入无菌区的物料及内包装材料除设清洁室外，还应设置灭菌室。清洁室与灭菌室设于 C 级区域内，并通过气闸室或传递窗（柜）送入 B 级区域内。

(4) 生产过程中产生的废弃物出口不应与物料进口合用一个气闸室或传递窗（柜），应单独设置专用传递设施。

（三）生产洁净区布置要求

(1) 不同的生产品种和剂型，其生产洁净区的级别划分也不一样，大致可分为下列六种。

a. 片剂工艺流程示意图及环境区域划分（D 级）见图 2-3-5。

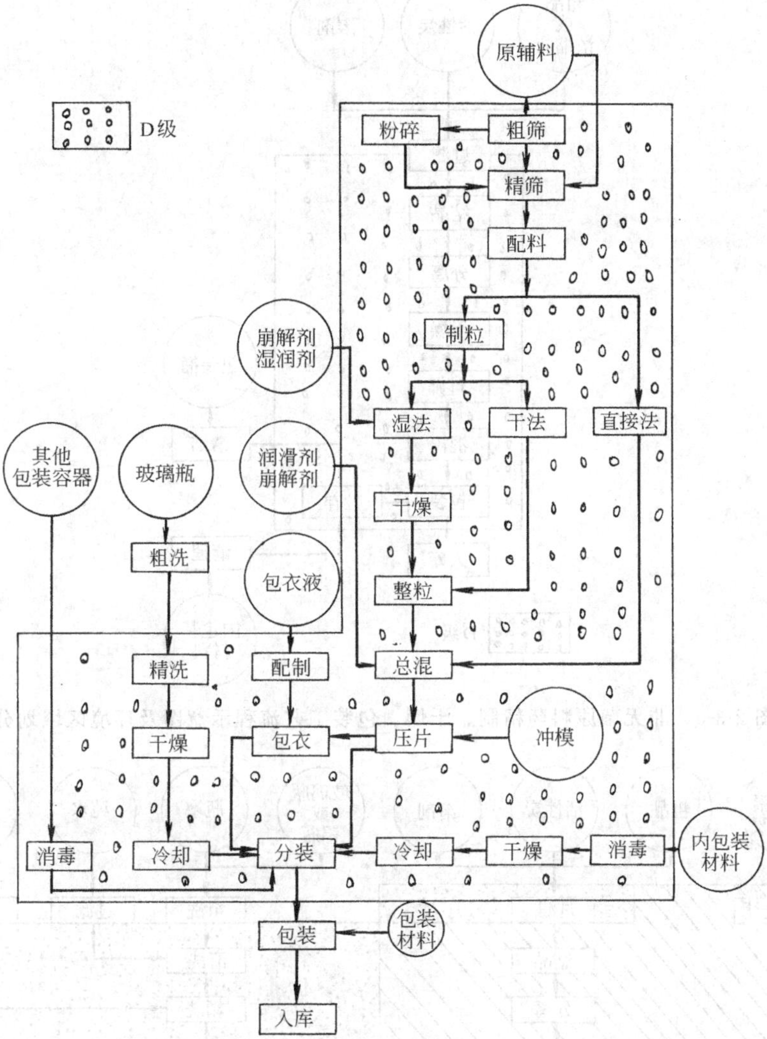

图 2-3-5　片剂工艺流程示意图及环境区域划分

b. 非无菌原料药的精制、干燥、包装工艺流程示意图及环境区域划分（D级）见图 2-3-6。

c. 无菌原料药精制、干燥、包装工艺流程示意图及环境区域划分（C 级、B级，局部 A 级）见图 2-3-7。

d. 可灭菌小容量注射剂工艺流程示意图及环境区域划分（C 级、B 级）见图 2-3-8。

e. 可灭菌大容量注射剂工艺流程示意图及环境区域划分（C 级、B 级，局部A 级）见图 2-3-9。

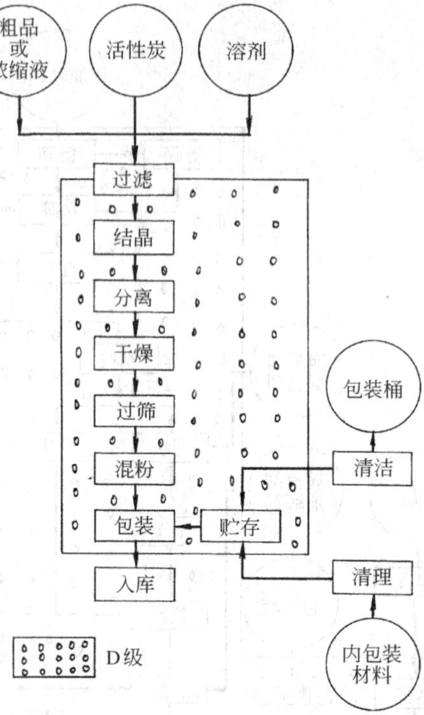

图 2-3-6 非无菌原料药精制、干燥、包装工艺流程示意图及环境区域划分

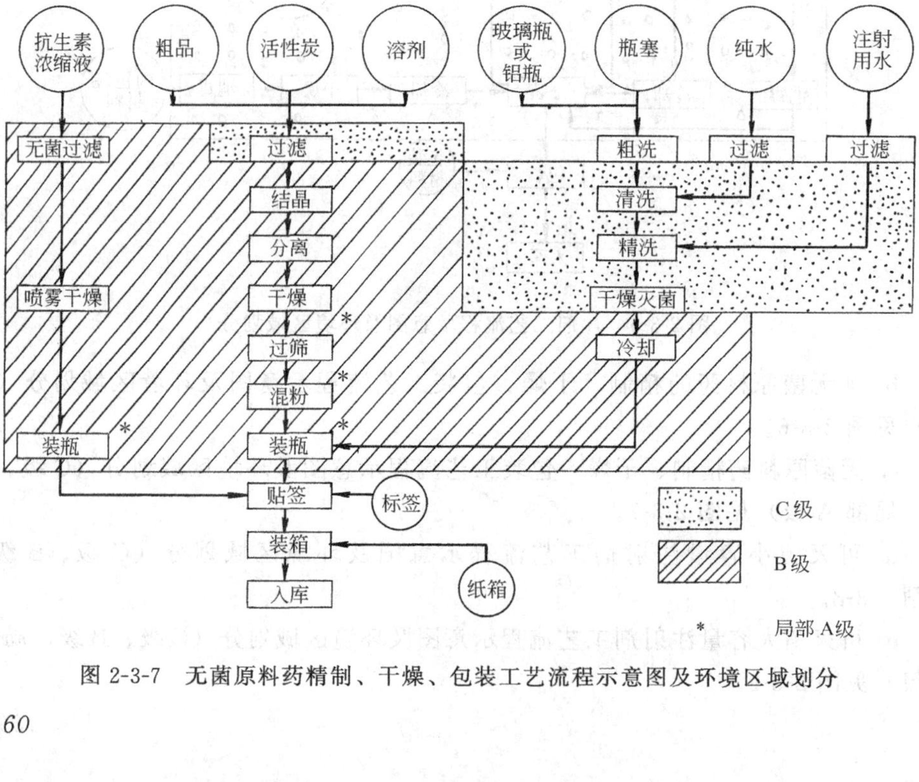

图 2-3-7 无菌原料药精制、干燥、包装工艺流程示意图及环境区域划分

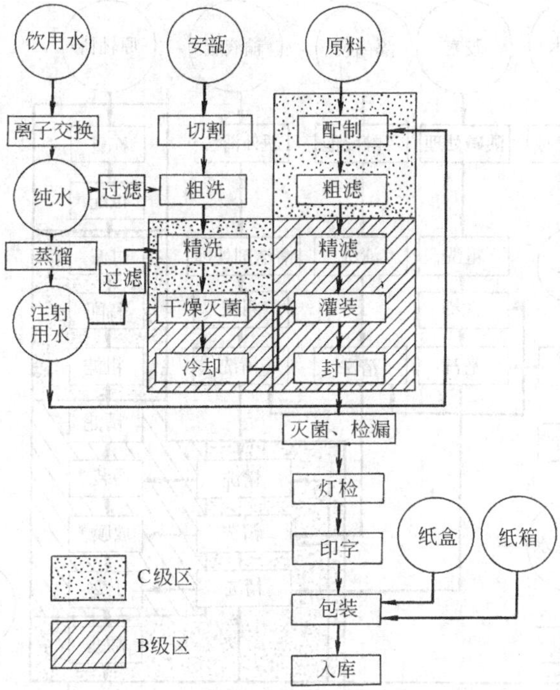

图 2-3-8　可灭菌小容量注射剂工艺流程示意图及环境区域划分

f. 无菌分装注射剂工艺流程示意图及环境区域划分（C 级、B 级、局部 A 级）见图 2-3-10。

(2) 在工艺许可条件下尽可能地降低洁净室的净高，以减少空调净化处理的空气量，从而不仅减少空调费用，降低造价，也有利于提高防尘效果。一般洁净车间的净高可控制在 2.6m 以下。但精制、调配设备一般都带有搅拌器，房间的高度要考虑搅拌轴的检修高度。

a. 选用磁力搅拌配料罐。其搅拌器设在底部，可不必增高房间高度。

b. 对有振动的设备，如带搅拌装置的设备、输送泵、压滤机等，宜选用易拆洗、型号小，并组合成机组，装在型钢支架上，以减少与地面固定的地脚螺栓。洁净度要求高的房间内，应少用地脚螺栓，尽量平放在地面上，以减少地面积尘的死角。

c. 配料调配时，如加料高度偏高，可选用移动式铝合金踏步，以减少洁净室内积尘面积。

(3) 洁净室内设备布置间距　与一般化工装置内设备布置间距相似，不再重复。片剂类生产，固体物料输送较多，应考虑输送通道及中间品班存量（即临时堆放场地）。

(4) 片剂生产时粉碎、粗筛、精筛、制粒、整粒、总混、压片等工序，其粉

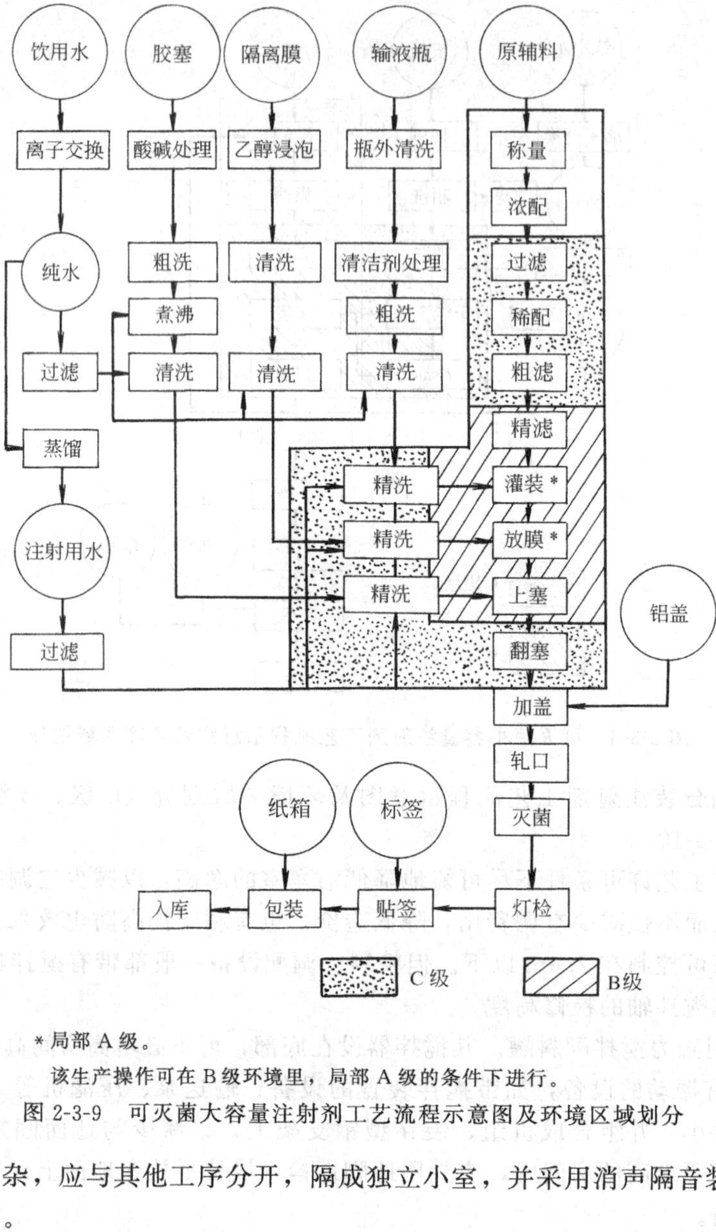

*局部A级。

该生产操作可在B级环境里，局部A级的条件下进行。

图 2-3-9 可灭菌大容量注射剂工艺流程示意图及环境区域划分

尘大、噪声杂，应与其他工序分开，隔成独立小室，并采用消声隔音装置，以改善操作环境。

(5) 干燥灭菌烘箱、隧道灭菌烘箱、物料烘箱等设备布置宜采用跨墙布置，即主要设备布置在非洁净区（或D级区），将要干燥的瓶或物料送入，以墙为分隔线，墙的另一面为洁净区（或B级区）。烘干后的瓶或物料从洁净区（B级区）取出。所选设备应为双面开门，但不允许同时开启。设备既起到消毒烘干作用，又起到传递窗（柜）的作用。墙与烘箱间需采用可靠密封隔断材料，以保证达到不同等级的洁净度要求。

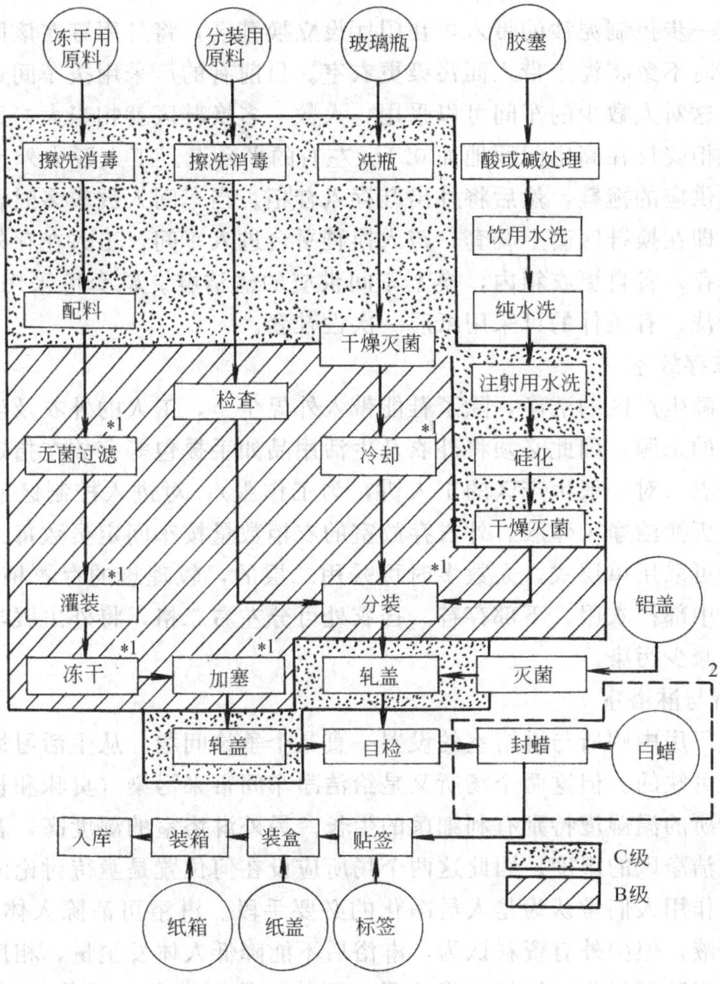

*1 该生产操作可在B级环境里局部A级的条件下进行。

2 虚线框内的工序可根据需要设置。

图 2-3-10　无菌分装注射剂工艺流程示意图及环境区域划分

七、人员与物料净化通道和设施

（一）人员净化通道

1. 门厅与换鞋处

门厅是人员进入车间的第一个场所。为了最大限度的控制人员将外界尘粒带入车间，故进入门厅前首先应将鞋上泥土除去。由于我国目前实际情况各地差异较大，北方地区和南方地区的气象条件也不一样，北方风沙大，还有冰雪；南方地区雨水多，故工人穿鞋种类，有棉鞋、雨鞋、布鞋、皮鞋及塑料凉鞋，较难选得一合理的净鞋设施。目前常用的是刮泥格栅，通过格栅将鞋底大部分泥沙除去。

为了进一步控制泥沙的带入，在门厅设立换鞋区，将外用鞋在该区换去，使进入更衣室时不致将泥土带入而污染更衣室。目前有的厂采用按车间定员数每人一个鞋柜，这对人数少的车间可以采用，人数一多换鞋区就相当大，采用鞋柜形式时可将鞋柜安排在高出门厅地面 0.1m 左右的平台上。工人脱去外出鞋，上平台，穿车间供应的拖鞋，然后将外出鞋存入鞋柜。当车间人数较多时，可采用鞋套的方式，即在换鞋区套上鞋套，跨入换鞋平台进入车间。工人在存外衣室将鞋连鞋套一起存入各自更衣箱内，换上车间供应的清洁鞋。鞋套可采用尼龙制的，每班集中清洗，有条件的可采用纸质一次性鞋套。

2. 外衣存放室

为了保障生产区的洁净，除了鞋能带入外界尘土，工人的外衣及生活用品也是带入尘土的来源。因此必须将外衣及生活用品如手提包等存放在指定地点。然后换上白大衣（对一般生产区的工人讲，为工作服）；对进入控制区或洁净区的工人还需再更换洁净工作服。外衣存放室的衣柜数量按车间定员数每人一个，车间人数少时可采用单层式，人数多时可采用二层的，较理想的存衣柜是单层的，上部放包、中部挂衣服、下部存鞋。挂衣处可分左右二格，将外出服与工作服分开挂存，以减少污染。

3. 厕所与淋浴室

在制剂厂房中厕所与淋浴室的设置一直是个争论问题。从生活习惯讲，这两个房间是不可缺的。但这两个场所又是给洁净车间带来污染（臭味和长菌）的场所，因该场所的温湿度特别有利细菌的生长。另外淋浴室的湿度高，若设在洁净区那将影响洁净区的湿度。因此这两个场所应设在何位置是亟待讨论的问题。

淋浴的作用人们常认为是人员净化的必要手段。淋浴可清除人体上的污垢、微生物及汗液，但国外有资料认为，淋浴后不能降低人体发尘量，相反使皮肤干燥，从而使皮肤屑脱落，增加了发尘量。国外有的厂进入 B 级甚至 A 级洁净区的人员并不经过淋浴室。一般淋浴室设在洁净区之外，而生产制度上严格规定按特定程序穿戴较严密的无菌衣帽、口罩及鞋罩，尤其严格规定戴手套的程序。

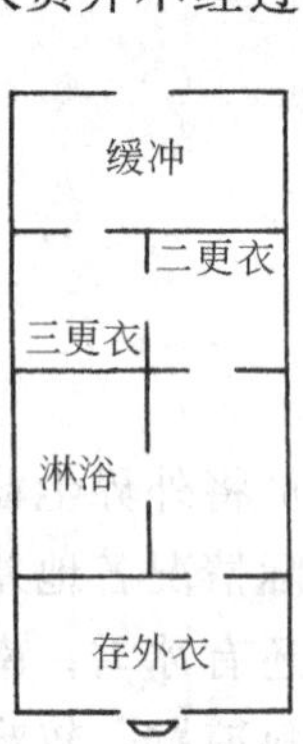

图 2-3-11 淋浴室

考虑到国内的实际情况，建议如需在车间内设淋浴室，则将淋浴室设在车间存外衣室附近较理想，这样淋浴室的湿气不致影响洁净区的温湿度。

若有的洁净车间面积极小，人员也少，则可考虑将淋浴室设在更换无菌衣之前。

但建议淋浴室的位置呈口袋形如图 2-3-11，而不是通过式的。这样可避免将淋浴室的湿鞋子带入更换无菌衣室以减少污染。设计中要特别注意解决好淋浴室的排风问题，并使其与人净用房维持一定的负压差。

关于厕所较一致的意见是集中设在洁净区更衣室之外，以避免污染和臭味。

有文献报道，在日本已采用A级垂直流洁净厕所。厕所内部除坐式便桶以外，设有洗手池、烘手器等。人员不再离开洁净区至非洁净区上厕所，从而消除了因上厕所从外界带入污染的可能。

目前国内也已研制出A级垂直层流洁净厕所。该洁净厕所有许多特点，如除了坐式便桶、烘手器以外，还加有紫外线杀菌。便桶水箱内加有消毒液自动滴加器等。人员进入厕所，风机立即自动启动、照明灯具点亮；人员离开厕所，紫外线杀菌灯点亮至规定时间，便桶水箱内的消毒液自动滴液器把消毒液滴入水箱中的水内。这种厕所既无臭气，又能消毒杀菌，值得推广。

4. 风淋室

风淋室的目的是去除工作服表面的灰尘，一般设在洁净室的入口处，风淋室的设置各厂（包括合资厂）有不同的看法，有的厂在大输液灌装间入口处，甚至片剂车间入口处设风淋室，但国外有许多厂在液体制剂车间入口处都不设置风淋室而设立气闸室，其目的是保持洁净区的正压状态，分析原因是国外大部分厂的制剂开口工段（如洗瓶段，灌装段）都在设备上加层流罩，工人对生产线的影响较小。另外，国外药厂特别重视洁净区工人穿着要求，保证洁净服穿着不遭污染。为此，有些药厂将穿着无菌外衣（即二更衣）安排在层流罩下进行，而不设风淋室。目前设计中在B级洁净区入口设风淋室，在C级洁净区入口处可设风淋室也可设气闸。使用风淋室时，要根据使用人数，当超过5个人时，应设置旁通门，使便于安全疏散并延长风淋室使用寿命，因下班时工人不必经风淋室而由旁通门外出。

（二）人员净化程序

国外药厂一进入门厅经更衣室出来就进入C级区域，而国内许多药厂制剂车间的新建中都要求将一些不要求净化的房间安排进去，如办公、泵房甚至加工工序都进去，这样就难以做到全车间的密闭操作；还有的厂为了节约能耗，考虑包装等工段夏天开窗操作，这样对防止尘埃及虫的侵入带来困难。目前药厂制剂车间常用的人员净化程序如图2-3-12。

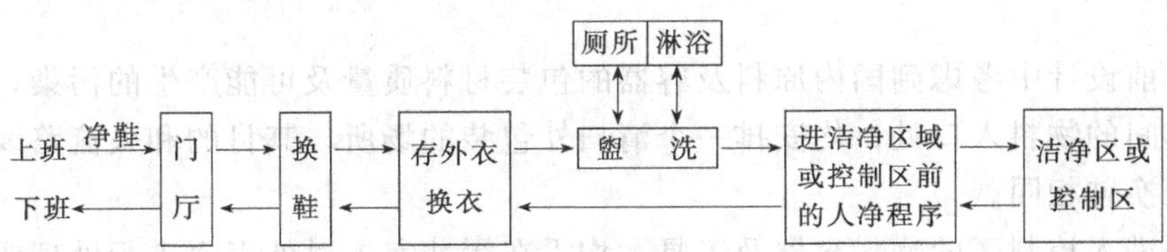

图 2-3-12　人员净化程序

人员进入洁净区和控制区的人净程序：凡进入C级、>C级的控制区的人员（包括操作工人、检修人员及质检人员）均需经过换鞋、更洁净服、并戴帽后进入，凡进入B级洁净区的人员均需经过换鞋-存衣-淋浴-穿内衣（即一次更衣）-穿无菌洁净衣（包括鞋、帽、口罩等即二次更衣）-消毒水洗手-风淋，然后进入洁净区。

这些卫生通道的洁净度由外到内逐步提高，故要求越往内送风量越大，使造成正压，防止污染空气倒流带入尘粒及细菌。

理想的制剂车间应是密闭厂房（尽管有窗也不能考虑开窗操作）。国外某厂在进入车间换衣、存外衣、更换工作服后即进入控制区，使在洁净度低区域的工作人员的自由度增加了，他们人员净化路线如图 2-3-13 所示。

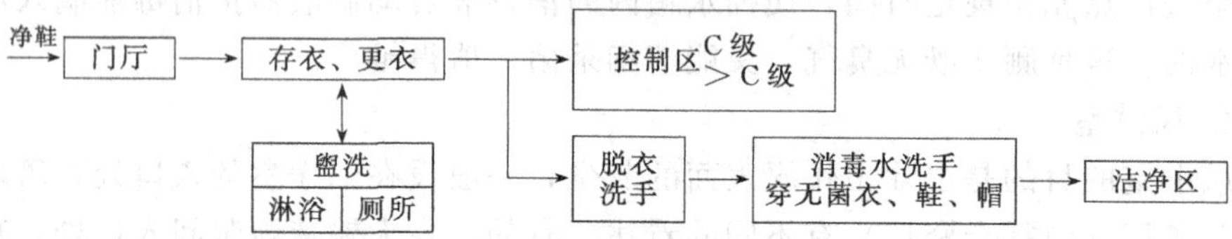

图 2-3-13　国外某厂人员净化路线

若能做到全车间密闭操作，则多层厂房的人员净化路线也可简化如图 2-3-14。

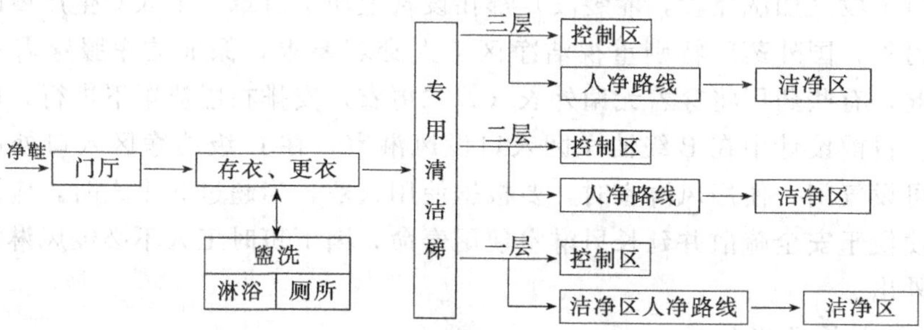

图 2-3-14　全封闭多层厂房人员净化路线

人员净化通道不论何种方式其进入洁净区的入口位置尽量靠近洁净中心，这点是有利于洁净的保证。

（三）物料净化程序

物净与人净出入口应分开独立设置。物料传递路线应短捷，并避免与人流路线交叉。

目前设计中考虑到国内原料及容器的包装材料质量及可能产生的污染，故在进入车间的物料入口处，均安排一个清扫外包装的场所，其目的和人流路线中的净鞋、换鞋相同。

凡进入控制区的物料容器及工具，均需在缓冲室内对外表面进行处理或剥去污染的外皮，换控制区内部使用的周转容器。

凡进入洁净区的物料容器及工具，均需在缓冲室内用消毒水擦洗，然后通过传递窗或气闸室用紫外灯照射杀菌。

多层厂房的货梯不能设在洁净区内，只能设在一般区或控制区内。若设在控制区内，则在电梯出入口处均应增加一缓冲间，此室应对控制区保持负压状态。进入货梯的物料容器均应先进行清洁。

第四节　车间管道设计

一、车间管道计算

在初步设计阶段，完成了物料衡算和热量衡算后，还要进行管道计算，其主要内容是进行管径计算和选择管材。

管道的管径（d/m）与流量之间存在如下关系：

$$V = u\,d^2\pi/4$$

式中　V——流体的流量，m^3/s；

　　　u——流体的流速，m/s。

因此确定了流体的流速，就可以求出管道的管径。不同场合下流体的流速范围可以从有关工艺手册上查得。最后将计算求得的管径进行圆整。

二、管道及管件材质要求

(1) 管道材料根据所输送的物料理化性质和使用工况选用，采用的管材应保证工艺要求，使用可靠、不吸附和污染介质，施工和维护方便，采用的阀门、管件除满足工艺要求外，应选用拆卸、清洗、检修均方便的卡箍连接形式的管配件。

(2) 输送纯水、注射用水、无菌介质和半成品、成品的管材宜采用低碳优质不锈钢或其他不污染介质材料。引入洁净室的各支管应采用不锈钢管。

(3) 对法兰、螺纹连接，其密封用的垫片或垫圈宜采用聚四氟乙烯垫片和聚四氟乙烯包覆垫或食品橡胶密封圈。

(4) 穿越洁净室的墙、楼板或硬吊顶的管道，应敷设在预埋的金属套管中，套管内的管段不应有焊缝、螺纹和法兰。管道与套管之间应有可靠的密封措施。

(5) 穿越软吊顶的管道，应于管道设计时与有关专业密切配合，定出管道穿软吊顶的方位和坐标，防止管道穿龙骨，影响吊顶的结构强度。

(6) 洁净室内的管道应根据其表面温度、发热或吸热量及环境的温度和湿度确定保温形式（保热、保冷、防结露、防烫等形式）。防烫、保热管道管外壁温度不超过40℃，保冷管道的外壁温度不得低于环境露点温度。

(7) 保温材料应选用整体性能好、不易脱落、不散发颗粒、保温性能好、易施工的材料，洁净室内的保温层应加金属外壳保护。

三、车间管道安装要求

车间管道设计除按化工生产一般设计规定外，还需遵守下列规定。

(1) 有洁净要求的区域，工艺配管中的公用系统主管应敷设在技术夹层、技术夹道或技术竖井中。这些主管上的阀门、法兰和螺纹接头不宜设在技术夹层、技术夹道或技术竖井内，这些地方的管道连接应采用焊接。对于这些主管的吹扫口、放净口和取样口均应设置在技术夹层、技术夹道或技术竖井之外。

(2) 在满足工艺要求的前提下，工艺管道应尽量缩短。输送无菌介质的管道应设置灭菌措施，管道不得出现无法灭菌的“盲区”。

(3) 输送纯水、注射用水的主管应采用环形布置，不应出现“盲管”等死角。

(4) 洁净室内的管道应排列整齐、管道应少敷设，引入非无菌室的支管可明敷，引入无菌室的支管不可明敷，应尽量减少洁净室内的阀门、管件和管道支架。

(5) 排水主管不应穿过洁净度要求高的房间，A 级的洁净室内不宜设置地漏，B 级和 C 级的洁净室也应根据工艺要求尽量少设或不设地漏。如干剂生产区内不设地漏和水嘴，采用局部吸尘器除尘后用湿净布揩擦墙面和地面（因干剂生产中湿度控制要求较高之故）。湿剂生产工序如设地漏，必须带水封、带格栅和塞子的全不锈钢内抛光的洁净室地漏，此地漏供碎瓶后小范围冲洗用，宜设置于楼板上，楼板要留孔和设坡度，要与土建专业密切配合。

(6) 洁净区的排水总管顶部设置排气罩，设备排水口应设水封装置，各层地漏均需带水封装置，防止室外窨井污气倒灌至洁净区，影响洁净要求。推荐选用 DL-B 标准系列地漏。

第四章　制剂车间土建设计

制剂车间和其他工业厂房的显著区别在于制剂车间是有一定洁净度要求的车间。它除了具有一般工业厂房的建筑特点外，还必须满足洁净车间的要求。下面着重阐述洁净车间的土建设计。

第一节　洁净车间设计对建筑的要求

洁净厂房可以分为洁净生产区、洁净辅助区和洁净动力区三个部分。洁净生产区内布置有各级别洁净室，是洁净厂房的核心部分，通常认为经过吹淋室或气闸室后就是进入了洁净生产区。

洁净辅助区包括人净用室、物净用室和生活用室以及管道技术夹层。其中人净用室有盥洗间、更换衣鞋间及吹淋室；物净用室有粗净化和精净化两个准备间以及可能的物料通道；生活用室有餐室、休息室、饮水室、杂物和雨具存放室以及洁净厕所等。

洁净动力区包括净化空调机房、纯水站、气体净化站、变电站和真空吸尘泵房等。

从空气洁净技术的角度出发，洁净室设计对建筑的要求如下。

(1) 当洁净室与一般生产用房合为一栋建筑时，洁净室应与一般生产用房分区布置。洁净室平面布置时，应使人流方向由低洁净度洁净室向高洁净度洁净室，将高级别洁净室布置在人流最少处。

(2) 在满足工艺要求的条件下，洁净室净高应尽量降低，以减少通风换气量，节省投资和运行费用。净高一般以 2.5m 左右为宜。

(3) 洁净室应选择在温湿度变化及振动作用下形变小和气密性能好的围护结构及材料，还要考虑当工艺改变时房间隔墙有变更的余地。

洁净室的地面可根据不同洁净度级别要求，选用铝合金、铸铝、钢材、硬木、硬聚氯乙烯板制作的格栅地面，或水泥砂浆表面涂氨基甲酸酯、现浇无缝塑料、聚氯乙烯软塑料板、现浇高级水磨石制作的一般地面。

围护结构和地面材料应耐磨、不产尘，并具有一定的抗静电产生的能力。室内平面图形尽量简单，以减少积尘。

(4) 人净和物净用室应分别设置，避免人流、物流往返形成交叉污染。

人净入口除了设置正常入口及紧急疏散口外，还应适当考虑接待和参观的需要，以减少污染。洁净工作服室及吹淋室或气闸室都必须与洁净生产区毗邻。

生活用室应与人净用室结合布置，并布置在人净程序穿洁净工作服以前的区段内。

物净用室的粗净化间内不需洁净环境，可设计于厂房的非洁净区内；物净用室的精净化间内需洁净环境，为便于净化空调系统的设计和净化后的物料不再受到污染就能进入洁净室，精净化间应设于厂房的洁净生产区或与其毗邻。当粗净化间与精净化间不在一处时，则中间传递物料所经路线的环境，不应低于净化间的水平。

(5) 空气吹淋室或气闸室。A 级洁净室设气闸室或吹淋室；B 级洁净室应设吹淋室；C 级洁净室应设气闸室。

(6) 人身净化程序目前推荐一次更衣（盥洗前存外衣），一次吹淋的人净程序，见图 2-4-1。

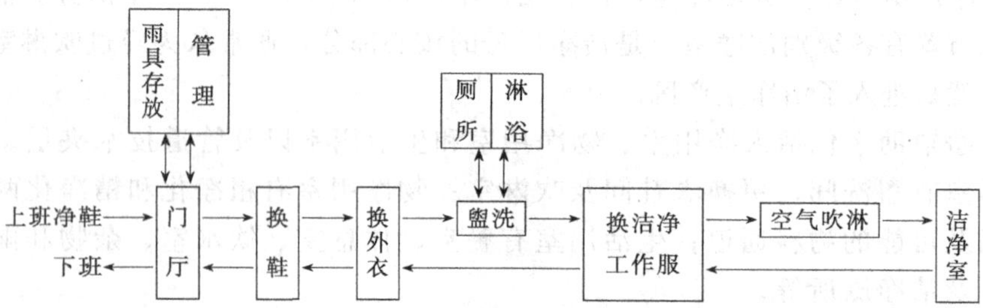

图 2-4-1　人身净化程序

(7) 送、回风口及传递窗口等与围护结构连接处以及各种管线孔均应采取密封措施，防止尘粒渗入洁净室，并减少漏风量。

(8) 若工艺无特殊要求，洁净车间一般应为有窗厂房。A 级洁净室应沿外墙侧设技术夹道。在技术夹道的外墙上设双层密闭窗，技术夹道侧的采光窗应为密闭窗；B 级洁净室可采取上述间接采光方式或仅在外墙设双层密闭窗。C 级洁净室应设双层密闭外窗。

(9) 洁净动力区是洁净厂房的重要组成部分之一，该区的各种用房一般布置在洁净生产区的一侧或四周，建筑设计应为管线布置创造有利条件。

一般集中式净化空调的机房面积较大，与洁净生产区面积之比可高达 1∶2～1∶1 之间，净高不得低于 5m。

纯水站的位置除应便利酸碱的运输外，还应考虑防止水处理对新风口附近空气的污染。

易燃、易爆气体供应站必须符合防火、防爆的规定，而不得影响洁净厂房其他部分的安全。

空压站、真空吸尘泵房的位置应有利于限制噪声和振动的影响。

洁净动力区的所有站房均应设有互不干扰的人员出入口和室内外管与电缆进出口。

第二节　洁净室的内部装修材料和建筑构件

我国“药品生产质量管理规范”与各国GMP要求一样，规定用于洁净室内的装修材料要求耐清洗、无孔隙裂缝、表面平整光滑，不得有颗粒性物质脱落。各国各厂都有不同的材料，很难作出某种建议。影响某种材料的选用除了要看该材料能否全面满足GMP要求以外，还要考虑材料的使用寿命、施工简便与否、价格、来源、当地施工技术水平等。在选材时应考虑经济因素，但不等于可以降低标准。

现对室内三维空间（天棚、地坪、墙面）材料类别作些介绍。

一、楼板地面

楼板地面的主要特性和要求如下。

(1) 便于清洗。

(2) 无易纳垢的接头、裂缝和开孔等。

(3) 耐磨。

(4) 耐腐蚀（生产过程中有腐蚀介质泄出的房间）。

(5) 防滑（生产过程中潮湿的房间）。

(6) 抗透湿性好，主要是±0.00地面或±0.00以下地面。

目前国内没有一种饰面材料能适应所有要求，材料的选择应首先考虑不同岗位的主要要求和工程造价。楼板地面饰面材料的选择比墙和天棚更复杂，常因物理和化学的因素造成某种缺陷而产生意见。

洁净室的楼板地面材料常用的有无弹性饰面材、涂料、弹性饰面材三种。

(1) 无弹性饰面材　常用的有水磨石，因具光滑而有一定强度且不易起尘，但此种面材并不是最理想的地面材料，因其存在一定的分隔条而存在缝隙，水磨石缺少弹性，故在混凝土底层开裂时可传至表面，尽管如此水磨石仍不失为一种较好的材料。无弹性饰面材中还有一种瓷板贴面，此种材料在国外药厂中常用在洗涤工段，含水针车间的洗瓶工段，此种地面的铺设需要专门技术，否则不易平整，易脱落。瓷板地面与水磨石地面一样无弹性，故在底层混凝土开裂时可传至表面。

(2) 涂料　国外常用的有丙烯酸、环氧树脂和聚氨酯。

使用方法有涂刷。作为混凝土地面的封闭材料，能起到易清洗，减少灰尘的作用，磨损后还可及时修补，由于涂刷法涂层很薄，耐磨性不高，故宜用于卫生条件要求高而洁净度不太高的房间，如化验室、包装间等。

另一种使用方法是涂非弹性涂料层，此种涂料层是用各种树脂作为载体，如果使用得当，多数涂料可为洁净区提供很好的地面，如要求特殊耐磨和耐化学腐蚀时，可调整配方，改变填料粒径、级配。此种涂层表面可像水磨石一样进行抛光，也可采用一次抹光。

(3) 弹性饰面材　此种饰面材适于用设备荷重轻，运输荷重也较轻的地方。

此种材料主要优点是有弹性。长时间站立操作的工作可减少疲劳。此种饰面材有各种不同的尺寸和规格，有块状也有卷状，后者较前者接缝少，面材粘贴有相应的黏结料，接缝可采用热焊或化学封接。±0.00 地面容易透潮，尤其在地下水位较高的地段建造厂房，特别应予重视。地下水位的渗透，将破坏面材的黏结，因此在混凝土地面下需设置膜式隔气层，设置隔气层后只杜绝地下水的渗透，而浇筑混凝土楼面、地面时，混凝土本身含有一定量水分，养护时还需加水，因此新地面须干燥至一定程度才能进行面材施工。

二、天棚和天棚饰面材料

天棚材料目前常用的有钢筋混凝土平顶，钢骨架钢丝网水泥平顶，轻钢龙骨纸面石膏板、中密度贴塑板，铝合金龙骨玻璃棉装饰天花板等。

钢筋混凝土平顶结构自重大，日后改变隔间时风口无法改变，但此种平顶最大优点是洁净室平顶饰面材的基层好，不变形，耐久。另外日后夹层的管道安装检修较方便。

除钢筋混凝土平顶外，其他各种平顶均属轻型吊顶，为了安装和检修管道，在平顶内要设专用走道板。由于风管重量及体积较大，故要求在施工吊顶之前先行安装。

采用钢丝网水泥平顶时，要将平顶分段施工，面积不宜过大，待砂浆层硬结后，再补两块平顶间的施工缝，这样可避免减少砂浆的收缩裂缝。

轻钢龙骨纸面石膏板吊顶，当面积较大时，特别要注意平顶与墙面的连接处理，既要有一定弹性又能密封。

天棚饰面材料同墙面。

三、墙面和墙体材料

目前国内药厂常用的墙面材料有白瓷板墙面、油漆涂料墙面。

墙面的功能与平顶不同，但可采用相同或不同的材料。对生产中特别潮湿，且洁净级别不高的场所，可用白瓷板墙面，但仍要求铺贴平整，背部砂浆饱满，缝隙密实，否则易滋生微生物。一般缝隙用水泥砂浆勾缝者容易积尘，可采用树脂类胶泥，虽然价格较高但具有抗潮、抗腐蚀及结合强度高等优点。对洁净度高的房间以油漆涂料为较理想材料。国外最常用墙面涂料为环氧漆。国内用于洁净室的墙面涂料有调和漆、醇酸漆、苯丙乳胶漆（是以苯乙烯和丙烯酸酯共聚的乳液，一种水性涂料）、仿搪涂料（一种双组分的复合涂料）。

无论采用那种饰面涂料，都应按生产厂家的说明对底面进行预处理，然后再进行涂刷，这点非常重要。

墙体材料常见的有砖石墙及轻质隔墙。

砖石墙中有用标准砖砌筑的，有用加气砌块砌筑的、有空心砌筑的，这些墙体材料的选用与当地货源、气候条件（对墙体保湿要求高否），结构承载能力等各方面因素有关。不管哪种砖石墙体，其共同的优点是基层牢固，装饰面不易损坏，共同的缺点是湿作业，施工周期长。因饰面材料对基层要求有一个干燥过程，不充分干燥将影响饰面材料的牢度和寿命。

轻质隔墙中有用轻钢龙骨纸面石膏板隔墙、有用轻钢龙骨贴塑中密度板隔墙、有用聚氨酯复合钢板隔墙等，这些轻隔墙各有优缺点，共同的优点是墙体自重轻，施工期短，故在多层厂房中使用有突出的优越性。但造价较高，这个经济问题实际应与施工周期等综合比较才是最终的经济效果。

四、门

洁净室的门要求平整、光滑、易清洁、选型简单。国内洁净室常用的门类型有钢门、铝合金门、钢板门（可作防火门）及近年开发的蜂窝贴塑门。

(1) 钢门 以前在洁净区常用，现仍属经济耐用的门。

(2) 铝合金门 近期在药厂改造中都将之作为高级门使用，实际上在国外洁净区未见采用此种门，因这种门的加工要许多型材拼接而成，甚至在型材接头处有无法清洁又易积垢的空腔。

(3) 钢板门 在国外药厂中使用较多，此种门强度高、光滑、易清洁，但要求漆膜牢固能耐消毒水擦洗，国外药厂均用环氧漆。

(4) 蜂窝贴塑门 此种门表面平整光滑、易清洁、造型简单，且面材耐腐蚀，但此种门不能承受较大撞击，宜用于洁净度高生产中无固体物料运输的房间如洁净区更衣室、水针粉针灌装线上的房间。

(5) 中密度板双面贴塑门 在国外药厂中使用也较多。此种门表面特性同蜂窝贴塑门，但能耐一定程度碰撞。

(6) 不锈钢板门 在国外一些药厂洁净室中使用，造价较高。

国外药厂对包装间出入口等运输较频繁处的门，有用橡胶板门的。门的开启可由车子撞开，其他门不应撞开。

五、窗

洁净室的窗，目前常用的有钢窗和铝合金窗，一般洁净区的内窗均属固定窗，洁净区的窗要求密闭性好，窗尽量采用大玻璃窗这样既减少积灰点，还有利于清洁工作的进行，洁净区的窗台宜做成斜形，或靠洁净室侧平。

第五章　通风、空调和空气净化

第一节　空气净化的要求

一、GMP与空调净化

药品是用于预防、治疗疾病和恢复、调整机体功能的特殊商品，是关系到人体健康和生命安危的必需品。药品的优劣除了直接反映在药效和安全性以外，还表现在药物的稳定性、一致性和实用性上。要保证药品的质量，除遵照药典等有关法定标准外，在洁净的环境中进行生产是很重要的一方面。

为此，世界卫生组织早在20世纪60年代初就推荐了“药品生产和质量管理规范”，即所谓的GMP法（Good Manufacturing Practice），当时各国相继发生了药品和化妆品的微生物污染以及药品相互交叉污染问题，于是该规范陆续被各国所接受。目前国际上已有一百多个国家和地区推行GMP。美国、日本、德国等国已作为法律公布执行。以日本为例，1973年日本制药工业会制定了自己的规范JGMP，1974年日本厚生省颁发了与WHO所制定的GMP相一致的“医药品制造及品质管理规范”，1980年9月又把它正式列入医药法中。

1982年国内医药工业公司制定了“药品生产管理规范”（试行稿），几经修订，于2010年再一次进行了修订，2011年3月由国家药品监督管理局颁布，在全行业推行。所制定“药品生产质量管理规范”也已纳入“药品管理法”。与此同时还编制了“药品生产质量管理规范”附录，对实施细节予以明确规定。

实施GMP的目的是在药品的制造过程中，对各有关方面，诸如人员、厂房、设备、原料、工艺、质监、卫生、包装、仓储和销售等严格控制，实行全过程的质量管理，使药品始终保持良好性能。措施是针对污染、混药和错配等问题采用相应的设备，保持适当的环境条件并且根据制造和质量管理方面的各种标准，认真检查和记录质量情况。GMP是这一系列质量管理工作的综合实施过程。

空调净化设备虽是实施GMP的重要方面，但必须注意到，它又只是对生产设备和生产管理的完善和补充。防止微生物污染或交叉污染单依靠空调净化系统是不行的。即使有了空调净化设备，也不一定能完全满足GMP要求。必须注意，当设备条件达到一定水平后，还要通过管理加以实现。

二、国外GMP的要求

GMP中有关对空气净化方面的要求大都放在“厂房”这一章内。其室内空气压力、微生物、尘埃和温湿度控制，应以下列内容为目的。

（1）减少产品污染，包括来自其他产品生产和贮放时产生的微粒细尘污染。

(2) 减少微生物的传播。

(3) 适用于原材料，半成品和成品的贮放。

应尽量减少生产区空气中的有害或无害异物，可用空调系统供应足够的空气，以除去可能污染产品的空中微尘。

对现有建筑如果办不到时，要求以足够强度和规格的金属筛网覆盖所有排气口、窗户以及其他开口处以防昆虫和鼠类进入。门口应设电气扑虫器，用排气通风设施以保证适当空气循环。但在此种工厂中，不得生产针剂、药膏及眼用制剂。

空调系统应考虑防止新风污物及回风微尘进入工作区，供应足够的风量以驱除工作区的空中异物，各区进气独立管理以适应所需的温湿度。用高效过滤器净化进气，不使细菌和微尘进入等。

无菌区空气应特别处理，凡空中异物可能污染产品之处，空气应以高效过滤器净化。制剂暴露的操作部位，可采用局部层流，垂直层流较水平层流更能减少微尘。欲达到大面积 A 级，空气流速 0.5m/s 是必要的。应经常控制空气处理效果，在重要部位设尘粒计数仪定时测定，保存记录备查，一出现不正常就应采取适当措施。

无菌灌装区内所有设备都应以层流空气保护，层流罩要有足够的防护层围挡，以防非无菌空气进入无菌区。无菌区需要保持正压，调好温湿度。层流装置应运转正常，每年检查设备一次，每两个月用微粒计数器检查微尘一次。

美国 GMP 的修订本（CGMP）对药厂的通风、空气过滤和冷却提出了如下要求。

(1) 提供足够的通风；

(2) 提供与药品生产中的制造、工艺、包装和贮存相适应的正压、微生物、灰尘和温湿度控制设备；

(3) 提供同生产区送风相适应的空气过滤系统，包括预过滤和空气粒子过滤器；如生产区用再循环空气时，为控制生产中产生的灰尘，应对空气进行监测。生产中产生污染物的区域，应设有足够的排风系统或其他系统，以保证对污染物的控制；

(4) 对于青霉素的制造工艺和包装应采用完全独立于其他药品生产的空气处理系统。

三、我国药品生产 GMP 的制定

为了确保药品质量，建立完整的质量保证系统，1982 年中国医药公司颁布了“药品生产管理规范”，在实施过程中几经修改，2010 年再一次进行了修订，2011 年 3 月由国家药品监督管理局颁布施行，其基本精神与内容同国外的 GMP 大致相同，但对生产环境空气的控制提出了比较具体的要求，可归纳为以下几点。

(1) 药品生产洁净室（区）的空气洁净度划分为四个级别。详细内容见表2-5-1。

表 2-5-1 洁净室(区)的空气洁净度划分级别

洁净度级别	悬浮粒子最大允许数/立方米			
	静态		动态	
	≥0.5μm	≥0.5μm	≥0.5μm	≥5.0μm
A级	3520	20	3520	20
B级	3520	29	352000	2900
C级	352000	2900	3520000	29000
D级	3520000	29000	不作规定	不作规定

注：A级：高风险操作区，如灌装区、放置胶塞桶和与无菌制剂直接接触的敞口包装容器的区域及无菌装配或连接操作的区域，应当用单向流操作台（罩）维持该区的环境状态。单向流系统在其工作区域必须均匀送风，风速为0.36～0.54m/s（指导值）。应当有数据证明单向流的状态并经过验证。在密闭的隔离操作器或手套箱内，可使用较低的风速。

B级：指无菌配制和灌装等高风险操作A级洁净区所处的背景区域。

C级和D级：指无菌药品生产过程中重要程度较低操作步骤的洁净区。

医药产品包括原料药（合成药、抗生素、生化制品等）及制剂（针剂、片剂等）。上表主要指出原料药的结晶、干燥、包装和制剂生产的环境空气洁净度，生产区的划分主要参考国外生产厂现状并结合我国国情而拟订的。对于某些无菌作业，可根据工艺特殊要求，在设备上附设局部层流装置或采用超净工作台。

制剂可分为片剂、注射剂以及其他剂型等。口服原料药成品的结晶、干燥、过筛、包装及片剂生产，可根据工艺要求的温湿度，采用初、中效二级过滤的洁净空调。外用制剂的无菌产品可参考注射剂无菌生产的洁净度要求。

(2) 必要的采暖、通风、降温及防尘、防污染、防虫、防鼠等设施。按各区域的要求，进入室内的空气需经各种不同效率过滤器的过滤，室内温湿度应符合工艺要求，并保持一定的压力。

(3) 青霉素、激素，抗肿瘤类药物的生产需设有专用的空调和通风系统，要与其他车间严格分开，对于含有上述物质的排气应经净化处理，防止污染大气和药物交叉污染。

“药品生产质量管理规范”明确规定凡新建、改建、扩建药厂或生产车间，必须按GMP要求进行设计、施工和生产，经省、市卫生行政部门验收合格后，才发给“药品生产企业许可证”；原有生产厂也要结合本企业生产技术改造的同时，使之尽可能达到GMP的要求。

第二节 制剂厂空气净化系统设计

一、设计参数

(一) 室内温湿度

非无菌制剂工序中，根据产品的吸湿性和操作人员的服装以及设备的热负荷等情况及经济效果，确定温湿度。一般标准是夏季 22～26℃，50%～60%RH，冬季 18～22℃（分装药剂要求 40%～55%RH）。

在粉针注射剂的生产中，需要根据产品的吸湿性确定操作室的温湿度，处理吸湿性强的物质时，可以用局部低湿工作台代替全室的低湿处理，既便于使用又经济。

"药品生产质量管理规范"要求：洁净区一般控制温度为 18～26℃，相对湿度为 45%～65%，吸湿性强的无菌药物的生产和分装采用局部低湿工作台；控制区一般控制温度 18～28℃，相对湿度为 50%～65%。

制剂厂温度主要根据生产工艺要求和操作人员的舒适要求确定。夏季室内温度范围可取 20～26℃，对于无菌室宜取其低限，如无菌原料药的精烘包工序，不能热压灭菌注射剂和冻干粉针的烘瓶、冷瓶、灌封工序，抗生素生产的菌种接种工序等。根据有关资料介绍，当环境温度为+5℃时，细菌繁殖呈静止状态，在 10～25℃时细菌生长缓慢，因此较低的室温有利于抑制细菌的繁殖，且考虑到无菌室操作人员要穿无菌衣等情况，所以室内设计温度不能太高。对于无菌要求低的、洁净度等级低的房间，室内温度范围可取其高值，如原料药生产的精烘包工序，可热压灭菌的注射剂生产、片剂车间、口服液车间等。

对于无洁净度要求的一般空调区域，室内温度的决定只需考虑操作人员的舒适要求，夏季通常取为 26～28℃。

制剂厂室内相对湿度的确定主要根据工艺生产过程的要求，通常相对湿度范围可取 40%～60%。对于易吸潮的产品，如青霉素钠盐粉针剂、硬胶囊制造及其他抗生素生产的粉针分装工序宜取其低限，片剂生产取 50%～55%，非无菌产品的原料药精烘包工序、水针剂及输液生产等可取其高值。在确定房间相对湿度时，应考虑到过高的相对湿度不但易使产品吸潮，也容易滋长霉菌。若相对湿度过低，则易使洁净室内产生静电（这对防爆车间是不允许的），并使室内操作人员产生不舒适感觉。就节能角度而言，夏季相对湿度越低，能耗越大。据计算，洁净室换气次数 20 次/h，室温 25℃，当室内相对湿度由 55%提高到 60%时，约可节省冷负荷 15%。

因此，当确定洁净室温湿度时，要注意既要满足工艺要求，又要最大限度地节省空调能耗。

（二）洁净室换气次数

无菌制剂的制造工序，由 B 级至 A 级的洁净区组成，要求 A 级洁净度的注射剂的灌封工序，一般是在 B 级的作业室内再设置层流式洁净罩或层流式洁净棚。近年来，国外几乎不采用全室做成 A 级层流洁净室的方案。

根据美国食品与药物管理局（FDA）的 LVP-GMP 提案中，要求换气次数在 20 次/h 以上，根据经验一般作业区按传统的送风方式达到 B 级或 B 级以上的洁净环境，换气次数至少要达到 20～25 次/h。

我国“药品生产质量管理规范”推荐，一般情况下要求的换气次数，洁净度 B 级的为≥25 次/h，洁净度 C 级的为≥15 次/h。并指出换气次数的确定，尚应根据热平衡计算加以验证。

垂直层流的 A 级洁净室，房间断面风速≥0.25m/s；水平层流的 A 级洁净室，房间断面风速≥0.35m/s。一般情况，尽可能在 B 级或 C 级环境内，用局部层流方式来达到 A 级的要求。

洁净室所需换气次数，应取下列各项换气量的最大值。

(1) 为控制室内空气洁净度所需换气次数；

(2) 根据热湿负荷计算和稀释有害气体所需送风量；

(3) 按空气平衡所需送风量。

应当指出，药厂洁净室所需换气次数的确定是十分灵活的，它与设备布置、人员密度、工艺设备的先进程度等有着密切的关系，如对于布置普通安瓿封灌机的用房就需要较高的换气次数，而对于布置带有空气净化装置的洗灌封联动机的水针生产用房，就只需较低的换气次数即可保持相同的洁净度。

（三）洁净室压力

为使室外污染空气不渗入洁净室，洁净室必须维持一定的正压。根据我国《洁净厂房设计规范》规定，洁净室与邻室的压差应不小于 5Pa，洁净室与室外的压差不应小于 10Pa。在无菌制剂的作业区内更衣室和洁净走廊，以及具有不同生物洁净等级的无菌操作室，按无菌等级的高低依次相连。彼此相连的房间，按洁净等级应依次相差 5Pa 以上压差，压差偏小，根本无法防止强风时产生缝隙渗透或开关门时产生压差变化；压差过大，开门往往比较困难，比较理想的办法是在保持合理压差的同时采用气闸室。

国外洁净室标准中规定的正压值一般稍高于上述数值。如瑞典 ASTRA 公司规定了 B 级和 C 级洁净室的正压力为 9.81Pa；法国 WHISS 公司规定正压值为 14.71Pa；美国联邦标准 209b 中曾有规定不同洁净级别区域之间的正压差为 12.45Pa。

药厂洁净室正压值国内目前尚未见有规范规定，可参照上述数据取用。

为使室内维持一定正压，在送入室内的风量中要考虑房间围护结构的渗漏风量（即正压风量），如下式：

$$送风量=回风量+排风量+渗透风量$$

根据经验，在压差为 5.39～14.71Pa 时，所需正压风量约为 1～2.5 次/h，必要时可根据门窗缝隙长度详细计算。

对于生产中产生粉尘、有毒气体、易燃易爆气体的洁净室，如片剂车间、青霉素车间、抗肿瘤药车间、使用溶剂的片剂包衣间、原料药精烘包工序等有害物，为避免有害物质逸出，应与相邻洁净室保持相对负压。

（四）青霉素等药剂的特殊措施

青霉素类抗生素就属于微量也会引起过敏反应症的药物。自从发生青霉素过敏事故以来，特别是美国，在设备和管理方面都作了严格的规定。按其规定，青霉素制剂与非青霉素制剂操作室不能共用空调系统，以防止交叉污染。单独设置空调系统的目的在于，使排风构成直流系统，防止青霉素类抗生素操作室的空气再循环到其他制剂的操作室，并且与其他操作室的空调系统新风口之间保持一定距离。

青霉素等药剂如果和其他一般的制剂在同一栋楼制造，那么其无菌制剂的操作室，既要防止外部污染空气的流入，又要防止内部空气的流出。具体措施有很多种，图 2-5-1 是其中的一个实例。

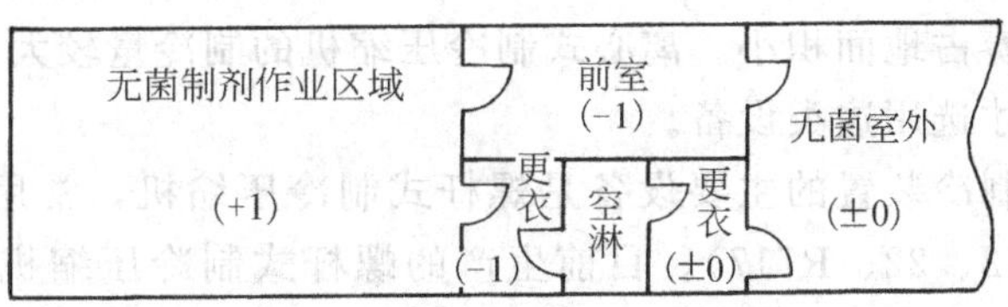

图 2-5-1　青霉素制剂工作室

无菌室＞无菌室外＞前室（更衣室）

（＋1）、（－1）表示无菌室外常压（±0）时的正压和负压

这一类无菌制剂的操作室，一定要严格封闭，在此前提下，使室内保持正压，在前室和更衣室之间保持相对负压。

黏附在操作人员衣服上的粉尘也不能带到室外，为此需要专用更衣室。更换衣服时，先脱掉无菌工作服后经过空气吹淋，再穿厂内普通工作服。物品也要在相对负压的前室中除去粉尘后，再搬进去。采用流水线作业时，与无菌室相连的开口部分最好要设置机械排风设备。有粉尘飞扬的操作室需采用全新风方式，排风口上安装高效过滤器，防止青霉素扩散。或者采用循环方式进行空气调节，送风口和回风口均应安装高效过滤器，使空调系统内无残留青霉素。

二、洁净室空调洁净化方案的选择

空调方案，包括制冷方案，热、湿处理方案和送风方案。

（一）制冷方案

制冷方案应根据供冷要求（耗冷量、供冷方式、冷冻水温等）、工程建设地区的水源情况（水温、水质、水量等）以及电源、热源筹备方而进行技术经济比较，综合分析各种因素，加以确定。既要求有较好的经济指标，又要考虑当地的可能性。

制冷装置的选用是制冷方案确定过程中的中心环节，制冷装置的主要类型如下。

1. 压缩式制冷装置

压缩式制冷装置包括活塞（往复）式、离心式和螺杆式三种。

活塞（往复）压缩式制冷装置的主要设备是活塞式制冷压缩机，常用工质是氨（NH_3）、氟里昂-12、22（F-12、22）。这类设备用电动机带动，使用方便，品种多，产品全，能满足各类空调供冷的要求，被广泛采用。但一次投资大，设备费用高，耗电量大，维护管理比较复杂。

离心压缩式制冷装置的主要设备是离心式制冷压缩机，常用工质是氟里昂-11、113、114（F-11、113、114）。该机与活塞式制冷压缩机的原理相同，但它只有回转运动，比活塞式运转平稳，振动小、机件少，常与蒸发器，冷凝器组合为一体，设备紧凑占地面积小。离心式制冷压缩机的制冷量较大，因此只有空调耗冷量较大时，才选用这类设备。

螺杆式压缩制冷装置的主要设备是螺杆式制冷压缩机，常用工质是氟里昂-12、22、氨（F-12、22、R717）。目前生产的螺杆式制冷压缩机与活塞式相比，虽效率稍低，但由于其结构简单、体积小，吸气系数高、排气温度低、单级压缩比大，对湿行程不敏感，排气脉动小，易损件少，检修周期长，制冷量可无级调节等优点，因此在各种制冷装置中得到较广泛应用。一般在$(120\sim800)\times10^5$kJ/h 容量范围内的制冷装置中用该机具有较好的技术经济指标。

2. 吸收式制冷装置

吸收式制冷装置利用热能制冷。常见的有氨-水吸收式制冷装置和水-溴化锂水溶液吸收式制冷装置。前者适用于低温冷冻；后者适用于空调供冷，制取 4℃以上空调或工艺用冷水。溴化锂吸收式制冷中水为工质，溴化锂水溶液为吸收剂。它的优点如下。

对蒸汽热源的压力有极大的适应能力，当蒸汽压力为 0.02～0.1MPa 时，可采用单效溴化锂吸收式制冷机，当蒸汽压力为 6.0～1.0MPa 时，可采用双效溴化锂制冷机。

其次设备简单，基本上是热交换器的组合体，容易制造，除小功率的屏蔽泵、真空泵外，无运动部件，因此振动小、运转平稳；设备在真空下工作，工质无嗅、无毒、对人无害，使用安全，操作管理简单；容易实现设备操作自动化，制冷能力可在 10%～100%范围内自动调节；对冷却水的水温适应性强，即使达到 37～38℃，设备仍能正常运转；节省电能，单机制冷量相同条件下，溴化锂制冷机的耗电量仅为压缩式制冷机的 5%左右，这对于供电紧张而热源较充足的地区是很适用的。但是，溴化锂吸收式制冷也有缺点和使用的局限性，主要是溴化锂水溶液在接触空气的情况下，对金属具有强烈腐蚀性，一旦遭到腐蚀，不仅影响传热效果，降低使用寿命，而且会引起设备损坏，所以要求设备必须严格密封，在运行管理上也需十分注意。

由于以热能为制冷的动力，在吸收过程中又要放出吸收热，所以冷却水除要负担冷却器的冷却热负荷外，还要负担吸收器的冷却热负荷，其总的冷却热负荷比压缩式制冷机大一倍左右。

3. 蒸汽喷射式制冷装置

蒸汽喷射式制冷装置也是利用热能进行制冷的一种设备，以水为制冷剂，以蒸汽为制冷动力。蒸汽的压力要求 0.2～0.8MPa，其主要优点有：设备在真空下工作，除泵以外，无转动件；制冷剂为水，对人无害，使用安全，操作简单；设备简单，容易制造，一般机械工厂或机修车间都可加工制造；设备一次投资小，而且可以安装在室外，节省土建费用；可利用工业企业中的废热或工业企业中的采暖锅炉，冬季供热采暖，夏季供汽制冷。

蒸汽喷射制冷的主要缺点是效率较低，设置专用锅炉和利用小型采暖锅炉供汽是不经济的。冷冻水温在5℃以上时可以采用，在10℃以上时比较经济。其效率随冷冻水温度变化，冷冻水温度越低，消耗蒸汽量越大，效率越低。此外，冷却水量很大，单机制冷量相同条件下，蒸汽喷射式制冷机所需冷却水是为压缩式或溴化锂吸收式的 1.5 倍左右，这对于水源紧张的地区是不宜采用的。

（二）热、湿处理方案

热、湿处理的过程包括加热、冷却、加湿和减湿。热、湿交换的介质有水、蒸汽、液体吸湿剂和制冷剂。热、湿交换的设备可分为直接接触式和表面式，其中直接接触式包括喷水室和蒸汽加湿器。表面式包括空气加热器，水冷式表面冷却器和直接蒸发式表面冷却器。

直接接触式热、湿交换设备的特点是，与空气进行热、湿交换的介质直接和被处理的空气接触，通常是将其喷淋到被处理的空气中去。例如，在喷水室中喷出不同温度的水，可以实现空气的加热、冷却、加湿和减湿等多种空气处理过程。利用蒸汽加湿器喷蒸汽，可以实现空气的等温加湿过程；利用喷淋设备喷淋液体吸湿剂，可以实现空气的各种减湿过程。

表面式热、湿交换设备的特点是，与空气进行热、湿交换的介质不和空气直接接触，热、湿交换是通过处理设备的金属表面进行的。例如，在空气加热器中通入热水或蒸汽，可以实现空气的等湿加热过程；而在表面冷却器中通入冷冻水或制冷剂，可以实现空气的等湿冷却或减湿冷却（即干燥冷却）过程等。

必须指出，在电加热器和使用固体吸湿剂的空气处理设备中，没有上面提到的那些参与热、湿交换的介质，它们是利用电能加热空气或固体吸湿剂的物理、化学作用吸收空气中的水分。其作用原理与直接接触式和表面式热、湿交换设备有所不同。

常用的热、湿处理方案如下。

(1) 加热方案利用空气加热器中通入热水或蒸汽，可以实现空气等湿加热过程，空气加热器通常用于空调系统的一次加热和二次加热，可以提供较大的供热量，并且比较经济。

利用电加热器是让电流通过电阻丝发热来加热空气。电加热器有加热均匀、热量稳定、效率高、结构紧凑和控制方便等优点。因此，在空调机组和小型空调系统中应用较广。在恒温精度要求较高的大型空调系统中和净化空调系统中，也经常在送风支管上使用电加热器来控制局部加热，这就是所谓的第三次加热或叫精加热。但是，采用电加热器要耗费较多的电能，所以在加热量要求较大的地方不宜采用。

(2) 加湿方案利用普通的蒸汽喷管对空气进行加湿。普通的蒸汽喷管是由略粗于供汽管道的管子组成，上面开有若干直径为 2～3mm 的小孔。蒸汽在管网压力作用下，由这些小孔喷出，混到从蒸汽管周围流过的空气中去，使空气得到加湿。普通的蒸汽管虽然构造简单，容易加工，但喷出的蒸汽往往夹带凝结水滴，影响加湿效果的控制。通常用于湿度要求不严格的系统中。

利用干式蒸汽加湿器对空气进行加湿。干式蒸汽加湿器就是在喷管外设一蒸汽保温外套，在保温外套内通入高压蒸汽，从而保证喷管外壁有较高的温度，不至于在管内产生凝结水。蒸汽再经过加湿器筒体、导流箱、导流管和加湿器内的筒体，最后干蒸汽经喷管喷出加湿周围的空气。通常用于大型空调系统中。

利用电加湿器中的电能产生蒸汽，不经管道的输送，而将蒸汽直接混到空气中去进行加湿。电加湿器根据工作原理不同，可分为电热式和电极式两种。电极加湿器结构紧凑，加湿量容易控制，所以应用较多。其缺点是耗电量大，电极上易积垢和腐蚀。因此，宜用在小型空调系统中。目前整体式空调机组多采用电极式加湿器，并与压缩机、蒸发器、冷凝器、通风机等一起组装在一箱体内，使用方便。

利用喷循环水的方法对空气进行加湿。在淋水室和淋水表冷段，都设有喷水泵，冬季喷池内的循环水，可以实现对空气的加湿。这种方法处理的风量较大，耗电量少，对湿度易于保证，是集中式空调系统中经常采用的加湿方法。

(3) 冷却干燥方案。在淋水室中利用低于空气露点温度的冷冻水对需要处理的空气直接进行喷淋，使其产生热、湿交换，可以实现对空气的冷却干燥处理。这是空调中应用最普遍的方法。

淋水室处理空气有以下优点。

具有热工性能上的多样性，即可用于降焓、降温、降湿，又可用于增焓、增温、增湿，在不同的季节均能保持较严格的相对湿度。当喷水温度不同时，淋水室可以对空气做不同过程的热工处理，见表 2-5-3。

表 2-5-3　空气与水接触时各种过程特点

序号	水温 T_W 与空气的干球温度 T、湿球温度 T_S 和露点温度 T_t 之间的关系	处理过程	备　注
1	$T_W<T_t$	减焓降湿	冷却干燥
2	$T_W=T_t$	减焓等湿	干式冷却
3	$T_t<T_W<T_S$	减焓加湿	
4	$T_W=T_S$	等焓加湿	绝热加湿
5	$T_S<T_W<T$	增焓降温加湿	
6	$T_W=T$	增焓等温加湿	
7	$T_W>T$	增焓升温加湿	加热加湿

设备比较容易制造，可以现场加工，也可以由专业化工厂制造，现场组装；金属耗量较少，造价较低；可以兼作空气净化用，除去空气中的灰尘，使空气清新，改善工作条件。

淋水室处理空气有以下缺点。

设备的占地面积大，两排卧式淋水室最小长度为 1.9m，三排最小长度为 2.5m，而表冷器的长度一般不超过 0.6m，淋水表冷器也只是 1.4m。水系统较为复杂，为了适应室外气象条件的变化，一般用改变喷水温度的方法调节，即利用一部分循环水。因此，每套空调器都必须设置水泵；另一方面水系统为开式系统，回水无压力，如回水不能靠重力流出或做他用，则需要设回水箱或回水泵；水与空气直接接触，易受污染变脏，需定期排污并补充新水。

利用冷水式表面冷却器处理空气，使产生热、湿交换，可以实现对空气的冷却干燥处理。这也是空调中普遍应用的方法。

冷水表冷器与淋水室比较，处理空气能力相近，其优点如下。

a. 设备的体积小，所需机房面积小，安装简便；

b. 水系统比较简单，由于水循环可以采用封闭式系统，可以省去冷水箱和回水箱以及喷水泵；水与空气不直接接触，避免了空气与水的相互污染，水系统的补水量大为减少；

c. 输水系统电能消耗低，每套空调器的表冷器，无需设置水泵，表冷器的阻力损耗全部由动力站的冷冻给水泵负担，尽管表冷器的空气阻力较大，但处理空气的总耗电量一般都较低。

冷水表冷器处理空气有以下缺点。

对空气的处理过程不像淋水室那样具有多样性，只能实现表 2-5-3 中序号 1 减焓降湿（即湿式冷却）、序号 2 减焓等湿（即干式冷却）和序号 7 增焓升温的一部分（即加热）三种处理过程，需加湿时，还须另设加湿器，不易达到较严格的相对湿度要求，这是表冷器处理空气的最大缺点。

设备制造工艺复杂，不能现场加工，只能由专业工厂生产，现场组装；金属消耗量大，一般要消耗较多的有色金属；造价也较淋水室高，10000～160000m^3/h八种规格的表冷器与三排淋水室的造价相比较，平均要高出30%以上。无除尘、去味作用。

为了消除上述缺点，增加热交换效率，也可采用带淋水的表冷器。

带淋水的表冷器，淋水仅作为加湿除尘用。其处理功能可以和淋水室相同，适用于要求采用闭式冷水系统，且相对湿度要求严格又不能用蒸汽加湿或用蒸汽加湿不合理时（例如无蒸汽源或不能全天供蒸汽）。利用直接蒸发式表冷器也可对空气进行处理，实现对空气的冷却干燥处理，这是小型空调机组普遍采用的方法。

直接蒸发式由于采用制冷系统中的蒸发器作为空气冷却器，因此设备简单，体积小，占地面积小，初投资也最省；但冷媒的管路损失大，要求密封严格，故蒸发器与冷冻机距离不宜拉得很远，一般一台冷冻机的蒸发器供给一个送风系统，组成整体式机组。直接蒸发式表冷器不易调节，不易保持严格的相对湿度，一般用于相对湿度无严格要求的系统。

（三）送风方案

普通的空调送风方式可分为集中式和局部式两种。在集中式里，按照带走室内热负荷介质的不同，可分为全空气式，空气-水式和全水式三种。而对于空气洁净技术来说，只能采用全空气式。另外，净化系统需要粗效、中效和高效过滤器，结合空调与净化的双重要求，净化空调系统可分为集中式净化空调系统和分散式净化空调系统。

1. 集中式净化空调系统

空气的初效和中效过滤器及热湿处理设备（风机、加热、加湿冷却设备）集中设置在一个空调机房内，用管道与布置在室内风口处的高效过滤器相连所组成的系统，叫集中式净化空调系统。

集中式净化空调系统的送风方式可有以下几种形式。

(1) 单风机系统　见图2-5-2。

a. 为防止污染空气渗入净化空调系统而再次污染中效过滤后的空气，中效过滤器一般应设置在系统的正压段。

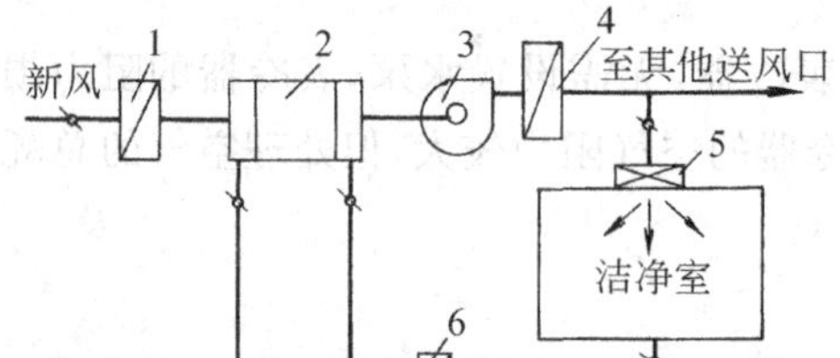

图2-5-2　单风机集中式净化空调系统

1—初效过滤器；2—热湿处理室；3—送风机；4—中效过滤器；5—高效过滤器；6—回风过滤器

b. 为防止高效过滤后的空气再次被污染，高效过滤器应尽量布置在系统末端即尽量靠近洁净室的送风口。一般情况下不宜采用在空调机房内或离洁净室送风口较远的送风管道上集中布置高效过滤器的做法。

c. 当回风含尘浓度较高或有大粒径灰尘、纤维等情况下，可在回风口或回风管道上设置中效过滤器。

d. 在围护结构比较严密的条件下，为防止系统停止运行后室外污染空气由新风口进入洁净室，除在回风口或回风管道上设置中效过滤器外，可在新风入口管道上设置电动密闭阀并与风机连锁。当风机启动时，密闭阀打开，停止运行时关闭；或在新风入口管道上设置一般调节阀，再增设一道中效过滤器。

(2) 设置值班风机的系统　见图 2-5-3。当净化空调系统间歇运行时，为防止系统停运后室外污染空气通过围护结构的缝隙或从新风口进入洁净室，可以设置值班风机。

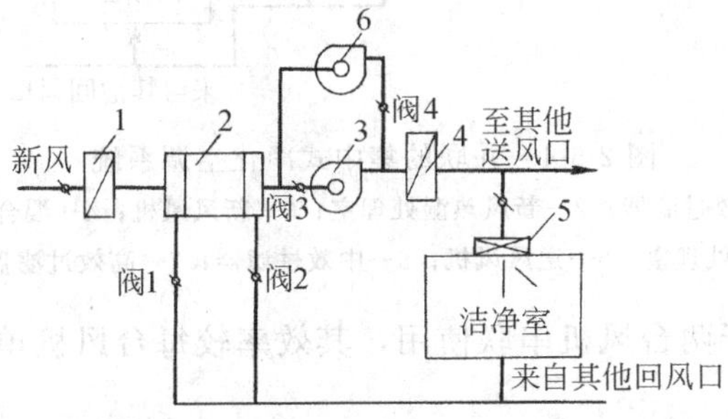

图 2-5-3　设置值班风机的集中式净化空调系统

1—初效过滤器；2—热湿处理室；3—正常运行风机；
4—中效过滤器；5—高效过滤器；6—值班风机

系统正常运行时，阀 1、阀 2、阀 3 打开，阀 4 关闭，风机 3 投入运行；系统值班运行时，阀 1、阀 2、阀 3 关闭，阀 4 打开，风机 6 投入运行。

设计时注意，必须使值班风机 6 与正常运行风机 3 并联，保证对值班风量的热、湿处理，防止室内结露及保证冬季的值班采暖。

值班风机的风量按维持室内预定正压值所需换气次数确定；如果洁净室内的排风系统全天运行或在非生产时减少风量运行，则值班风机的风量还应考虑排风系统的排风量。

(3) 并联的集中式系统　见图 2-5-4。当一空调机房内布置多个集中式净化空调系统时，可将几个系统并联，只设一个新风热湿处理系统。这样做可以减轻每个集中式净化处理室空调系统的冷负荷与热负荷，而且运行比较灵活。

系统正常运行时，阀 1 和阀 3 关闭，阀 2 和 阀 4 打开，新风风机 3 和送风风机 5 投入运行；系统值班运行时，阀 1 和阀 3 打开，阀 2 和 阀 4 关闭，新风风机 3 投入运行，送风风机 5 停止运行。此外，当某个系统不需要运行时，可将阀 1 和阀 2 或阀 3 和阀 4 关闭，其相应的送风风机也停止运行即可，而其余系统可以照常使用。

(4) 双风机系统　见图 2-5-5。当系统阻力较大时，为了降低噪声，减少漏风量和便于系统的运行调节，经技术经济比较认为合理时，可采用双风机集中式净化空调系统。

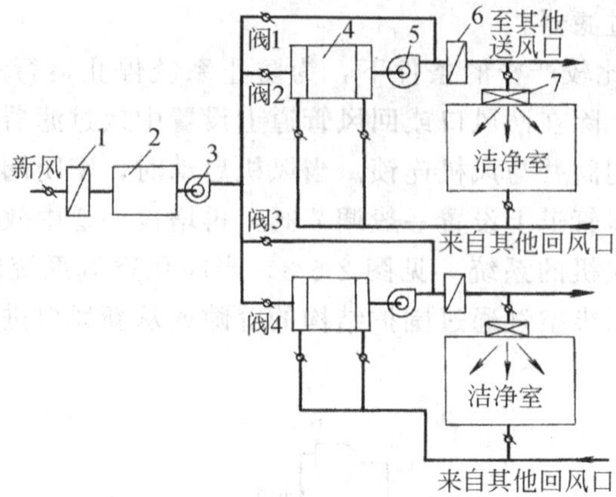

图 2-5-4 并联的集中式净化空调系统

1—初效过滤器；2—新风热湿处理室；3—新风风机；4—混合风热湿处理室；5—送风风机；6—中效过滤器；7—高效过滤器

双风机系统由于两台风机串联使用，其效率较每台风机单独使用时要低，同时机房面积也大。

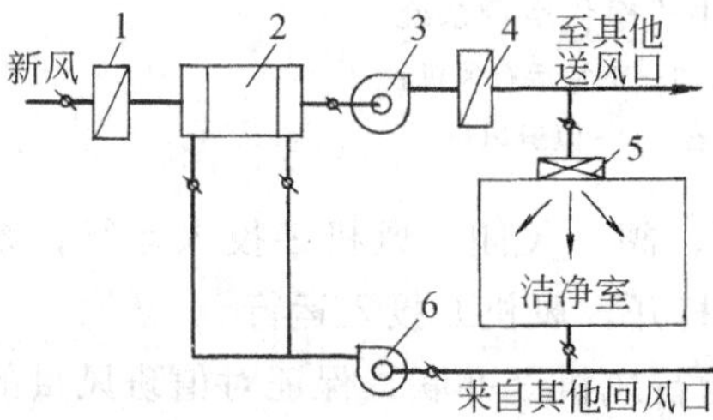

图 2-5-5 双风机集中式空调净化系统

1—粗效过滤器；2—热湿处理室；3—送风风机；4—中效过滤器；5—高效过滤器；6—回风风机

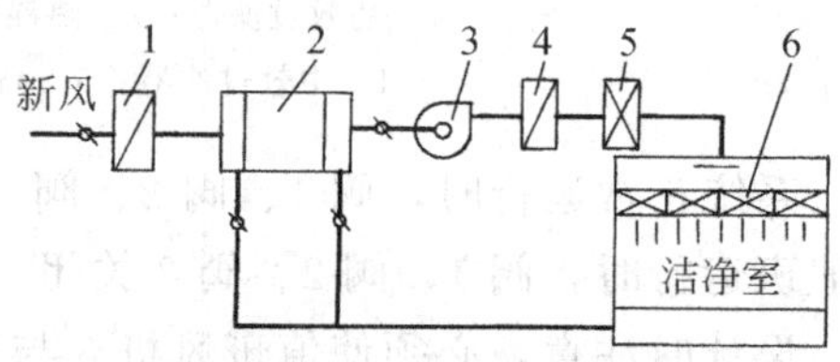

图 2-5-6 两级高效过滤器集中式空调净化系统

1—粗效过滤器；2—热湿处理室；3—送风风机；4—中效过滤器；5—第一级高效过滤器；6—第二级高效过滤器

(5) 两级高效过滤器系统　见图 2-5-6。对于层流洁净室，为了延长顶棚高效过滤器的使用寿命，减少其更换次数及提高室内空气洁净度，可在送风静压箱入口处或空调机房内增设一道高效过滤器，即见图 2-5-6 中第一级高效过滤器。这种做法的缺点是系统的阻力增大，投资也相应增加。

(6) 部分空气直接循环的集中系统　利用大型离心通风机实现部分空气直接循环的集中式系统见图 2-5-7。利用并联的小型离心式通风机实现部分空气直接循环的集中式系统见图 2-5-8。

层流洁净室的换气次数很大，如果空调机房与洁净室的距离较远，可利用大型离心式通风机或风量大、风压高、效率高、噪声低的数台小型离心式通风机并联，就近实现部分空气的直接循环，缩短了大风管的长度，并节省了风管所占空间。

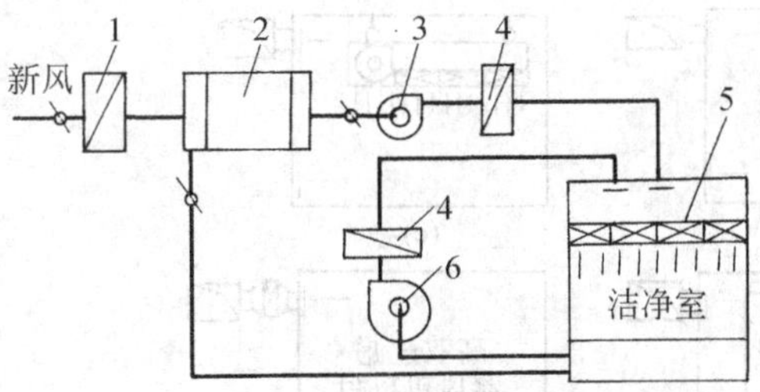

图 2-5-7　部分空气直接循环的集中式净化空调系统（一）

1—初效过滤器；2—热湿处理室；3—送风风机；4—中效过滤器；5—高效过滤器；6—大型离心式循环风机

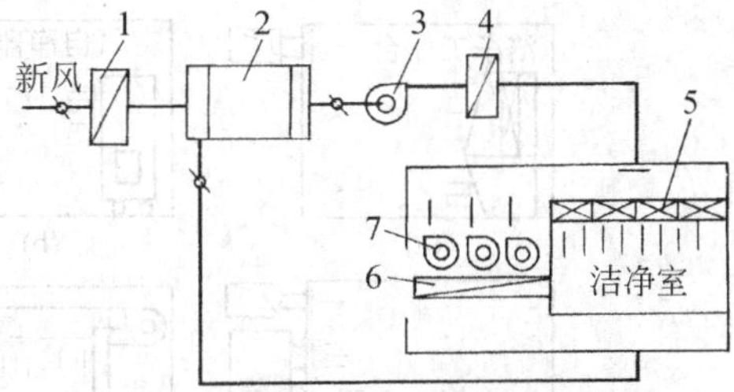

图 2-5-8　部分空气直接循环的集中式净化空调系统（二）

1—初效过滤器；2—热湿处理室；3—送风风机；4，6—中效过滤器；5—高效过滤器；7—小型离心式循环风机

将小型离心式通风机和高效过滤器组成净化送风单元，然后用净化送风单元组成层流洁净室，其机房占地面积较土建式的小，施工周期也将大大缩短。

（7）设置消声器的集中式系统　见图 2-5-9。系统利用装配式洁净小室，局部净化设备（洁净工作台、洁净棚、层流罩和自净器等）与一般空调环境所构成的系统，均叫分散式净化空调系统。

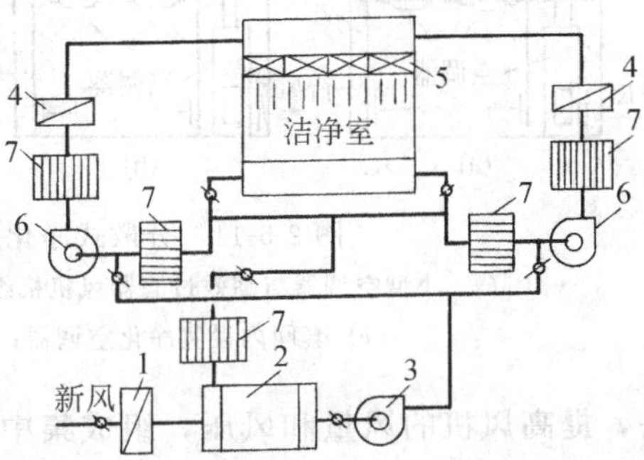

图 2-5-9　设置消声器的集中式净化空调系统

1—初效过滤器；2—热湿处理室；3—送风风机；4—中效过滤器；5—高效过滤器；6—循环风机；7—消声室

目前，应用最广泛的是集中式净化空调系统与分散式净化空调系统相结合的形式，它兼有集中式和分散式系统的优点，更能适应工艺生产的要求和建筑工程的客观条件。

2. 分散式净化空调系统

分散式净化空调系统的基本形式如下。

（1）在集中式空调系统的环境中，设置局部净化设备，见图 2-5-10。

（2）在分散式空调系统的环境中，设置局部净化设备，见图 2-5-11。

（四）送风方案的选择

新建工程应根据洁净室的面积、净高、位置及消声、减振等要求，经综合技术经济比较后，确定采用集中式净化空调系统或分散式净化空调系统作为送风方案。一般情况下，面积较大，净高较高、位置集中及消声、减振要求严格的洁净室应采用集中式系统；反之，可采用分散式系统。

改建工程除应符合上述原则外，可根据工程的具体情况作不同的处理。

原有建筑内设有集中式空调系统时，可在空调系统内集中增设中效过滤器和高效过滤器或在送风口处增设高效过滤器，并且用提高风机转速或更换风机的方

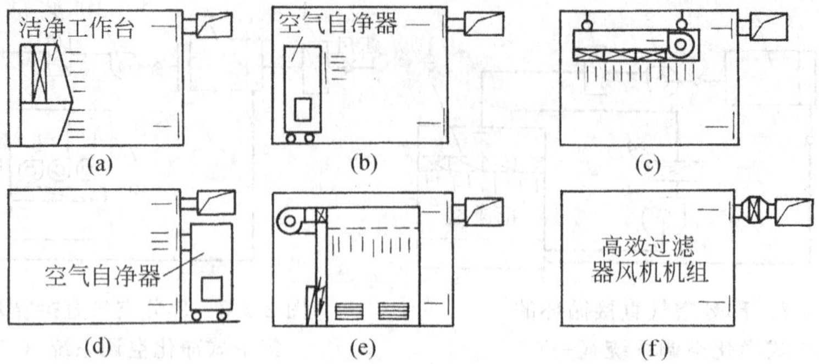

图 2-5-10　分散式净化空调系统的基本形式（一）

（a）室内设置洁净工作台；（b）室内设置空气自净器；（c）室内设置层流罩或装配式洁净小室；（d）走廊或套间内设置空气自净器；（e）现场加工洁净小室；（f）送风口增设高效过滤器风机机组

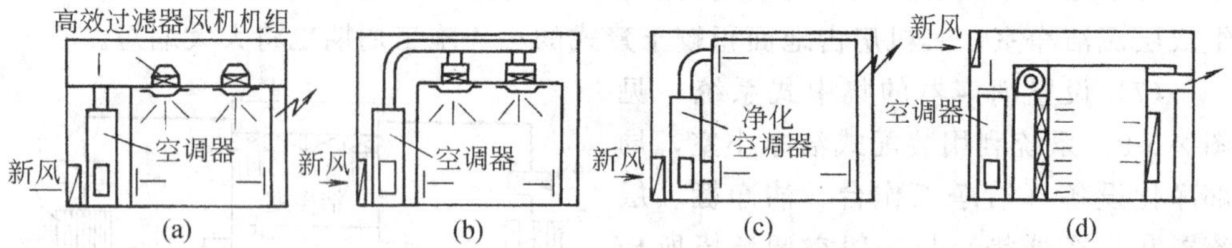

图 2-5-11　分散式净化空调系统的基本形式（二）

（a）小型空调器与高效过滤器风机机组；（b）小型空调器与高效过滤器送风口；（c）套间内设置净化空调器；（d）小型空调器与装配式洁净室

法，提高风机的风量和风压，组成集中式净化空调系统。也可在室内增设局部净化设备，组成分散式净化空调系统。

原建筑内未设空调系统时，可增设集中式净化空调系统；也可增设净化空调器或小型空调器和局部净化设备，组成分散式净化空调系统。

（五）装配式空调器

目前，不仅小型空调器由专业化工厂生产，大型空调器也都由专业化工厂分段生产，到现场进行组装。典型装配式空调器组装图见图 2-5-12，总长度一般为 12m 左右。其中淋水室有单排、双排和三排之分。

加热，表冷及挡水板组合段：将加热器、表冷器及挡水板组合在一起，成为一个功能段。加热器、表冷器为抽屉式安装，从空调器侧面安装或抽出维修。根据风量的大小加热器有单组、双组及四组（双面接管）之分。加热器也可用电加热器，功率由用户提供；表冷器有四、六、八排，其后均设有挡水板。

表冷及挡水板段：将表冷器与挡水板组合在一起，成为一个功能段。

表冷段：将表冷器与单排淋水管组合在一起，成为一个功能段。

直接蒸发表冷段：将直接蒸发式表冷器做成一个功能段，配套供应。

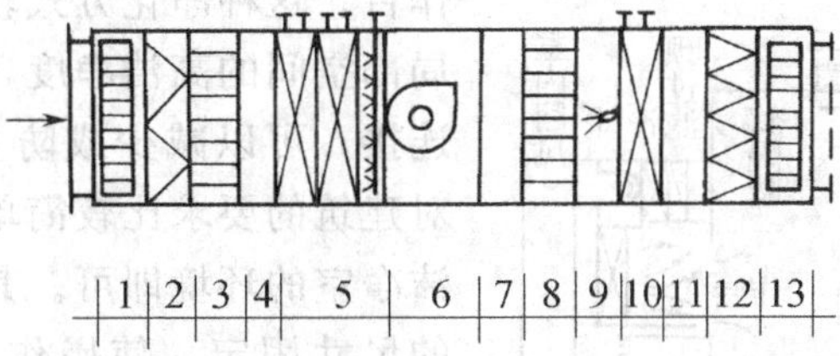

图 2-5-12　典型装配式空调器组装图

1—混合段，一次回风与新风混合处；2—初效过滤器；3—消声段；4—中间段；5—热湿处理段；6—风机段（风机安装有水平、垂直两种方法）；7—中间段；8—消声段；9—干蒸汽加湿段；10—二次加热段；11—中间段；12—中效过滤器；13—送风段、送风口位置可以根据设计需要确定为顶送或侧送；二次回风段与送风段相似

三、净化方案

（一）全室净化

以集中净化空调系统，在整个房间内造成具有相同洁净度环境的净化处理方式，叫全室净化。这是洁净技术中最早发展起来的一种方式，并且现在也仍然被采用。这种方式适合于工艺设备高大，数量很多，且室内要求相同洁净度的场所。但是这种方式投资大、运行管理复杂、建设周期长。

（二）局部净化

以净化空调器或局部净化设备（如洁净工作台、棚式垂直层流单元、层流罩等），在一般空调环境中造成局部区域具有一定洁净度级别环境的净化处理方式叫局部净化。这种方式适合于生产批量较小或利用原有厂房进行技术改造的场所。目前，应用最广泛的是全室净化与局部净化相结合的净化处理方式，这是洁净技术发展中产生的净化方式，它既能保证室内具有一定洁净度，又能在局部区域实现高洁净度环境，从而达到既满足生产对高洁净度环境的要求，又节约能源的双重目的。例如，需要A级洁净度的操作工段，当生产批量较小时，只要在洁净度较低的乱流洁净室内，利用洁净工作台或层流罩等局部净化设备，就能实现全室净化与局部净化相结合的净化方式。

（三）洁净隧道

以两条层流工艺区和中间的乱流操作活动区组成隧道形洁净环境的净化处理方式叫洁净隧道。这是全室净化与局部净化相结合的典型，是目前推广采用的净化方式，也被称之为第三代净化方式。

按照组成洁净隧道的设备不同，洁净隧道可分为以下几种形式。

（1）台式洁净隧道　见图 2-5-13。这种形式的洁净隧道是将洁净工作台相互连接在一起，并取消中间的侧壁，组成生产需要的隧道型生产线。当工艺要求垂直层流时，可选用垂直层流工作台。当工艺要求水平层流时，则选用水平层流工

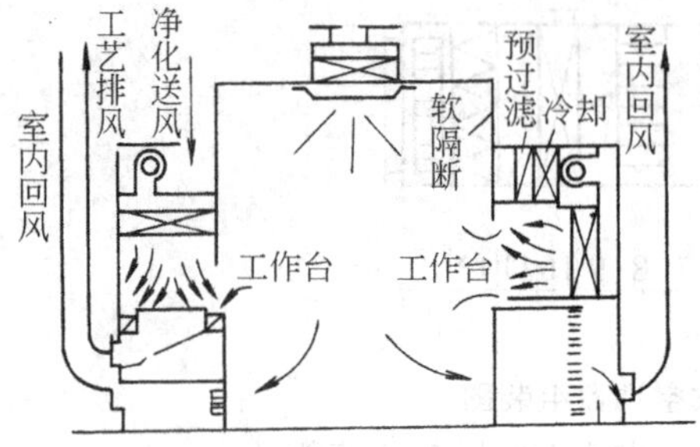

图 2-5-13　台式洁净隧道

作台。这种净化方式较全室净化更易保证局部空间的高洁净度，并由于工作台相互连接，可以减少或防止交叉污染。此外，对建筑的要求比较简单，只要求具备乱流洁净室的环境即可。其缺点是洁净工作台的尺寸固定，使操作面缺乏足够的灵活性，工艺设备必须适应工作台的尺寸，调整起来也不大方便。

(2) 棚式洁净隧道　见图 2-5-14。这种形式的洁净隧道是将洁净棚，即棚式垂直层流单元串联在一条生产线上所组成的。根据工艺要求，洁净棚的面积可以变化，空气可以全部为室内循环式，也可连通集中式净化空调系统，吸取部分新风。棚式洁净隧道适合于工艺设备较大的场所。当工业管道可以明装时，采用图 2-5-14（a）的形式，当工业管道必须暗装时，采用图 2-5-14（b）的形式。

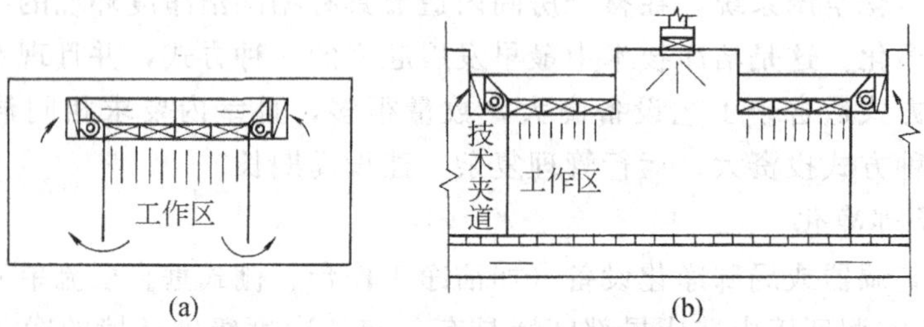

图 2-5-14　棚式洁净隧道

(3) 罩式洁净隧道　见图 2-5-15。这种形式的洁净隧道是将层流罩，即罩式垂直层流单元串联在一条生产线上所组成的。由于层流罩的进深比洁净棚小，只适用于工艺设备较小的场所。空气循环方式与棚式洁净隧道和台式洁净隧道相同，是目前采用较多的一种洁净隧道。

(4) 集中送风式洁净隧道　见图 2-5-16。这种形式的洁净隧道是由集中式送风系统的满布高效过滤器的静压箱所组成的。层流工作区的宽度可依照工艺提出的要求确定，而不像台式、棚式和罩式洁净隧道那样，因局部净化设备的尺寸而限制层流工作区的宽度，设计可以更为灵活。采用这种形式时，回风可以通过技术夹道，也可像图 2-5-16 这样，在乱流操作活动区设置地沟。此外，工业管道可布置在工作区的沿壁板一侧，排风管接至地沟。

洁净隧道的特点如下。

(1) 在隧道内造成不同的洁净度，从而充分利用了不同洁净气流的特性，最大限度地满足工艺要求。一般情况下，隧道内的两侧是高洁净度的层流工作区，中间是乱流的操作活动区。工艺区连成一条线，使用方便，人员的活动也不会引

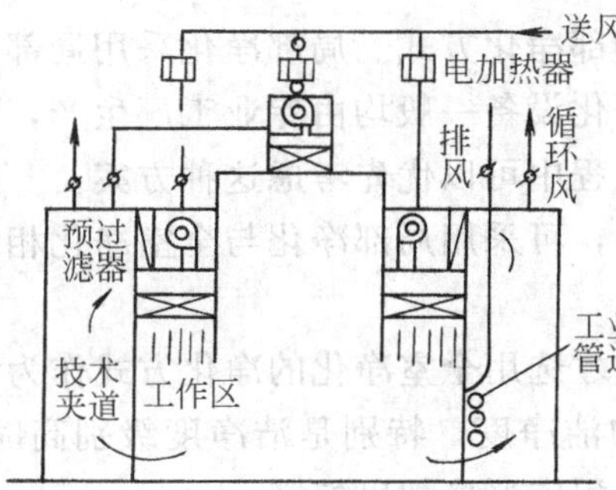

图 2-5-15　罩式洁净隧道

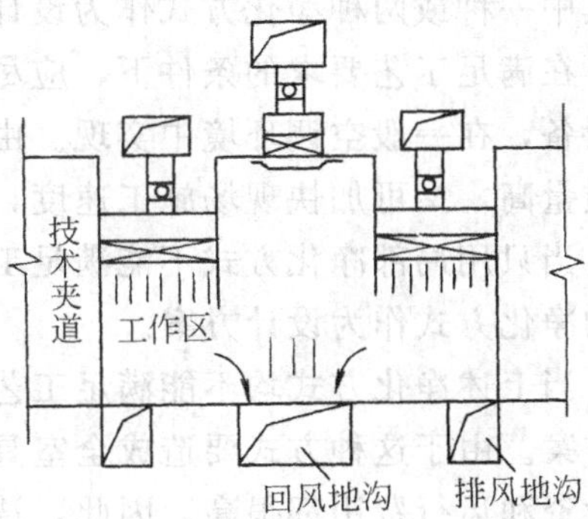

图 2-5-16　集中送风式洁净隧道

起交叉污染。

(2) 由于在隧道内减少了层流面积，基建费用和运行费用要比全室净化的垂直层流洁净室节约三分之一以上。乱流活动操作区的净高较层流工艺区高得多，能满足人员舒适感的要求。

(3) 技术夹道既可作为回风道，又可布置各种工业管道，安装工艺辅助设备。组成洁净隧道的局部净化设备（洁净工作台、洁净棚和层流罩等）、工业管道以及工艺辅助设备的维修均可在技术夹道内进行。由于技术夹道相对于洁净隧道为负压，因此，维修工作不会引起洁净隧道的污染，维修工作可在不停止工艺生产的情况下进行。

洁净隧道所需的局部净化设备、顶棚、壁板、回风口及门窗等构件，可以标准化、模数化，由专业工厂加工生产，在现场组装。同时，洁净隧道可以迅速拆装，重新组合，为工艺变化提供了方便。

(4) 洁净隧道可以按一定规模配置净化空调系统，因此空调系统可通用化、系列化，从而可以大大缩短设计周期。

(5) 一般情况下，洁净隧道对于建筑方面的要求比较简单，只要具备乱流洁净室的环境，即可满足要求。

(四) 洁净管道

把需要超高洁净度级别的工艺生产线，放在与室内空气环境隔绝的管道中的净化处理方式，叫洁净管道。这种方式要求工艺生产必须是自动化的，高效过滤器必须是以 0.1μm 尘粒为标准的才能实现超高洁净度。此外，这种方式由于被净化的是管道中的空气，送、回风量很小，可以大幅度地节约能量，是洁净技术的发展方向，也被称为第四代净化方式。

以上介绍的净化处理方案需要根据具体情况确定。

目前技术上发展已经比较成熟的是全室净化、局部净化（包括全室净化和局部净化相结合）以及洁净隧道三种净化处理方式，工程设计中应结合具体情况选择其中一种或两种净化方式作为设计方案。

在满足工艺要求的条件下，应尽量选用局部净化方式。局部净化采用局部净化设备，在一般空调环境中实现。由于局部净化设备一般均由专业工厂生产，设备质量高，又可加快现场施工速度，在改建工程中可以优先考虑这种方案。

当只用局部净化方式不能满足工艺要求时，可采用局部净化与全室净化相结合的净化方式作为设计方案。

当上述净化方式均不能满足工艺要求时，才选用全室净化的净化方式作为设计方案。由于这种方式要造成全室具有相同的洁净度，特别是洁净度级别高时，初投资和运行费用都很高，因此，洁净室的面积应严格加以控制。

四、净化空调系统划分原则及其设计要点

在净化方案确定以后，应具体划分净化系统。由于净化与空调是不可分的，因此净化系统与空调系统要统一考虑。为保证系统的正常运行，节约能量，并防止室内不同房间之间的相互污染，净化空调系统划分时，应综合考虑下述情况，分别设置独立的净化空调系统。

(1) 层流洁净室的净化空调系统与乱流洁净室的净化空调系统。

(2) 具有初效过滤器、中效过滤器和高效过滤器的高效净化空调系统与只有粗效过滤器和中效过滤器的中效净化空调系统。

(3) 产生剧毒有害物房间的净化空调系统与一般房间的净化空调系统；产生不同有害物的房间，其回风不能混合的净化空调系统。

(4) 回风温、湿度很高的净化空调系统与回风温、湿度较低的净化空调系统。

(5) 运行班次与使用时间不同的净化空调系统。

(6) 集中式净化空调系统一般不宜过大，面积大的车间，应采用几个净化空调系统。

(7) 可能通过管道引起交叉污染或混药的房间，如青霉素类药物和激素、抗肿瘤药等。对于生产青霉素的厂房，必须尤其注意青霉素对其他药品的污染，如在某些药品中混有微量青霉素，则对青霉素过敏病人非但达不到预期的疗效，甚至危及生命。为此生产青霉素的区域应成为一个封闭的区域，并设有专用的空调系统，该区域的排风均应经中效和高效过滤器处理后才能排放大气。

在净化空调系统划分以后，需要针对一个具体的系统，进行设计。这时要注意：当工艺无特殊要求时，在保证新风量、排风量及洁净室正压的条件下，净化空调系统应尽量利用回风。当工艺不允许利用回风或工艺过程产生的有害物利用局部排风不能完全排除时才利用直流式净化空调系统。

(8) 当洁净室内使用剧毒溶液或易燃、易爆物品时，净化空调系统应根据具体情况考虑事故排风措施和防火措施。

(9) 净化空调系统的新风入口，一般是彼此独立的。当洁净室面积较大，采用几个净化空调系统时，新风可经集中热、湿处理后送到各个净化空调系统。

(10) 净化空调系统一般不宜设置消声器，应尽量采用其他综合措施以满足洁净室对消声的要求。当必须采用消声器时，应选用不易积尘和产尘的结构形式和消声材料，如微穿孔板消声器或微穿孔板复合消声器。

(11) 洁净室一般可不设值班风机。当净化空调系统停止运行后对产品有影响，而工艺又不能采取局部处理措施时，可设值班风机。

(12) 洁净度为A级、C级的洁净室不应采用散热器采暖，C级洁净室也不宜采用散热器采暖。

(13) 值班采暖可利用技术夹道内布置的散热器进行间接采暖，或利用值班风机进行热风采暖。

(14) 散热器应采用表面光滑、不易积尘、便于清扫的形式。

设计时应注意如下几方面问题。

(1) 药厂洁净室净化空调系统一般都采用循环风运行，系统新风量应不小于如下两方面要求。

a. 补偿室内排风和保持室内正压所需的新风量。

b. 保证各房间每人每小时不小于40m^3 的新风量。

(2) 但对于下列生产工序的空调系统不能使用循环风。

a. 生产中产生易燃易爆气体或粉尘的场合，如使用溶剂的原料药精制工序、肠溶衣包衣室、淀粉车间等。

b. 生产中产生毒害性气体或物质的房间，如激素类及抗肿瘤药等。

c. 有可能通过空调系统造成混药时，如多品种生产的片剂车间等。

d. 有可能通过空调系统造成交叉污染时，如动物房的饲养室等。

(3) 为防止药物对周围大气环境的污染和影响人体健康，对于生产激素、青霉素、抗肿瘤类药物的排风应经净化处理。图2-5-17为某厂阿霉素原料药提取工序的排风处理及热回收流程图。

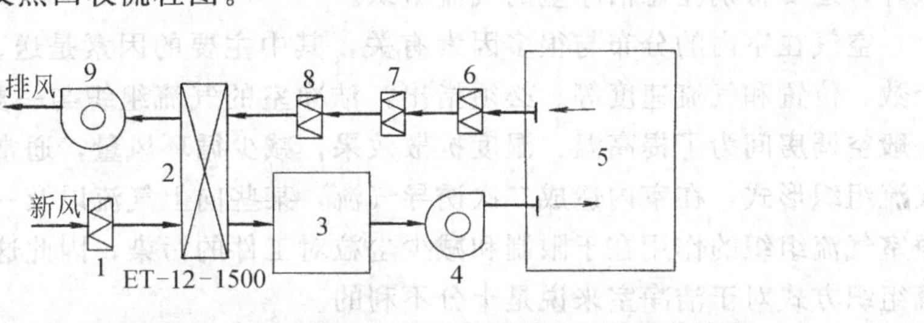

图2-5-17 某厂阿霉素原料药提取工序的排风处理及热回收流程

1—初效过滤器；2—全热交换器；3—空气处理室；4—送风机；5—阿霉素提取工序；6—中效过滤器；7—亚高效过滤器；8—高效过滤器；9—排风机

(4) 控制区和洁净区内的排风系统均应设有防室外空气倒灌措施。例如：玻璃瓶及安瓿灭菌隧道排热系统、灌封机排热系统、烘干及消毒烘箱排热系统、原料精制工序的局部排风系统以及所有控制区、洁净室的全面排风系统。

通常采取的防倒灌措施如下。

a. 在排风机的吸入管段上设置空气过滤器；

b. 在排风管上设止回阀；

c. 在排风管上设电动风阀，使电动阀与风机连锁，当排风机停止运行时风阀自动关闭。

应当指出，空气洁净技术是一项综合性的措施，建设药厂洁净室不是解决药品污染的惟一途径，药品污染的来源是多方面的。一是环境空气，二是原料药液的处理，三是包装容器本身的质量和清洗，四是设备是否适应净化室的要求，五是操作人员是否有严格的清洁和卫生制度。以上污染源均需综合控制，在设置空气净化装置同时，在工艺设备、建筑等设施和管理上采取相应措施，才能真正符合药品生产的 GMP 要求。

五、气流组织

所谓气流组织就是为了达到特定目的而在室内造成一定的空气流动状态和气流分布状态。

洁净室的气流组织形式按气流流动状态分为乱流状态和层流状态。采用这两种气流状态的洁净室分别称为乱流洁净室和层流洁净室。

空气的层流状态又分为垂直和水平两种。采用垂直层流的洁净室叫做垂直层流洁净室，采用水平状态的称为水平层流洁净室。

这两种洁净室的造价都比较高，尤其前者，一般都用在比较关键的工序。

洁净室的气流组织是净化空调设计中的重要环节，不仅关系到室内工作区的温度、湿度和气流速度，而且关系到空气洁净度。良好的气流组织形式，可以在较小的系统循环风量条件下达到较高的空气洁净度。因此，在工程设计中，除了考虑净化方式、净化空调系统形式及其相应的设计方案和系统划分原则及设计要点外，还要特别注意洁净室的气流组织。

空气在室内的分布与很多因素有关，其中主要的因素是送、回风口的形式、个数、位置和气流速度等。必须指出，洁净室的气流组织与一般空调有所不同，一般空调房间为了提高温、湿度扩散效果，减少循环风量，通常采用紊流度大的气流组织形式，在室内造成二次诱导气流，某些向上气流以及一定的涡流。而洁净室气流组织的作用在于限制和减少尘粒对工件的污染，因此这种紊流度大的气流组织方式对于洁净室来说是十分不利的。

确定洁净室气流组织形式应考虑下述原则。

(1) 首先应考虑工艺产品对空气洁净度的要求，当产品要求洁净度为 A 级时，应选用层流流型；当产品要求洁净度为 B 级～C 级时，应选用乱流流型。由于达到同一洁净度级别的措施有多种，建筑的情况也不同，因此在确定气流组织形式时，在满足工艺产品要求洁净度的条件下，还应考虑建筑的特点和投资的节省。

(2) 由于洁净室的气流组织的作用在于限制和减少尘粒对于工件的污染，因此从净化角度要求气流组织形式应满足下列要求。

a. 尽量减少涡流，避免把工作区以外的污染物带入工作区。

b. 尽量防止灰尘的二次飞扬，以减少尘粒对工件的污染机会。一方面气流速度不能过大，另一方面乱流洁净室的回风口不应设在工作区的上部，并避免采用单一的大回风口，而应在地板上或侧墙下部均匀布置回风口。

c. 工作区的气流应尽量均匀，流速必须满足工艺和卫生的要求。气流流速过大，可能引起尘粒的二次飞扬；过小，又可能造成尘粒的大量沉降。洁净气流应尽可能把工作部位围罩起来，使污染物在扩散之前便流向回风口。流向回风口的气流，应能有效地将散发至工作区的尘粒带走。

d. 在满足上述条件下，为稀释空气中尘埃粒子，降低含尘浓度，应有足够的通风换气量。

(3) 洁净室内设备的布置应考虑到对于气流组织的影响，应为气流组织设计和提高室内空气洁净度创造条件；而气流组织设计也应充分考虑设备布置的影响。工程设计中可从以下方面考虑。

a. 工艺设备布置时要留有一定的间隔，为送、回风口的布置和气流的通畅创造条件；气流组织设计时要考虑设备，特别是高大设备对于气流组织的影响，将送、回风口布置在设备的间隔处，尽量减少高大设备对气流的影响。

b. 洁净工作台不宜布置在层流洁净室内。当布置在乱流洁净室时，宜将其置于工作区气流的上风侧，以提高室内的空气洁净度。

c. 洁净室内有局部排风柜时，排风柜宜置于工作区气流的下风侧，以减少对室内的污染。

药厂洁净室使用的空调系统中包括空气的过滤和热湿处理，空气处理各功能段的组成应根据洁净室的不同要求而定，图 2-5-18 为净化空调系统空气处理流程中的一种基本形式。该系统中常有一次初效过滤、二次中效过滤和一次高效过滤。其中高效过滤器设置在送风系统末端，以避免送入洁净室净化空气的再污

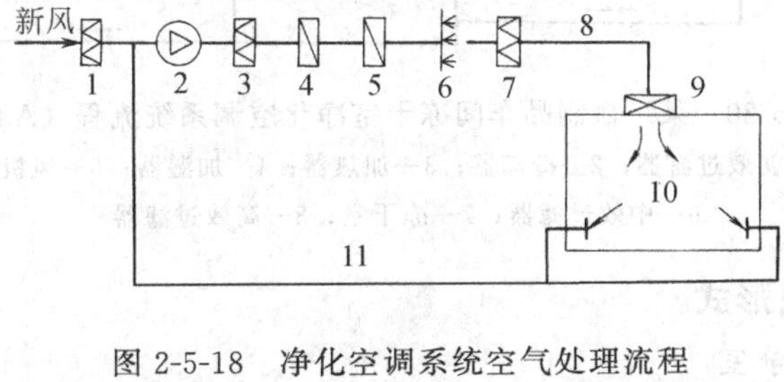

图 2-5-18　净化空调系统空气处理流程

1—粗过滤器；2—风机；3，7—中效过滤器；4—冷却器；5—加热器；6—加湿器；8—送风管；9—高效过滤器；10—洁净室；11—回风管

染。上述流程图可用于任何级别的洁净室。对用于大于C级洁净室的空调流程中，不需设置高效过滤器。图2-5-18为空调箱中只有一台风机的单风机系统，亦可采用两台风机串联的所谓双风机系统，一台作为回风机、一台作为送风机。此种形式较之单风机具有系统噪声小，且可单开一台作为洁净室值班风机的优点，但工程造价和空调箱长度也将随之增加。

图2-5-19为带二次回风的净化空调系统，在夏季工况时利用第二次回风的热量加热空气，从而取代了加热器的作用，避免了空调系统夏季运行时能耗中的冷热抵消现象，有较为明显的节能效果。但由于二次回风系统的调节较之一次回风系统复杂，在不具备空调自动控制装置的条件下，较难利用二次回风。

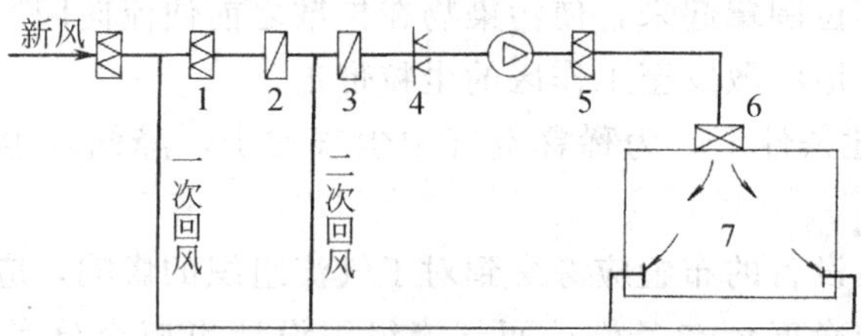

图2-5-19　带二次回风的净化空调流程图

1，5—中效过滤器；2—冷却器；3—加热器；4—加湿器；
6—高效过滤器；7—洁净室

图2-5-20为某厂血制品车间冻干室净化空调系统流程。冻干室洁净度为A级，垂直层流断面风速0.3m/s，用图示左右二套系统共同提供其所需风量，左侧系统主要对空气进行热湿处理，右侧系统主要对循环空气进行净化，整个方案考虑了热湿处理与净化功能相分离的空调节能措施。

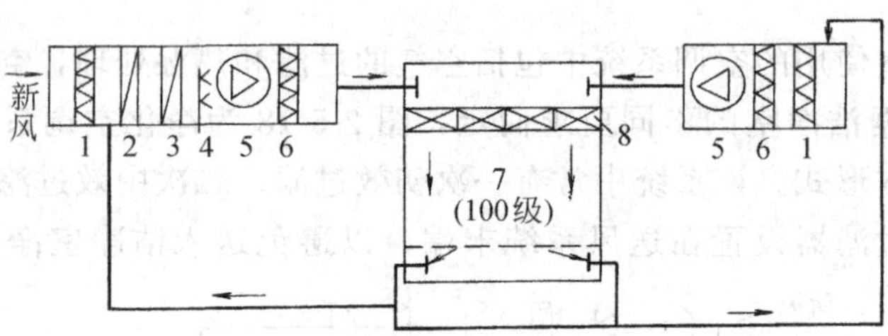

图2-5-20　某厂血制品车间冻干室净化空调系统流程（A级）

1—初效过滤器；2—冷却器；3—加热器；4—加湿器；5—风机；
6—中效过滤器；7—冻干室；8—高效过滤器

六、气流组织形式

（一）乱流洁净室

乱流洁净室的作用原理：当一股干净气流从送风口进入室内时，迅速向四周扩散、混合。同时把差不多同样数量的气流从回风口排走，这股干净气流稀释着室内的污染空气，把原来含尘浓度高的室内空气冲淡了，一直达到平衡。图 2-5-21 则较形象地显示出这一作用原理的一般情况。

乱流洁净室的特点：洁净度方面，乱流洁净室只能达到较低的洁净度级别，通常在 B 级至 C 级范围内；换气次数方面，乱流洁净室一般在 15～100 次/h 范围内，自净能力较低，其初投资和运行费用也较低；气流流型及流速方面，室内有涡流，气流流速不均匀，某些尘粒在室内循环，而不易被排出；构造方面，乱流洁净室的构造简单，高效过滤器的安装和堵漏方便，无论新建、扩建或改建，常常被采用。

图 2-5-21　乱流洁净室原理示意图

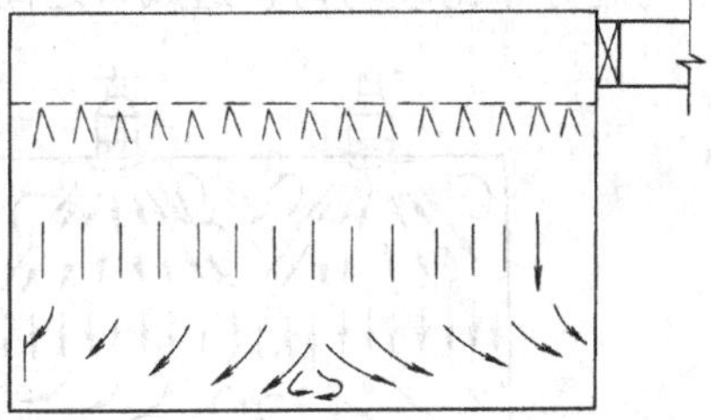

图 2-5-22　全孔板顶送

乱流洁净室气流组织有以下几种。

1. 全孔板顶送（图 2-5-22）

它的特点是工作区风速最小，气流分布最均匀，可以获得 B 级洁净度；非连续运行时，孔板内易积尘，需要技术夹层，且灯具布置困难。

2. 局部孔板顶送（图 2-5-23）

与全孔板相比两侧有较大的涡流，其趋势沿侧墙向上卷，经顶棚向下流动，一部分混入中间的洁净气流，引起气流的污染，另一部分在侧墙壁附近形成涡流。其洁净度可以达到 B 级。灯具布置比全孔板顶送要方便得多。

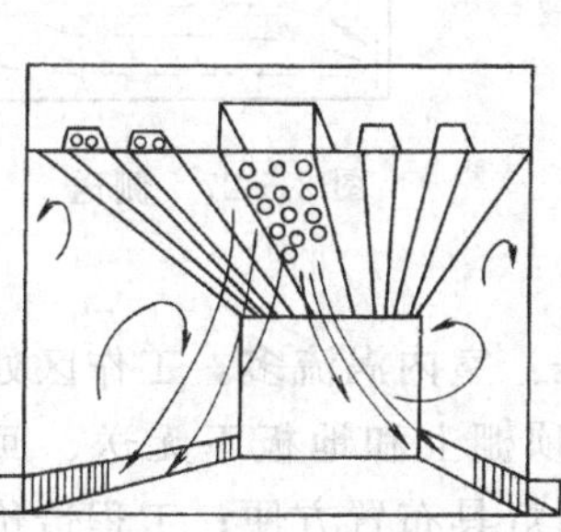

图 2-5-23　局部孔板顶送

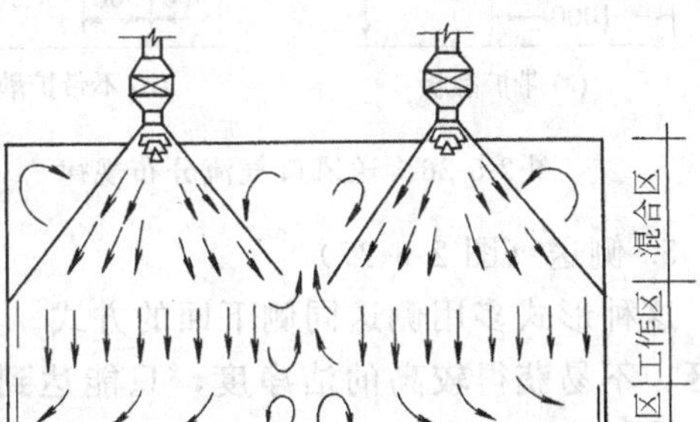

图 2-5-24　流线型散流器顶送

3. 流线型散流器顶送（图 2-5-24）

其特点是适用于 4m 以上的高大厂房；散流器与散流器之间和散流器与墙壁

之间有涡流存在；并要求有较高的技术夹层；灯具安装方便。

4. 高效过滤器风口顶送

有带扩散板和不带扩散板的两种（图 2-5-25）。其特点是，系统比较简单；高效过滤器布置在风口处，洁净空气直接送到工作区，因此可以获得较高洁净度，一般在 B 级至 C 级范围内，其中带扩散板高效过滤器风口顶送是目前最常用的一种气流组织形式。高效过滤器顶送风口是否带扩散板，对室内气流的均匀性影响很大，见图 2-5-26。从图中可以看出，无扩散板时送风气流直接吹向地面，造成工作区气流分布不均匀；带扩散板时送风气流可以迅速扩散开来，使工作区气流分布比较均匀，送风口之间和回风口之间均有涡流存在。

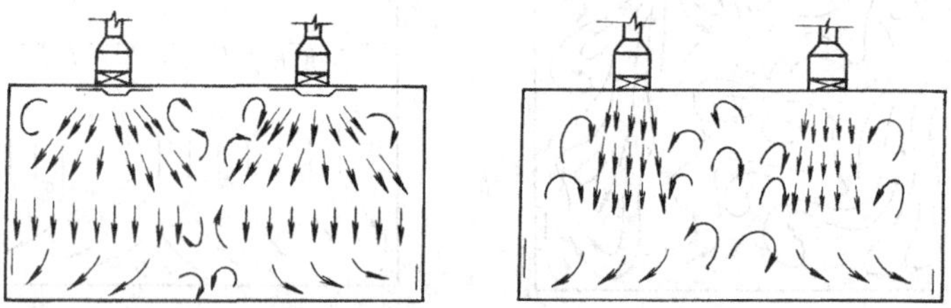

(a) 带扩散板　　(b) 不带扩散板

图 2-5-25　高效过滤器风口顶送

在顶棚上需要安装大风管及高效过滤器送风口静压箱。当为上送下回形式时，地板下需设地沟或下夹层，以便布置回风管道。因此，需要较高的建筑层高。高效过滤器风口顶送形式应与建筑、灯具布置等紧密配合，使得顶棚整齐、美观。

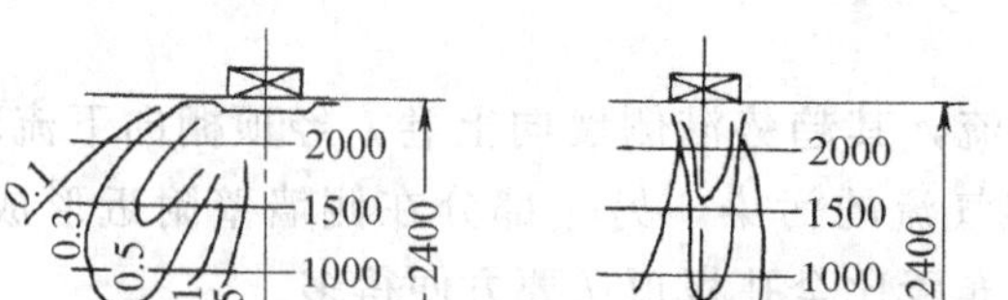

(a) 带扩散板　　(b) 不带扩散板

图 2-5-26　送风口气流分布规律

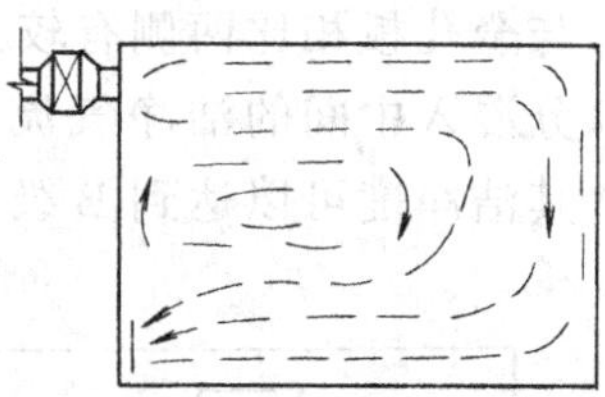

图 2-5-27　侧送

5. 侧送（图 2-5-27）

这种形式多用侧送同侧下回的方式。其特点是：室内涡流多，工作区处于回流区，不易获得较高的洁净度，只能达到 B 级，顶棚上和地板下无送、回风管道，可以降低层高，适用于层高较低的厂房，室内灯具布置方便；工程造价是几种气流组织形式中最低的一种。

关于乱流洁净室的回风形式，按回风口布置分，基本上只有两种：一种是在地面上均匀布置回风口，多用于室内面积较大，洁净度级别要求较高的场合。工程中可采用设置下夹层或回风地沟，实现地面均匀布置回风口。另一种是相对两侧墙或单侧墙下部设置回风口。各种送、回风口形式的组合，均与洁净室的洁净度级别有关。

(二) 层流洁净室

层流洁净室亦称平行流洁净室，其作用原理是，在洁净室内，由于送风气流静压箱和高级过滤器的均压均流作用，从送风口到回风口洁净气流不是一股或几股，而是充满全室断面，像一个空气活塞，沿着房间的高度或长度方向向前推进。使得全室工作断面上造成流速比较均匀，流线彼此平行，并且没有涡流的气流。这样的气流最终把原有室内含尘浓度高的空气挤压出房间，从而达到净化房间内空气的目的，见图 2-5-28。

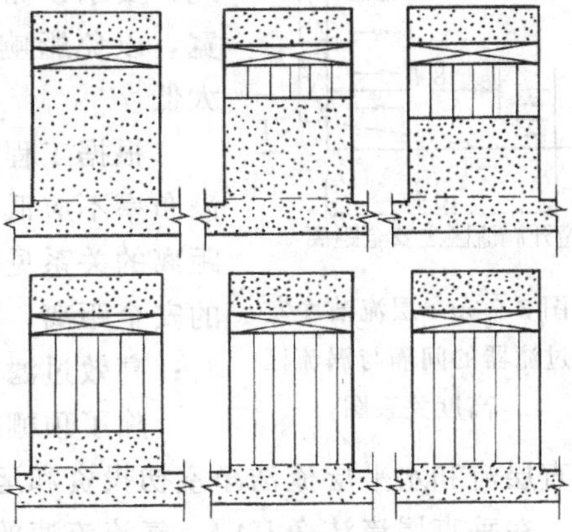

图 2-5-28　层流洁净室原理示意图

层流洁净室有多种形式，其特点是，垂直层流洁净室和水平层流洁净室的第一工作区可以达到目前较高的洁净度级别 A 级。垂直层流洁净室内，工艺设备的布置可以比较灵活，人身净化设施也可以简化。在换气次数方面，垂直层流洁净室（以 2.5m 高计算）达 360 次/h 以上，水平层流洁净室依其长度而变化，但循环风量较垂直层流洁净室还要大些。层流洁净室的自净能力很强，自净时间均在 1min 左右。初投资和运行费用都很高。层流洁净室的气流流线平行，流速均匀，没有涡流。工作中产生的尘粒沿彼此平行的流线排入室内回风口，而不会相互交叉。送风顶棚的结构复杂，高效过滤器的安装和堵漏较困难，再加上格栅地板，使得层流洁净室的造价很高。因此，工程设计中层流洁净室的面积应严格控制。

1. 垂直层流洁净室

典型垂直层流洁净室（图 2-5-29）顶棚满布高效过滤器，地面满布格栅地板。通过高效过滤器的洁净空气由上而下，呈垂直层流状态流经工作区，携带工作区发散的尘粒，经格栅地板进入回风静压箱。在这种洁净室内，各种工艺操作或尘源被流线彼此平行的气流完全隔开，避免了横向交叉污染，是最理想的一种气流组织形式。典型的垂直层流洁净室要求顶棚满布高效过滤器。由于灯具布置及过滤器的安装骨架要占去一部分顶棚面积，故满布率不可能达到百分之百。另一方面，气流从顶棚射出后，相邻两个高效过滤器的射流

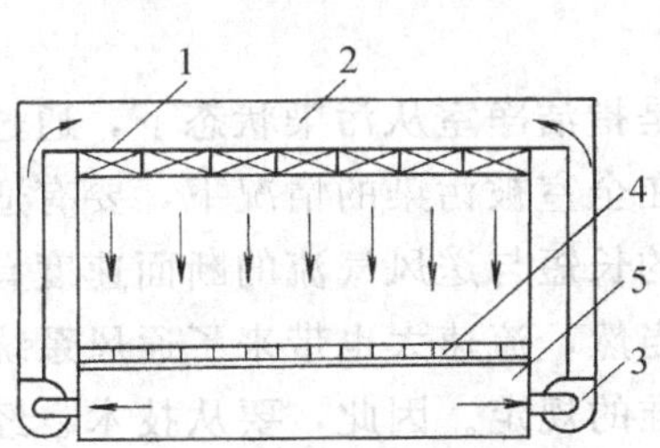

图 2-5-29　典型垂直层流洁净室

1—高效过滤器；2—送风静压箱；3—循环风机；4—格栅地板及中效过滤器；5—回风静压箱

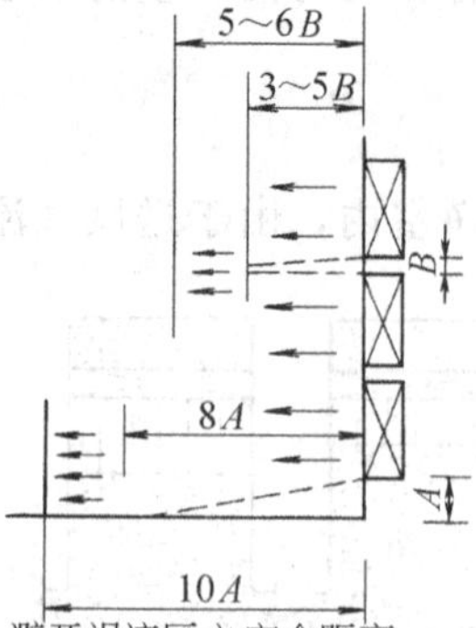

图 2-5-30　层流洁净室过滤器的间隔与涡流区高度关系图

边缘之间存在一个涡流三角区。它以两个过滤器的间隔宽度为底边，以相邻两个过滤器的射流为等腰，形成一个倒置的等腰三角形，间隔宽度越大，涡流区向下延伸越长，达到一定长度后对工作区的洁净度极为不利。因此，要求顶棚灯具的宽或两个过滤器之间的间隔不能太宽，以免影响工作区层流的形成，即要求满布率不能太低。

根据工程实践，垂直层流洁净室的顶棚高效过滤的满布率不应低于 60%。几种部位的间隔宽度与涡流延伸距离的关系见图 2-5-30。从图中可以看出，避开涡流区的安全距离，高效过滤器与墙壁之间为其距离 10 倍左右；高效过滤器之间为其距离的 5～6 倍左右。

除了顶棚满布高效过滤器、格栅地板外，直接影响垂直层流和水平层流洁净室初投资和运行费用的，就是室内断面风速的大小。

在垂直层流洁净室中，气流流速的作用主要有以下几个方面。

(1) 控制多方位污染。所谓多方位污染主要是指从极小的孔隙等尘源向多方位散发出的污染和人员活动向四周发尘的污染。当污染气流向多方位散发时，送风的气流要能有效地控制污染范围，即不仅要控制上升高度，还要控制横向扩散的距离。

(2) 控制同向污染。所谓同向污染就是指污染扩散方向与气流流向相同的污染。当污染气流与送风的气流同向时，送风的气流必须有足够的强度，使得上游的污染随着气流很快到达下游，并能有效地控制污染气流到达下游的扩散范围，不能超出允许的界限。

(3) 控制逆向污染。所谓逆向污染就是指污染扩散方向与送风气流流向相反的污染。在垂直层流洁净室中主要的逆向污染是从热源上升的气流。当污染气流与送风气流流向相反时，送风气流要能有效地抑制污染气流上升的高度，减少或避免对上游气流的污染。

(4) 满足适当的自净时间。所谓自净时间就是指洁净室从污染状态下，通过空气的不断循环，到达设计洁净度的一段时间。在全室被污染的情况下，要有适当的自净时间，使室内空气迅速自净。自净时间的长短与送风气流的断面速度有关，流速大，自净时间短，反之则自净时间长。当然，流速大也带来了通风系统的庞大和运行费用的提高，并且可能超过卫生标准的规定。因此，要从技术、经济和卫生角度综合确定适当的自净时间。

国内的空气洁净技术界提出的从四个方面控制污染扩散所需要的断面风速列于表 2-5-4。垂直层流洁净室的断面风速下限值应根据不同情况，采用不同数值，具体见表 2-5-5。

表 2-5-4　控制污染所需断面风速

序号	控制污染类别		断面风速(m/s)和条件
1	多方位污染	孔洞尘源 人体发尘	≥0.25,对通常的污染源都可满足 ≥0.22
2	同向污染		≥0.3
3	逆向污染	热源 人体热气流	一般由热源尺寸和温度确定。对于表面温度200℃,约0.3×0.6m的热平面:0.46 0.18～0.22
4	全室污染		基于足够短的自净时间的要求≤0.25

表 2-5-5　断面风速下限值

序号	下限速度/(m/s)	条　　件
1	0.12	平时无人或很少有人进出,无明显热源
2	0.25	《洁净厂房设计规范》的规定
3	0.3	无明显热源的一般情况
4	0.5	有人和明显热源,如0.5仍然不行,应控制热源尺寸和加以隔热

(5) 室内工艺设备布置比较自由,但设备间距至少要有10～15cm,并且从工作区至天棚的范围内必须是敞开的,无任何遮蔽的。

垂直层流洁净室主要有以下几种类型。

(1) 顶棚阻尼层垂直层流洁净室　见图2-5-31。其特点是侧布高效过滤器。满布高效过滤器的作用主要分布空气和过滤尘粒。阻尼层顶棚承担分布空气的任务,就可以不必满布高效过滤器。另外,满布高效过滤器的负荷通常不会超过额定负荷的50%,而侧布高效过滤器可以按照其额定负荷或接近额定负荷的数值进行设计,从而大大减少了高效过滤器的个数,降低洁净室的造价。

对于选作阻尼的材料必须有足够的阻力,才能起到均匀分布空气的作用,为了使送风静压箱内空气均布,可用不同厚度的阻尼层,通常是顶棚的中间部分厚,向着两侧逐渐变薄。常用材料有尼龙筛网、尼龙纱、泡沫塑料等(见表2-5-6)。

表 2-5-6　常用阻尼层材料的性能

序　　号	名　　称	风速/(m/s)	阻力/Pa
1	尼龙纱(直纹)	0.01	1.96
2	尼龙纱(斜纹)	0.01	2.84
3	尼龙筛网(孔眼≥100μm×100μm)	0.01	1.96
4	白色的确良	0.01	5.96
5	在碱液中浸泡过的中细孔泡沫塑料 S=10mm S=15mm	 0.05 0.05	 0.98 1.96

图 2-5-32 为室外管路上集中布置高效过滤器的顶棚阻尼层送风形式，也被美国联邦标准 209b 确定为垂直层流洁净室。

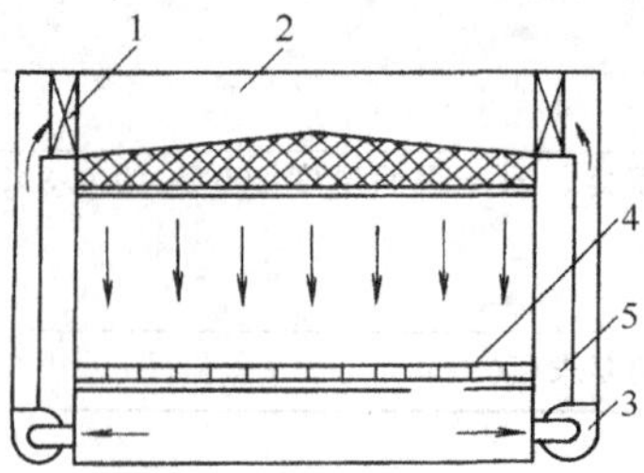

图 2-5-31 顶棚阻尼层垂直层流洁净室

1—高效过滤器（侧布）；2—送风静压箱；3—循环风机；4—格栅地板及中效过滤器；5—回风静压箱

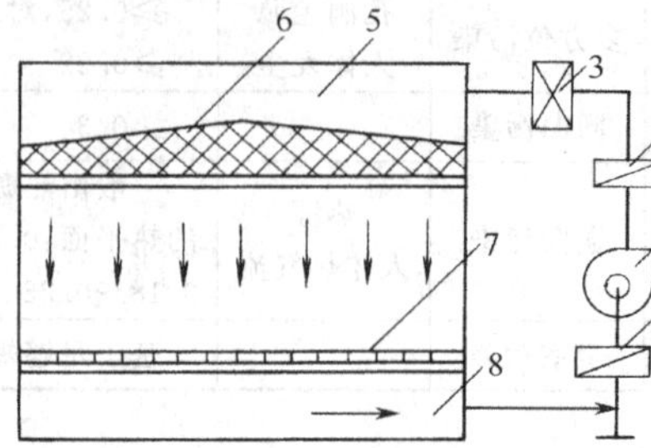

图 2-5-32 集中布置高效过滤器的顶棚阻尼层垂直层流洁净室

1—初效过滤器；2—中效过滤器；3—高效过滤器；4—循环风机；5—送风静压箱；6—顶棚阻尼层；7—格栅地板及中效过滤器；8—回风静压箱

（2）顶棚和侧面双布高效过滤垂直层流洁净室　见图 2-5-33。这种形式是典型的垂直层流洁净室和顶棚阻尼层垂直层流洁净室的综合。其目的不只是为了获得更高的洁净度，还在于减少顶棚高效过滤器的更换次数，可将顶棚视为半永久顶棚。美国清洗盛装月球岩石容器的洁净室最早采用了这种形式。

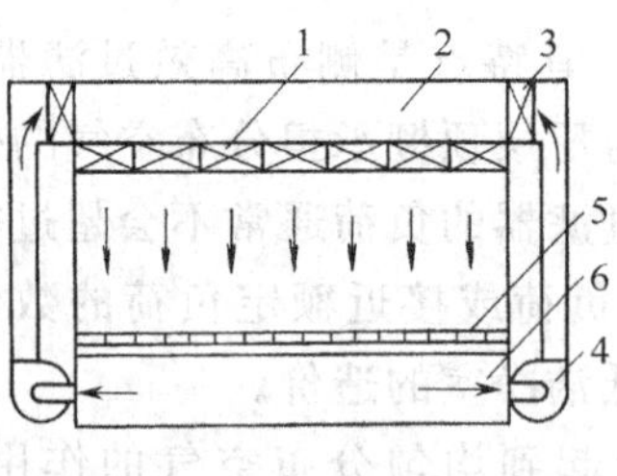

图 2-5-33 双布高效过滤器的顶棚阻尼层垂直层流洁净室

1—顶棚满布高效过滤器；2—送风静压箱；3—侧布高效过滤器；4—循环风机；5—格栅地板及中效过滤器；6—回风静压箱

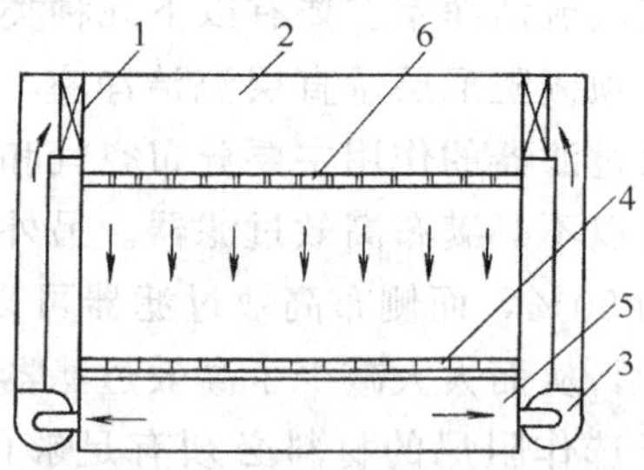

图 2-5-34 全孔板顶送垂直层流洁净室

1—侧布高效过滤器；2—送风静压箱；3—循环风机；4—格栅地板及中效过滤器；5—回风静压箱；6—送风孔板

（3）全孔板顶送垂直层流洁净室　见图 2-5-34。这种形式的垂直层流洁净室与顶棚阻尼层垂直层流洁净室相似。当净化空调系统停止运行时，这种洁净室静压箱内易积尘，对室内洁净度有一影响。

（4）密集流线型散流器顶送垂直层流洁净室　见图 2-5-35。这种形式的垂直层流洁净室，在顶棚上密集布置流线型散流器，回风采用格栅地板或侧墙下部均匀布置回风口。各散流器扩散开来的洁净空气相互交汇以后，形成垂直向下的气流。

由于送风形式，需要有一段混合层，因此适用于层高在 4m 以上的高大建筑。这种形式在房间的上部或当采用双侧墙下回情况下的回风区都有涡流区产生，同时净化空调系统非运行时，散流器也有积尘问题。

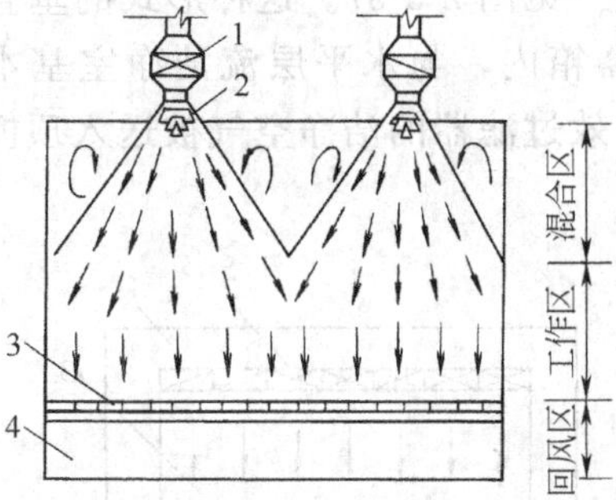

图 2-5-35　密集流线型散流器顶送垂直层流洁净室

1—高效过滤器；2—散流器；3—格栅地板及中效过滤器；4—回风静压箱

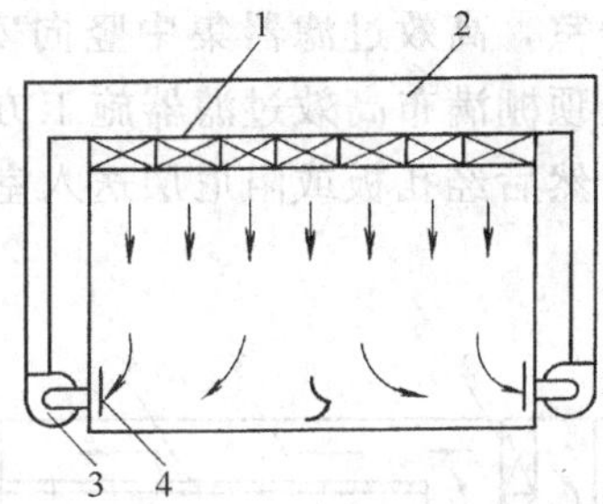

图 2-5-36　全顶棚送风两侧墙下部回风的垂直层流洁净室

1—高效过滤器；2—送风静压箱；3—循环风机；4—回风口

（5）全顶棚送风两侧墙下部回风的垂直层流洁净室　见图 2-5-36。典型的垂直层流洁净室造价高的原因之一在于使用了格栅地板。这种地板一般用铸铝、硬木制作，即使采用钢材制作也是比较贵的。

全顶棚送风两侧墙下部回风的垂直层流洁净室可以省去昂贵的格栅地板和下夹层。不仅降低了层高和造价，而且解决了因振动、小零件掉入格栅地板内及格栅地板给人的视觉造成不适之感方面的问题。

全顶棚送风的形式可以采用顶棚满布高效过滤器、顶棚阻尼层或全孔板等方式。

当单侧回风时，室宽不应超过 3m，当双侧回风时，室宽不应超过 6m。这样可以保证涡流区被控制在工作区的起始高度 0.8m 以下。

这种洁净室回风口的阻力大小对于流线的紊乱与否影响极为显著。当回风口阻力很小时（完全敞开的回风口），较低的回风速度下，流线就发生抖动；当回风口阻力增大时（如加上多孔板的回风口），即使较大的回风速度下，流线也不发生抖动。因此，回风口设计时不宜只设网格或格栅，而应在阻力允许条件下安装初效或中效过滤器。

侧墙下部的回风口应尽可能不抬离地面，否则将会把地面上的尘粒带起而扩大污染范围。侧壁下部回风口的高度一般应控制在 0.1 倍左右的室宽。

改进回风口的方法：两侧墙下部的回风口速度大于 2m/s 或室宽大于 6m 时，也可在地面上增开一条或几条回风口，这样可以改善气流的流线，使其更加平直。另外，当室宽小于 3m 时，可采用单侧下部回风；当室宽较大，单侧回风可能出现较大的涡流三角区（一般情况下该区应在 0.125 倍的室宽以下）时，或者工艺布置在室中心，而希望把涡流三角区移开时，可采用两侧不等量回风或一侧有组织回风，另一侧无组织回风的方式，都将起到改善气流流线的作用。

(6) 具有集中过滤器箱的垂直层流洁净室　见图 2-5-37。这种形式的垂直层流洁净室，高效过滤器集中竖向安装在过滤器箱内，与水平层流洁净室基本相同，较顶棚满布高效过滤器施工方便。通过高效过滤器的洁净空气被送入顶棚静压箱，然后经孔板或阻尼层送入室内。

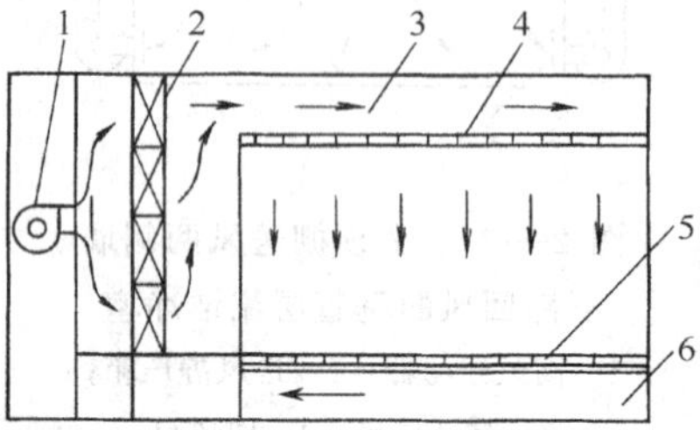

图 2-5-37　具有集中过滤器箱的垂直层流洁净室
1—循环风机；2—高效过滤器；3—送风静压箱；4—孔板；5—格栅地板及中效过滤器；6—回风静压箱

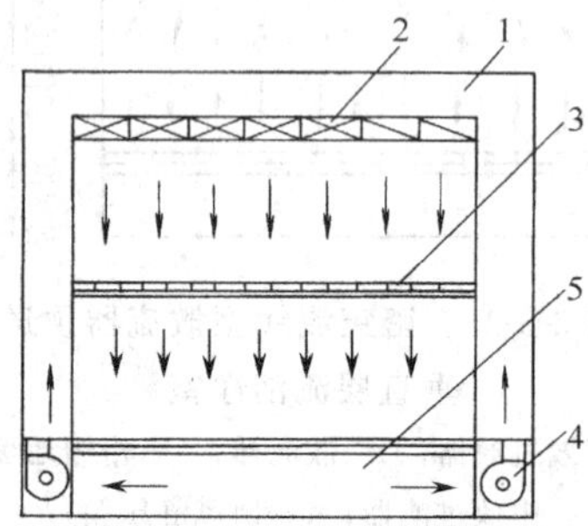

图 2-5-38　双层垂直层流洁净室
1—送风静压箱；2—高效过滤器；3—格栅地板及中效过滤器；4—循环风机；5—回风静压箱

(7) 双层垂直层流洁净室（图 2-5-38）。

将两个面积相等的洁净室重叠起来，上面一个洁净室的回风全部作为下面一个洁净室的送风。

显然下面一个洁净室的洁净度要低。但较典型垂直层流洁净室的造价要低，并且节省建筑空间和运行费用。

2. 水平层流洁净室

典型的水平层流洁净室见图 2-5-39。

送风墙满布高效过滤器，对面的回风墙满布中效过滤器（或中效过滤器与回风格栅）。通过高效过滤器的洁净气流沿水平方向从送风墙呈层流状态均匀地流过工作区，携带着工作区散发的尘粒，经回风墙的中效过滤器进入回风静压箱，实现系统的空气循环。

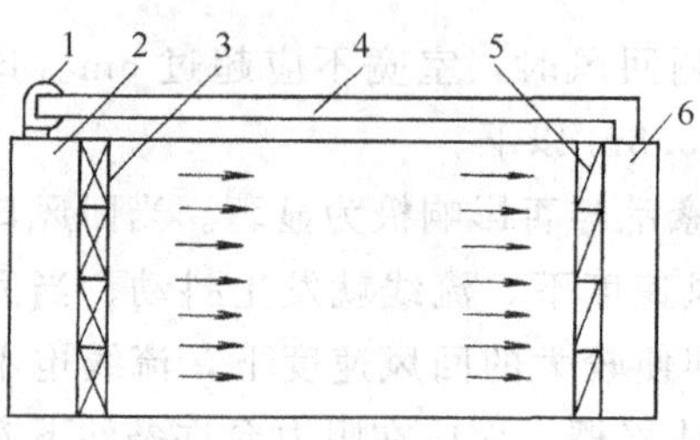

图 2-5-39　典型的水平层流洁净室
1—循环风机；2—送风静压箱；3—高效过滤器；4—循环风道；5—中效过滤器；6—回风静压箱

水平层流洁净室的气流流向与尘粒的重力沉降方向不一致，因此水平层流洁净室的断面风速应大于垂直层流洁净室的断面风速，一般不得小于 0.35m/s，否则将出现尘粒的沉降现象。

水平层流洁净室的洁净度沿气流流向逐渐降低，一般认为离地 0.8～1.5m 的工作区内是洁净度最高的工作带，即第一工作区其洁净度为 A 级，而靠近回风墙附近为 B 级。因此适用于多种洁净度要求的工艺过程，在这种情况下，可根据水平层流洁净室含尘浓度分布上的特点将发尘量少和洁净度要求高的工序布置在第一工作区，而将污染较多和洁净度要求较低的工序布置在回风墙附近，其他工序则可布置在两者之间。

这种洁净室要求布置设备时应尽量减少对于水平层流气流的破坏，需要排风的设备应布置在回风墙附近。

在保证工作区层流条件下，采用送风墙局部布置高效过滤器和回风墙局部布置中效过滤器的办法，可以减少过滤器的数量。但高效过滤器布置面积不得低于送风墙面积的 40%，中效过滤器布置面积不得低于回风墙面积的 30%。

水平层流洁净室回风墙一般安装中效过滤器，但对于某些特殊用途的洁净室，如细菌培养用洁净室等，为了避免操作过程产生的特殊微粒污染管道系统或者为了收集这种微粒进行集中处理，则在回风墙上布置高效过滤器，而在送风墙上布置中效过滤器。在这种情况下，如果有新风并对其过滤器要求很高，则对新风另设高效过滤器或者将房间新风口单开在下风侧。

水平层流洁净室的高效过滤器竖直安装在送风静压箱内，较垂直层流洁净室的水平安装在顶棚上容易得多，更换也方便。循环风机可以布置在洁净室的顶部或底部，当建筑层高较低时，也可布置在洁净室的一侧。

水平层流洁净室的气流从送风墙送出后，要经过每一个工作面，上风侧的发尘量必然要影响到下风侧的空气含尘浓度，因此必须加强人身净化。一般认为水平层流洁净室应设置吹淋室等人身净化装置。

水平层流洁净室的造价低于垂直层流洁净室，灯具布置和安装方便。也可由工厂预制，现场组装，有利于加快工程进度。但初投资和运行费用都高于乱流洁净室。

(1)“隧道”式水平层流送风装置　见图 2-5-40。这种形式与图 2-5-39 典型的水平层流洁净室相比较，有以下特点。

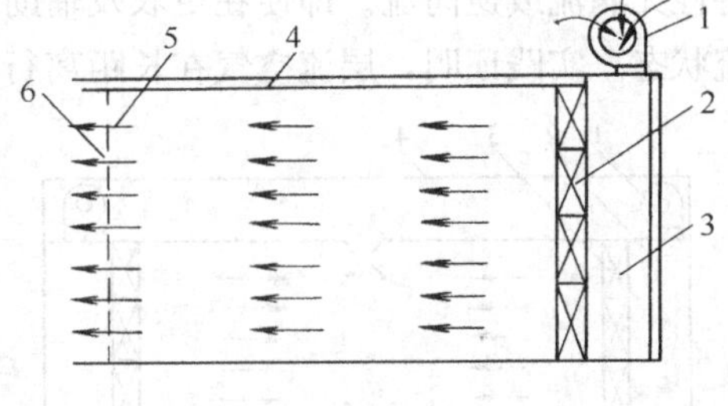

图 2-5-40　“隧道”式水平层流送风装置

1—送风机；2—高效过滤器；3—送风静压箱；4—薄膜状刚性材料或墙壁；5—开口；6—天棚、墙壁支撑框

从结构方面来说，在布置高效过滤器送风墙的对面，设置回风墙，气流的下风侧是向外敞开的。另外，没有循环风管，洁净空气流经工作区后就向周围环境排出，而送风机从周围环境吸入新鲜空气，净化后送入室内，实现空气循环。从防止和排出污染的方法来说，这种装置不能把压力提高得比周围环境高，

因而不是靠正压而是靠提高空气流速来防止污染的侵入。从温、湿度参数来说，这种形式的装置内部温、湿度与周围环境相同。这种装置是层流洁净室中最便宜的，尤其适用于大型设备的装配或临时检修的场所。

(2) 双重水平层流洁净室　见图 2-5-41。这种形式实际上是两个同样的水平层流洁净室左右或上下相邻，从一个洁净室出来的回风立即被送入另一个洁净室，即一个洁净室就是另一个洁净室的回风道。这是最经济的水平层流洁净室。

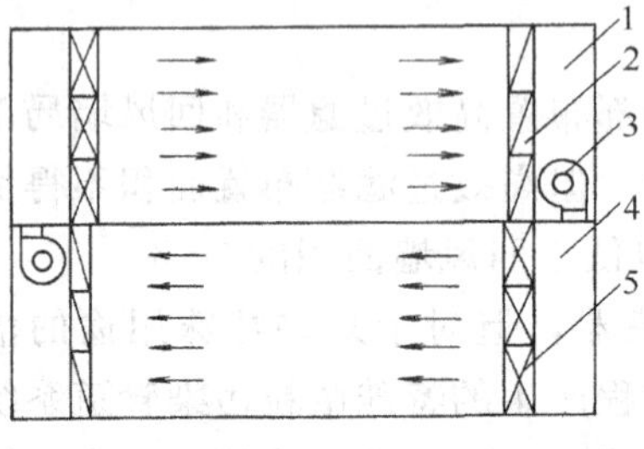

图 2-5-41　双重水平层流洁净室

1—回风静压箱；2—中效过滤器；3—循环风机；4—送风静压箱；5—高效过滤器

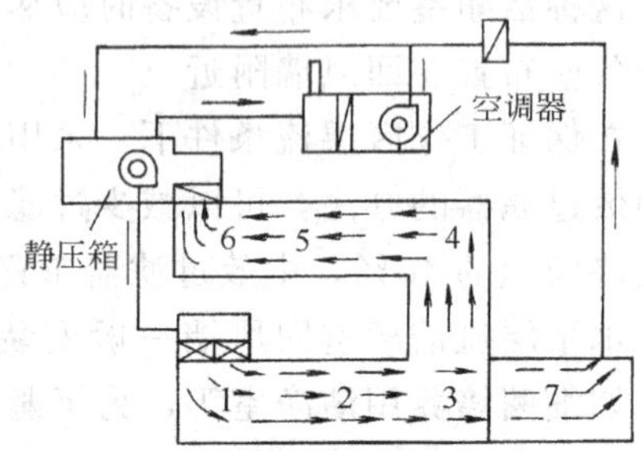

图 2-5-42　双重水平层流洁净室实例

1—无菌药物存放；2—药物分类；3—器皿贮存与灭菌；4—洗净和分装；5—洗净与药物贮存；6—药物开箱与预净化；7—更衣及辅助间

图 2-5-42 为国外某药厂新建的一个无菌制药车间。该车间的生产部分洁净室呈 U 字形，洁净气流从无菌药物存放的顶棚垂直吹出，经过药物分类和洗净与药物贮存两个水平层流洁净室，从药物开箱与预净化的顶棚回风，另一部分经过更衣及辅助间的顶棚回风。层流区展开长度为 34m。

生产工艺布置，药物开箱与预净化在洁净室气流的最末端，开箱后依次进行净化与灭菌，并通过传递窗送入分装室。其工艺移动方向与气流流向相反。

净化效果，送风量为 25500m^3/h，从无菌药物存放处 6.4m×2.6m 顶棚高效过滤器送入室内断面风速为 0.41～0.46m/s。烟雾试验证明，气流流型自始至终保持层流特性无涡流或逆向流。即使在更衣及辅助间来自洁净室的净化空气也仍保持一定的层流状态。实践证明，层流空气在长距离行程中虽然几次改变 90°方向，仍然保持单一的流动方向，几乎没有横向污染。

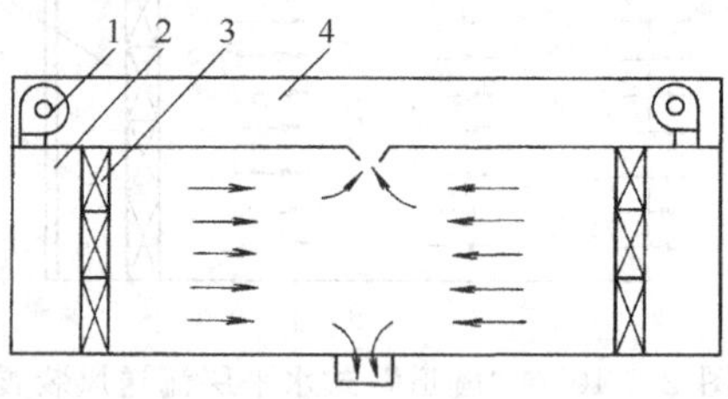

图 2-5-43　两侧对送水平层流洁净室

1—送风风机；2—送风静压箱；3—高效过滤器；4—回风静压箱

(3) 两侧对送水平层流洁净室　见图 2-5-43。这种形式的洁净室，气流从房间的两对面墙送出，由房间中部顶棚和地板回风口返回，可满足近百米长距离传送而不受妨碍的工艺生产线的需要。此外，研究表明，当送回风相距超过 10m 时，回风格栅的作用已经很小，因此室内无需设置平衡气流用的回风格栅。

由于药厂洁净室大多数为乱流式洁净室，它的送回风方式如下。

a. 送风　送风方式一般为顶送及侧送，实验证明，为达到同样的室内含尘浓度，顶送下回与侧送下回所需风量比为 1：1.13，可见顶送效果优于侧送，且药厂洁净室绝大多数在吊顶上有足够的空间布置高效过滤器风口，故应尽可能采用顶送风方式。

顶送乱流型洁净室，在风量不变的条件下，增加风口数量将有利于对室内含尘空气的稀释。实验证明，在等风量条件下，当室内风口从 2 个增至 5 个时，工作面含尘浓度减少一倍。但决定风口数量时也要考虑到药厂洁净室需要较高的照度，吊顶上灯具密度高，且过多的风口将大大增加工程费用等因素。

b. 回风　在同样的送风条件下，双下侧回比单下侧回效果好，顶送下回比顶送顶回效果为好。在条件许可下，应尽可能采用顶送双下侧回方式。但由于顶回方式具有回风管道布置简单，不占净化室面积的优点，故在国内外药厂的低级别洁净室中得到较多采用。对于 B 级以上的高级别洁净室则不宜采用。图 2-5-44 是一种较常见的送回风方式，对风道系统而言，同上送上回方式；对洁净室而言，可达到上送下回的效果，是比较经济的一种方案。

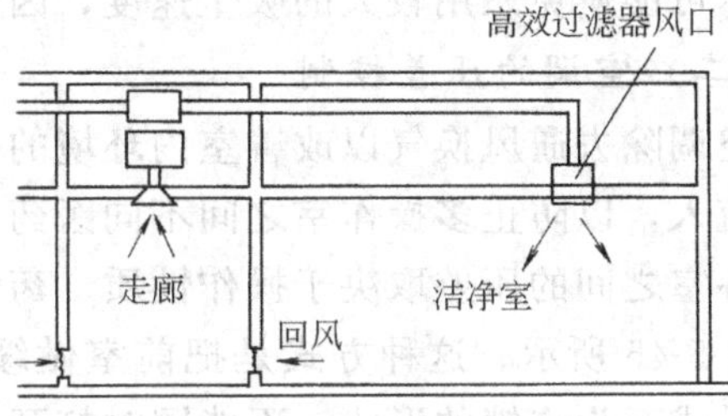

图 2-5-44　走道回风方式

表 2-5-7 中列出了药厂洁净室常用的气流组织方式，其中顶送风方式可有局部孔板顶送、高效过滤器风口顶送、散流器或百叶风口顶棚送风等；下部回风可有夹墙回风、走廊回风及土建竖风道回风等形式。对于生产中产生粉尘（如片剂车间）和产生有害气体的房间则不宜采用上部回风的方式。

表 2-5-7　药厂洁净室常用的气流组织方式

洁净室级别	气流流型	气流组织	洁净室级别	气流流型	气流组织
A 级	层流	水平、垂直	C 级	乱流	顶送下回，侧送下回，顶送顶回
B 级	乱流	顶送下回，侧送下回	大于 C 级	乱流	顶送下回，侧送下回，顶送顶回

七、非无菌制剂的空调通风

（一）非无菌制剂的空调方式

制药工业空调的最大特点是，制造工序本身就是粉尘发生源，例如原辅料处理（粉碎、过筛）、混合、制粒、干燥、压片、包衣等工序都有大量粉尘产生。在这一类车间，采用局部除尘方式效果最好，而且也经济。如果发尘量较多的操作室，没有采用局部除尘装置，而只靠空调方式要达到 C 级洁净室的标准，其空调费用很可能超过无菌室的造价。如果单从空气中粉尘数量的多少，来观察产尘量多的固体制剂制造工序，那么，最洁净的操作点上粉尘数量可能最多。当然这里的粉尘，大部分是药品本身，并不是污染物质，没有实际危害。但是本身很清洁的药品粉尘，经过长时间搁置后，会受杂菌污染或和其他医药品发生交叉污染。

为使非无菌制剂制造车间达到较高的洁净度，有效地局部除尘十分重要。由于药粉颗粒小，很容易飞扬。如 10μm 以下的粒子在 0.5m/s 的微风下也能飞扬，所以局部除尘与空调送风要很好地配合。根据工艺设备的具体情况，操作方式及产尘等，可以采用向上抽风式吸尘罩、侧面抽风式吸尘罩、围帘式、小室式吸尘罩。例如，制药压片机和胶囊填充机采用透明树脂材料制成围帘式侧罩，把整个机器罩起来，排风时，与无菌操作台正好相反，罩内形成负压。

在制药压片机吸尘罩内的粉尘浓度，根据测定大于 0.5μm 的粒子数，可高达（3.53～17.66）$\times 10^7$ 个/m^3，但靠近吸尘罩的外部平均只有 3.43×10^6 个/m^3，远离吸尘罩，粉尘量显著下降。但在保证必要车间洁净度的同时，也要照顾到尽可能避免采用较大的吸尘速度，因为吸尘过强会增加药品损耗。

（二）空调的压差控制

空调除去通风换气以改善室内环境的作用外，还有利用压差阻止室外污染空气的流入，以防止多操作室之间不同医药品的交叉污染的作用。

各室之间的压差取决于操作性质、药品种类和发尘量等因素。其典型的模式如图 2-5-45 所示。这种方式是把前室做缓冲区域，通道一侧的门和操作室一侧的门做成互为连锁的形式，不能同时打开，操作室的空气不能直接流入走廊及其他操作室。当操作室发尘量较少时，或在作用不太强的医药品制造中，采用这种形式即可满足要求，但操作室的粉尘多少还是会流入，这就需要随时认真清扫前室和走廊，此外，每个操作室都要设置前室，占去相当面积，特别是拥有大量操作的工厂，面积利用率太低。

第二种方式是将操作室和走廊的粉尘吸至前室。操作室的发尘量较大时采用这种方式较好，但关键在于前室的清扫，面积利用率与第一种方式相同。如图 2-5-46 所示。

图 2-5-45 无菌室间压差（一）

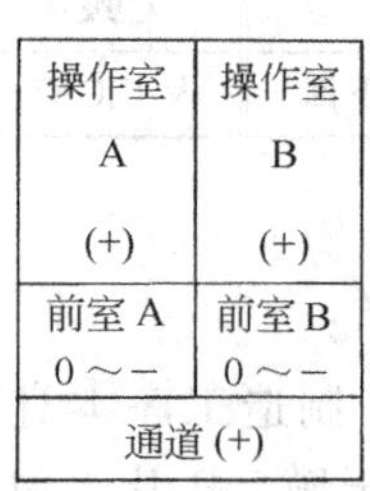

图 2-5-46 无菌室间压差（二）

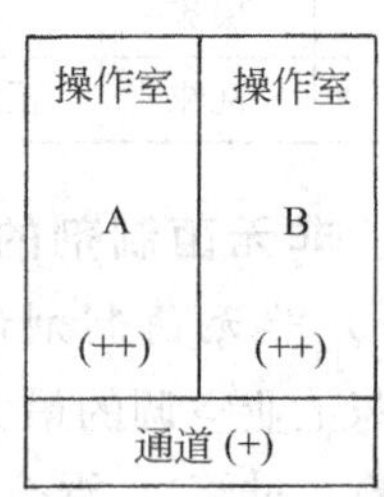

图 2-5-47 无菌室间压差（三）

第三种方式是操作室A或B所散发的粉尘可以流至走廊，但不会流入邻室。这种方式走廊容易受到污染。若操作室的发尘量较少或制造作用不太强烈的药品，采用这种方式效果较好，如图2-5-47所示。

第四种方式如图2-5-48所示，把走廊作为洁净区，操作室的粉尘不能流向走廊，而走廊的空气难免会流入操作室内，所以走廊的洁净度应与操作室相同，或者要超过操作室的洁净度。如果走廊中行走人员不多，则通过高效过滤器风口送风，就能够达到较高的洁净度，$\geqslant 0.5\mu m$ 的尘埃数 4.3×10^5 个/m^3，$\phi 90mm$ 平皿，暴露30min，菌落数是3个。这种方式适合于操作室内粉尘量比较多或者是作用强烈的药品制造。

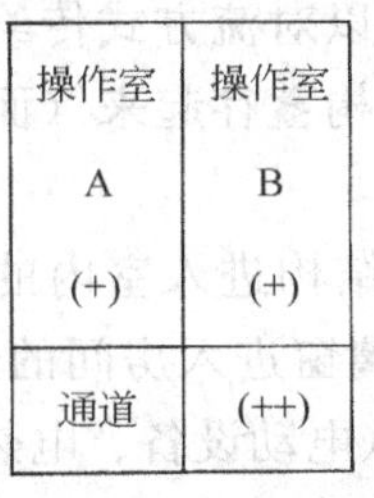

图 2-5-48　无菌室间压差（四）

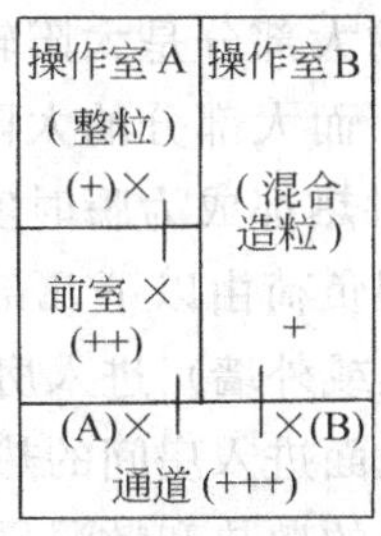

图 2-5-49　无菌室间压差（五）

第五种方式是在第4种方式的基础上增设前室，进一步防止操作室的粉尘流入走廊，如图2-5-49。某实例粉尘的测定结果见表2-5-8。

表 2-5-8　某实例粉尘的测定结果

场　所	换气次数/(次/h)	粉尘数($\geqslant 0.5\mu m$)/(个/m^3)	场　所	换气次数/(次/h)	粉尘数($\geqslant 0.5\mu m$)/(个/m^3)
操作室(A)	HEPA过滤器　9	2.22×10^6	通道(A)	HEPA过滤器　4	1.77×10^5
前室	HEPA过滤器　5	3.51×10^5	通道(B)	HEPA过滤器　4	1.77×10^5
操作室(B)	HEPA过滤器　12	9.81×10^5			

从上述数据可以看出操作室A和操作室B虽然粉尘量相差大约2.5倍，但是A设置前室后，A、B两操作室流至走廊的粉尘量均很少。

八、热量平衡计算

要使室内温度保持不变，必须使室内总得热量和总失热量保持平衡。即

$$\sum Q_d = \sum Q_s \tag{2-5-1}$$

式中　$\sum Q_d$——房间的总得热量，kW；

$\sum Q_s$——房间的总失热量，kW。

公式(2-5-1)就是通风或空调房间的热平衡方程式。当 $\sum Q_d > \sum Q_s$ 时，说明室内热量过剩，室内空气温度将会升高，需要送入冷空气消除室内余热，才能保持室内温度不变；当 $\sum Q_d < \sum Q_s$ 时，说明房间内热量不足，室内空气温度将

会下降，需要设置采暖设备或供给热风，才能保持室内温度不变。

热平衡方程式是通风和空调工程设计中必须遵循的基本方程式，其形式虽然简单，在实际应用时却需要根据具体情况分析各种形式的得热量和失热量。同时必须指出，室内的湿平衡方程式和有害物平衡方程式也具有同样的形式，使用方法也是相似的。

洁净室需要计算通过以下途径进入室内的热量和湿量。这里应首先弄清得热量和冷负荷两个词的含义。

所谓得热量是指在某一时刻房间由外界进入和在内部产生的最大热量的总和。所谓冷负荷则是指当室内维持室温恒定时，在某一时刻需要向房间供给的冷量，也就是为维持恒定的室温，在某一时刻需要从室内带走的多余热量。

得热量中的大部分是太阳辐射热。其中一部分以对流方式传给周围空气，成为瞬时冷负荷，而大部分的太阳辐射热则被围护结构蓄存起来（而后逐渐散出），不可能全部辐射热都成为瞬时实际冷负荷。

室内热、湿负荷由以下几部分组成：通过围护结构进入室内的余热量和余湿量；通过屋盖（或外墙）进入房间的热量；通过玻璃窗进入房间的热量；通过墙、楼板、顶棚、地面进入房间的热量；各种工艺设备（电动设备、电热设备、电子设备、工业炉等）的散热和散湿量；各种照明器具的散热量；人体散热和散湿量。

上述各种热、湿负荷的具体计算方法见《空气条件设计手册》。

一次回风系统夏季设计工况所需冷量分析见图 2-5-50。

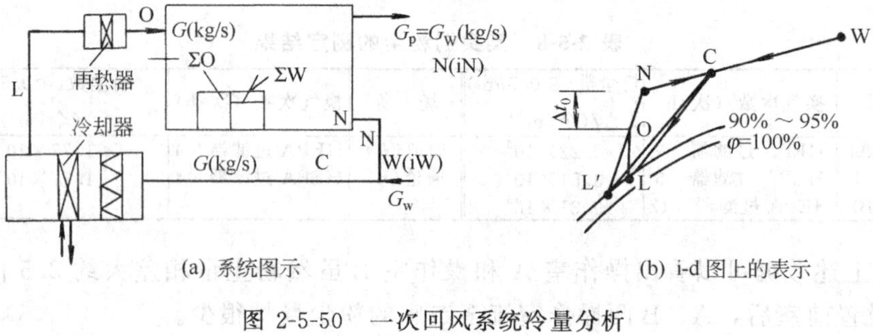

(a) 系统图示　　(b) i-d 图上的表示

图 2-5-50　一次回风系统冷量分析

整个空气的处理过程可以写成：

$$\left.\begin{array}{l}W\searrow\\ N\nearrow\end{array}\right. \rightarrow C \rightarrow L \rightarrow O \xrightarrow{\varepsilon} N$$

根据图 2-5-50（b）图上的分析，为了把 G（kg/s）空气从 C 点冷却减湿到 L 点，所需配置的制冷设备的制冷能力就是该系统夏季处理空气所需的冷量，即：

$$Q_0=G(i_C-i_L)\quad (\text{kW})$$

在采用喷水室或水冷式表面冷却器的处理室内，这个冷量是由制冷机或天然冷源提供的，而对于采用直接蒸发式冷却器的处理室来说，这个冷量是直接由制冷机的制冷剂提供的。

如果从另一个角度分析“冷量”的概念，则可以从空气处理和房间所组成系统的平衡关系来认识，它反映了三部分冷量。

风量为 G，参数为 O 的空气到达室内后，吸收室内的余热余湿沿 ε 线变化到参数为 N 的空气后离开房间。这部分热量就是前面计算出的“室内冷负荷”。其数值相当于：

$$Q_1=G(i_N-i_O)\quad(\text{kW})$$

从空气处理的流程看，新风 G_W 进入系统时的焓为 i_W，排出时为 i_N，这部分冷量称为“新风冷负荷”，其值为：

$$Q_2=G_W(i_W-i_N)\quad(\text{kW})$$

为了减少送风温差，有时不得不把已在喷水室中处理过的空气再一次加热，这部分热量称为“再热量”，其值为：

$$Q_3=G(i_O-i_L)\quad(\text{kW})$$

被抵消的这部分热量也是由冷源负担的，故 Q_3 称为“再热负荷”。

上述三部分冷量之和就是系统所需要的冷量，即 $Q_0=Q_1+Q_2+Q_3$，因此这一关系式可以写成：

$$Q_0=G(i_N-i_O)+G_W(i_W-i_N)+G(i_O-i_L)\tag{2-5-2}$$

由于在一次回风系统的混合过程中：

$$\frac{G_W}{G}=\frac{i_C-i_N}{i_W-i_N}$$

即 $G_W(i_W-i_N)=G(i_C-i_N)$，所以代入公式(2-5-2)可得：

$$Q_0=G(i_N-i_O)+G(i_C-i_N)+G(i_O-i_L)=G(i_C-i_L)\quad(\text{kW})$$

这一转换进一步证明了一次回风系统的冷量在图上的计算法和热平衡概念之间的一致性。

对于送风温差无严格限制的空调系统，若用最大送风温差送风，即用机器露点 L′送风，则不需消耗再热量，因而制冷负荷也可降低，这是应该在设计时考虑的。此时，制冷量为：

$$Q_0'=G'(i_C-i_L')=G_W(i_W-i_N)+G'(i_N-i_L')\quad(\text{kW})$$

这说明对于送风温差无严格限制的空调系统，若利用最大送风温差送风，系统制冷量等于房间的余热量 $Q'=G'(i_N-i_L')$ 加上把新风从室外状态降到室内状态所需吸收的热量 $G_W(i_W-i_N)$。利用这个关系，可以在设计的早期预算出房间的余热量后，不经过方案分析就可估计出系统需要的制冷量。

九、风量平衡计算

在任何通风或空调房间内，无论采用哪种送风和排风方式，单位时间的送风量必然等于排风量，即：

$$\sum L_S=\sum L_P\tag{2-5-3}$$

式中 ΣL_S——房间的总送风量，m^3/h，包括有组织的机械送风量和无组织的自然进风；

ΣL_P——房间的总排风量，m^3/h，包括有组织的机械回风量和排风量以及无组织的渗漏风量。

公式（2-5-3）就是通风或空调房间的风量平衡方程式。它也是通风和空调工程设计中必须遵循的基本方程式之一，其形式虽然简单，在实际应用中却需要根据具体情况分析各种形式的送风量和排风量。

在图 2-5-51 中，洁净室的风量平衡方程式为：

$$L_S = L_H + L_P + L_L \quad (m^3/h) \tag{2-5-4}$$

式中 L_S——洁净室的机械送风量，m^3/h；

L_H——洁净室的回风量，m^3/h；

L_P——洁净室的机械排风量，包括局部排风量和全面排风量，m^3/h；

L_L——由于洁净室围护结构不严密而造成的无组织的渗漏风量，m^3/h。

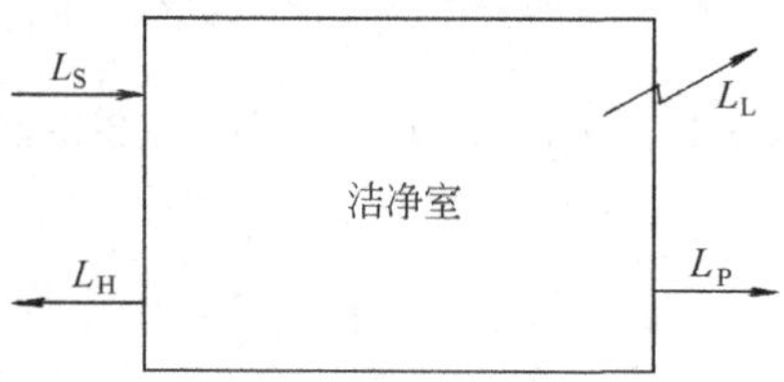

图 2-5-51 洁净室风量平衡示意

如果 $L_S > L_H + L_P$，则洁净室维持正压；如果 $L_S < L_H + L_P$，则洁净室维持负压。

（一）送风量的计算

1. 层流洁净室

洁净室的计算有均匀分布和不均匀分布两种理论。不论按照哪种理论，层流洁净室的送风量都是由室内断面风速决定的。《洁净厂房设计规范》中要求：A 级垂直层流洁净室室内断面风速 $v \not< 0.25m/s$；水平层流洁净室内断面风速 $v \not< 0.35m/s$。根据这个规定，只要已知洁净室的断面面积，就可以求得送风量。

2. 乱流洁净室

（1）换气次数估算法　根据《医药工业洁净厂房设计规范》，B 级洁净室的换气次数 $n \not< 25$ 次/h；C 级洁净室的换气次数 $n \not< 15$ 次/h。只要已知洁净室的长、宽、高，即容积和所要求达到的空气洁净度级别，就可以求得送风量。

（2）公式计算法　换气次数法只能估算洁净室所需要的送风量，但由于室内发尘量不同，气流组织形式不同以及系统新风量不同等因素。因此，要准确地确定系统送风量应通过公式进行计算。

（3）注意事项　从洁净度的角度确定的送风量应与按热、湿负荷及新风要求计算出的送风量加以比较，并且取其中最大值作为系统的送风量。

（二）正压风量的计算

在公式（2-5-4）中，L_L 为无组织的渗漏风量，即由于洁净室内维持正压，通过门、窗、壁板等围护结构缝隙渗漏到室外的风量，又称为正压风量。在相同围护结构条件下，室内维持的正压值越高，所需正压风量越大。维持相同正压值的条件下，围护结构的气密性能越好，所需正压风量越小；反之所需正压风量越大。

《医药工业洁净厂房设计规范》中要求：不同等级的洁净室以及洁净区与非洁净区之间的静压差，不应小于 5Pa，洁净区与室外的静压差，不应小于 10Pa。

工程设计时可采用以下几种方法确定正压风量。

1. 缝隙法

洁净室维持不同正压值所需风量，可以按下式计算：

$$Q=a\sum(qL)\quad(\mathrm{m^3/h})\qquad(2\text{-}5\text{-}5)$$

式中 Q——维持洁净室正压所需的正压风量，m^3/h；

a——根据围护结构气密性确定的安全系数，可取 1.1～1.2；

q——当洁净室为某正压值时，其围护结构单位长度缝隙的渗漏风量，$m^3/(h\cdot m)$；

L——围护结构的缝隙长度，m。

围护结构单位长度缝隙的正压风量，可按表 2-5-9 采用。

表 2-5-9 围护结构单位长度缝隙的正压风量/(m^3/h)

压差/Pa	门窗形式						
	非密闭门	密闭门	单层固定密闭木窗	单层固定密闭钢窗	单层开启式密闭钢窗	传递窗	壁板
4.90	17	4	1.0	0.7	3.5	2.0	0.3
9.81	24	6	1.5	1.0	4.0	3.0	0.6
14.72	30	8	2.0	1.3	6.0	4.0	0.8
19.62	36	9	2.5	1.5	7.0	5.0	1.0
24.53	40	10	2.8	1.7	8.0	5.5	1.2
29.43	44	11	3.0	1.9	8.5	6.0	1.4
34.34	48	12	3.5	2.1	9.0	7.0	1.5
39.24	52	13	3.8	2.3	10.0	7.5	1.7
44.15	55	15	4.0	2.5	10.5	8.0	1.9
49.05	60	16	4.4	2.6	11.5	9.0	2.0

2. 换气次数法

设计时正压风量可根据正压值和房间换气次数的关系确定，见表 2-5-10。

表 2-5-10 洁净室正压值与房间换气次数的关系

室内正压值/Pa	有外窗、气密性较差的洁净室/(次/h)	有外窗、气密性较好的洁净室/(次/h)	无外窗土建式洁净室/(次/h)	室内正压值/Pa	有外窗、气密性较差的洁净室/(次/h)	有外窗、气密性较好的洁净室/(次/h)	无外窗土建式洁净室/(次/h)
4.90	0.9	0.7	0.6	29.43	4.0	3.3	2.7
9.81	1.5	1.2	1.0	34.34	4.5	3.8	3.0
14.72	2.2	1.8	1.5	39.24	5.0	4.2	3.2
19.62	3.0	2.5	2.1	44.15	5.7	4.7	3.4
24.53	3.6	3.0	2.5	49.05	6.5	5.3	3.6

测定某无密封措施的单扇非密闭门的正压风量见表 2-5-11。

表 2-5-11 某单扇非密闭门的正压风量

缝隙两侧压差/Pa	4.90	9.81	14.72	19.62	24.53	29.43	34.34	39.24	44.15	49.05
正压风量/(m^3/h)	85	120	150	180	200	220	240	260	275	300

（三）排风量的计算

洁净室内产生有害物的工艺操作，通常在通风柜内进行，其排风量（m^3/h）按下式计算：

$$L=3600vAB \tag{2-5-6}$$

式中 AB——操作孔（工作口）的有效面积，m^2；

v——操作孔（工作口）的断面风速，m/s，按表 2-5-12 选用。

表 2-5-12 通风柜操作孔(工作口)的断面风速

有害物性质	无毒有害气体	有毒有害气体	剧毒有害气体
断面风速/(m/s)	0.3～0.5	0.7～1.0	1.2～1.5

（四）新风量的计算

洁净室新风量应取下列几项风量中最大值。

(1) 乱流洁净室总送风量的 10%～30%（B 级取 20%，C 级 30%），层流洁净室总送风量的 2%～4%（A 级垂直层流取 2%，A 级水平层流取 4%）；

(2) 补偿室内排风和保持室内正压值所需要的新风量；

(3) 保证室内每人每小时的新风量不少于 40m^3。

从卫生角度考虑的最少新风量，主要是用于稀释空气中的有害气体和气味。其计算公式如下：

$$L=\frac{X}{(C-C_0)\times 10^{-3}} \quad (m^3/h) \tag{2-5-7}$$

式中　X——室内产生的有害气体量，m^3/h；

C——有害气体的控制浓度，L/m^3；

C_0——室内空气中该种有害气体的浓度，L/m^3。

对于经常而又较多地产生有害气体的洁净室，应按有关标准确定室内最少新风量。对于一般的洁净室，则主要以 CO_2 为标准确定每人每小时最少新风量。

对于 CO_2，公式（2-5-7）中的 C 一般取 1 L/m^3，C_0 一般取 0.3 L/m^3。

当按极轻劳动考虑时，每人每小时呼出 CO_2 计算值为 $X=0.022m^3/(h\cdot人)$，则需要的新风量为：

$$L=\frac{0.022}{(1-0.3)\times 10^{-3}}\approx 30m^3/(h\cdot人)$$

应该指出，卫生标准和采暖通风设计规范都把这个数字定为新风量的下限，《医药工业洁净厂房设计规范》将此值定为 $40m^3/(h\cdot人)$。

男子劳动强度和 CO_2 呼出量的关系，见表 2-5-13，根据表中提供的数据可以确定人在不同劳动情况下所需的最少新风量。

表 2-5-13　男子劳动强度和 CO_2 呼出量的关系

劳动强度	CO_2 呼出量/[$m^3/(h\cdot人)$]	CO_2 计算采用呼出量/[$m^3/(h\cdot人)$]
安静时	0.0132	0.013
极轻劳动	0.0132～0.0242	0.022
轻劳动	0.0242～0.0352	0.03
中劳动	0.0352～0.0572	0.046
重劳动	0.0572～0.0902	0.074

（五）回风量的计算

在计算出送风量和新风量之后，回风量可按下式计算：

$$L_H=L_S-L_X \tag{2-5-8}$$

式中　L_H——系统的回风量，m^3/h；

L_S——系统的送风量，m^3/h；

L_X——系统的新风量，m^3/h。

净化空调系统有一次回风式和二次回风式。经过热、湿处理的风量、一次回风量和二次回风量的计算方法和耗冷量的计算方法可参阅《空气调节》一书。对于洁净厂房内部的某一个具体房间，其回风量按公式（2-5-4）计算。

（六）洁净度的计算

洁净度不能直接计算求得，只能通过含尘浓度的计算间接确定。

洁净室内空气中尘粒的分布有两种理论，一种是均匀分布理论，另一种是不均匀分布理论。

1. 均匀分布理论

所谓均匀分布理论，就是假定室内尘粒是均匀地充满整个空间，疏密相同，如果有灰尘发生源，则产生的尘粒由于扩散和气流的带动和冲淡，能很快地在室内达到平衡。这就是乱流洁净室均匀分布计算理论的基础。乱流洁净室的基本图示，见图 2-5-21。

为了简化计算，还需要做以下假定：量是稳定的；室内发尘量是常数；大气含尘浓度是常数；忽略室内外灰尘的密度和分散度的变化对过滤器效率的影响；忽略渗入的灰尘量和管道产尘的可能性；忽略灰尘在管道内和室内的沉降。

设：

N_t——某时间 t 的室内含尘浓度，粒/L；

N——室内稳定含尘浓度，粒/L；

N_0——室内原始含尘浓度，即 $t=0$ 时的含尘浓度，粒/L；

V——洁净室容积，m^3；

n——换气次数，次/h；

G——室内单位容积发尘量，粒/(m^3·min)；

M——大气含尘浓度，粒/L；

S——回风量对于全风之比；

η_1——初级过滤器效率（计数效率，用小数表示，下同）；

η_2——中级过滤器效率；

η_3——末级过滤器效率。

此外，设在新风通路上过滤器的总效率为 η_n，设在回风通路上过滤器的总效率为 η_r，有：

$$\eta_n=1-(1-\eta_1)(1-\eta_2)(1-\eta_3)$$

$$\eta_r=1-(1-\eta_2)(1-\eta_3)$$

(1) 进入洁净室的灰尘由以下三部分组成。

a. 由回风带进室内的灰尘

单位时间的回风量为：

$$\frac{SnV\times10^3}{60}\quad(\mathrm{L/min})$$

单位时间内，经回风通路上过滤器（中级过滤器和末级过滤器）过滤后，进入室内的尘粒数量为：

$$\frac{SnV\times10^3}{60}N_t(1-\eta_r)\quad(粒/\mathrm{min})$$

则 Δt 时间内，室内每升空气中由于回风而增加的尘粒数量为：

$$\frac{SnN_t}{60}(1-\eta_r)\Delta t\quad(粒/\mathrm{L})$$

b. 由新风带进室内的灰尘

单位时间的新风量为：

$$\frac{nV\times10^3}{60}(1-S)\quad(\text{L/min})$$

单位时间内，经新风通路上的过滤器，即初级过滤器、中级过滤器和末级过滤器后，进入室内的尘粒数量为：

$$\frac{MnV\times10^3}{60}(1-S)(1-\eta_n)\quad(\text{粒/min})$$

则 Δt 时间内，室内每升空气中由于新风而增加的尘粒的数量为：

$$\frac{Mn(1-S)(1-\eta_n)}{60}\Delta t\quad(\text{粒/L})$$

c. 在 Δt 时间内，由于室内发尘而使室内每升空气增加的尘粒数量为 $G\times10^{-3}\Delta t$（粒/L）。

(2) 由室内排出的灰尘包括有组织的回风排出的灰尘和无组织的渗漏排出或压出的灰尘。

单位时间通风换气量为：

$$\frac{nV\times10^3}{60}\quad(\text{L/min})$$

单位时间内，室内空气由通风换气排出的尘粒数量为：

$$\frac{nV\times10^3}{60}N_t\quad(\text{粒/min})$$

则 Δt 时间内，室内每升空气由通风换气排出的尘粒数量为

$$\frac{\frac{nV\times10^3}{60}N_t}{V\times10^3}\Delta t=\frac{nN_t}{60}\Delta t\quad(\text{粒/L})$$

根据以上分析进出洁净室的尘粒数量，则在 Δt 时间内，洁净室内含尘浓度的变化为：

$$\Delta N_t=\text{进入的含尘浓度}-\text{排出的含尘浓度}$$

$$=\left[\frac{Sn\mathrm{N}_t(1-\eta_r)}{60}\Delta t+\frac{\mathrm{Mn}(1-\mathrm{S})(1-\eta_n)}{60}\Delta t+\mathrm{G}\times10^{-3}\Delta t\right]-\frac{\mathrm{nN}_t}{60}\Delta t$$

经过一系列变换和推演整理，最后得到洁净室含尘浓度的瞬时计算公式为：

$$N_t=\frac{Mn(1-S)(1-\eta_n)+60G\times10^{-3}+\frac{60N_0}{\Delta t}}{\frac{60}{\Delta t}+n-Sn(1-\eta_r)}\tag{2-5-9}$$

当净化空调系统经过一定时间运行后，室内含尘浓度趋于稳定，公式（2-5-9）中的 $t\to\infty$，即 $\Delta t\to\infty$，则公式（2-5-9）变为：

$$N=\frac{Mn(1-S)(1-\eta_n)+60G\times10^{-3}}{n[1-S(1-\eta_r)]} \tag{2-5-10}$$

公式（2-5-10）就是乱流洁净室含尘浓度的稳定式，只要注意系统中哪些过滤器组合效率是 η_n，哪些是 η_r，就可以较方便地列出某一系统的稳定式。此外，只要再知道 G、n、M、S，那么系统稳定状态下的含尘浓度也就确定了。

2. 不均匀分布理论

所谓不均匀分布是指由于气流分布的不均匀和尘粒分布的不均匀造成洁净室内浓度场的分布不均匀。但这里所讲的不均匀分布，仍然假定发尘是均匀的，稳定的，只是尘粒分布不均匀。同时这种尘粒的分布不均匀也不是指每一点的不均匀分布，而是指区域的不均匀分布，就是说有区域浓度差。按照每一点的不均匀分布进行计算是不可能的，也是没有必要的。这是洁净室不均匀分布计算理论的基础。

影响室内含尘浓度不均匀分布的因素如下。

(1) 气流组织的影响（包括送回风方式和风口位置） 不同的气流组织对室内浓度场均匀程度是有影响的，但一般说来，现有的气流组织方式在这个方面的差别并不显著。实测结果的总趋势是侧送方式的气流分布不均匀使稀释作用减弱，实测含尘浓度一般高于按均匀分布理论的计算值；局部孔板、高效过滤器风口顶送和散流器等方式的实测值对于计算值的正负偏离都存在，这说明在均匀性上优于侧送；全孔板方式中，实测值几乎都低于计算值，说明这种气流组织方式的均匀性更好些。

(2) 风口位置的影响 如顶部送风口，如果位置偏离顶棚中心，送风风速再大一些，则造成室内气流极不均匀，出现几个涡流区，实测含尘浓度比计算值高得多。

(3) 送风口数量的影响 在相同换气次数条件下，送风口少，室内平均含尘浓度要比按均匀分布理论的计算值高，这是因为风口少，乱流成分大，涡流区大，均匀性差；送风口多，室内平均含尘浓度要比按均匀分布理论的计算值低，这是因为风口多，涡流区减小了，速度场较均匀，而且由于风口多，气流挤压作用增加了。此外，在同样换气次数下，增加风口就降低了风速。这对减少尘粒在工件表面的沉积是有利的。

(4) 换气次数的影响 因为要使气流和浓度达到均匀分布，必须有足够的气流量去冲淡和稀释，而且要使冲淡稀释的区域尽可能大，直至全室范围。换气次数小，不仅流量不足，而且风口数量也少，可能造成较大较多的涡流区，因此实测含尘浓度一般都大于计算值，因为实际上并未达到均匀稀释的效果。不过当换气次数在 10 次/h 以上时，这种差别一般就不大了。随着换气次数的增加，稀释趋于均匀和达到全室的程度，实测值和计算值逐渐接近，大约在 70 次/h 左右，两者不相上下。继续增大换气次数，出现相反的情况，实测值一般低于计算值，这是因为不仅已达到充分稀释，而且由于风量的增加，风口数量必然增加（如果风口数量不增加，而单个风口风速会过大，则有相反的结果），则风口的挤压作用加强，因此实际含尘浓度比只按均匀稀释作用的含尘浓度计算值要低。总之，换气次数的影响尤其表现在两头，即小换气次数时，实测含尘浓度比计算值高；大换气次数时，实测含尘浓度比计算值低。

3. 洁净室三区不均匀分布模型

由于气流组织、送风口数量及换气次数等因素的影响，假定的均匀分布的前提实际上是不存在的，国内外大量实测也表明灰尘分布并不均匀。国内空气净化学者在20世纪70年代末提出了洁净室的不均匀分布的计算理论，该理论以三区不均匀分布模型为基础，将室内分为主流区、涡流区和回风口区，见图2-5-52。

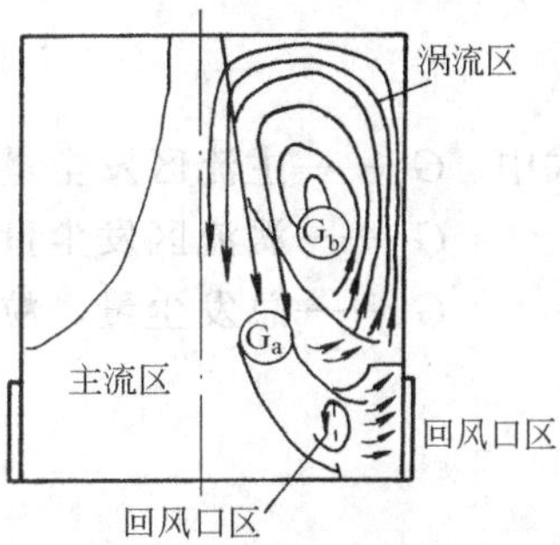

图 2-5-52　三区不均匀分布模型

三区不均匀分布模型的主要内容如下。

(1) 主流区　在该区内由于工作区以上有一定的风速，尘粒靠扩散、沉降、机械力等作用而分散到全室的可能性很小，只能是随着气流运动，而不可能逆着气流不断地、均匀地把尘粒分散到全部主流区去。

(2) 涡流区　主流区内散发的尘粒，一部分随着涡流自下而上进入涡流区，又自涡流区自上而下较均匀地进入送风气流的全边界层。

(3) 回风口区　根据射流原理，送风气流断面不断扩大，由于来自涡流区的气流的补充，而使流量不断增加。因此，主流区内尘源散发的尘粒，将随着气流稍有扩展地沿气流方向运动，而进入回风口区。在回风口区内，得到一定程度的混合，一部分从排风口排出，一部分折回涡流区，在涡流区内分布开来并随着主流区引带的气流较均匀地贯穿整个主流区。

实测也表明，有一个含尘浓度不同于主流区和涡流区的回风口区的存在，主流区内工作区含尘浓度相当于回风口区的平均含尘浓度的70%左右。主流区内散发的尘粒首先被集中于回风口区，这就是回风口区浓度高于主流区的重要原因。不过这一集中灰尘的区域应是很小的。

根据图2-5-52三区不均匀分布模型推导出的洁净室含尘浓度-换气次数的关系式称为洁净室N_V-n通式。

$$N_V=N_S+\frac{60G\times10^{-3}}{n}\left(\frac{1-B}{\phi}+\frac{B}{1+\phi}\right)\left(\phi+\frac{V_b}{V}\right) \tag{2-5-11}$$

式中　N_V——根据三区不均匀分布模型计算得出的洁净室含尘浓度，粒/L；

N_S——送风含尘浓度，粒/L；

G——单位容积发尘量，粒/(m³·min)；

n——根据均匀分布理论计算确定的换气次数，次/h；

B——主流区发尘量与总发尘量之比；

ϕ——涡流区至主流区的引带风量与送风量之比；

V_b——涡流区容积，L；

V——洁净室容积，L。

$$N_S = N_t \times S(1-\eta_r) + M(1-S)(1-\eta_n) \quad (2\text{-}5\text{-}12)$$

由于 N_t 比 M 小得多，所以公式（2-5-12）变为：

$$N_S \approx M(1-S)(1-\eta_n) \quad (2\text{-}5\text{-}13)$$

$$B = \frac{G_a}{G_a + G_b} = \frac{G_a}{G_o} \quad (2\text{-}5\text{-}14)$$

式中 G_a——主流区发尘量，粒/min；

G_b——涡流区发尘量，粒/min；

G_o——总发尘量，粒/min。

$$G_o = G_a + G_b$$

$$\phi = \frac{Q'}{Q} \quad (2\text{-}5\text{-}15)$$

式中 Q'——涡流区至主流区的引带风量，L/min；

Q——送风量，L/min。

尘粒均匀分布条件下的含尘浓度为：

$$N = N_S + \frac{60G \times 10^{-3}}{n} \quad (2\text{-}5\text{-}16)$$

令不均匀系数

$$\Psi = \left(\frac{1-B}{\phi} + \frac{B}{1+\phi}\right)\left(\phi + \frac{V_b}{V}\right) \quad (2\text{-}5\text{-}17)$$

则公式（2-5-11）变为：

$$N_V = N_S + \frac{60G \times 10^{-3}}{n}\Psi \quad (2\text{-}5\text{-}18)$$

根据公式（2-5-12）知，N_S 是很小的，则公式（2-5-18）变为：

$$N_V = \Psi\left(N_S + \frac{60G \times 10^{-3}}{n}\right) = \Psi N \quad (2\text{-}5\text{-}19)$$

由公式（2-5-19）可以看出，按不均匀分布理论计算的含尘浓度等于按均匀分布理论计算的含尘浓度乘以不均匀系数。

公式（2-5-11）是描述洁净室的通式，不管是层流洁净室还是乱流洁净室，或者乱流洁净室中不同的送风方式，或者层流洁净室中满布还是间布高效过滤器以及室内的人员多或少，对于含尘浓度和换气次数的影响都可以通过该式反映出来。

对于层流洁净室，假定高效过滤器的满布率达到100%（连边框都没有），则自然在室内整个高度和断面上都是层流气流而无涡流区。因此$V_b=0$，$Q'=0$，$\phi=0$，则公式（2-5-11）中：

$$\phi+\frac{V_b}{V}=0$$

则 $N_V=N_S$

这好比是一段过滤器试验管道，过滤器后的含尘浓度只决定于进口浓度，是很理想的情况。

如果高效过滤器的满布率小于100%，此时就要产生涡流区，并且随着满布率的减小，ϕ、V_b 都要增大，B 要减小，则 N_V 也要增大。这就说明满布率不同的层流洁净室含尘浓度也不同，用公式（2-5-11）可以进行计算。同样，人员密度不同的层流洁净室含尘浓度也不同，所以层流洁净室的人员数量还是要加以控制。

对于不同的乱流洁净室，主要是主流区的大小，涡流区的大小，引带风量的大小不同。例如，散流器的扩散角要比高效过滤器送风口大些，因而涡流区容积 V_b 小些，ϕ 也大些，所以不同的乱流洁净室在含尘浓度上的差别就反映出来。

通过计算室内含尘浓度可以确定室内洁净度。

（七）室内外计算参数的确定

（1）大气含尘浓度 M　根据厂址环境情况取值。

（2）室内单位容积发尘量 G　根据人员密度和人员动作的情况查图2-5-53。该图中的倍数表示人员动作时的发尘量与其静止（或基本静止）时的比值，通常用5倍即可；发尘量较小的，可用3倍，发尘量大的可用7倍。

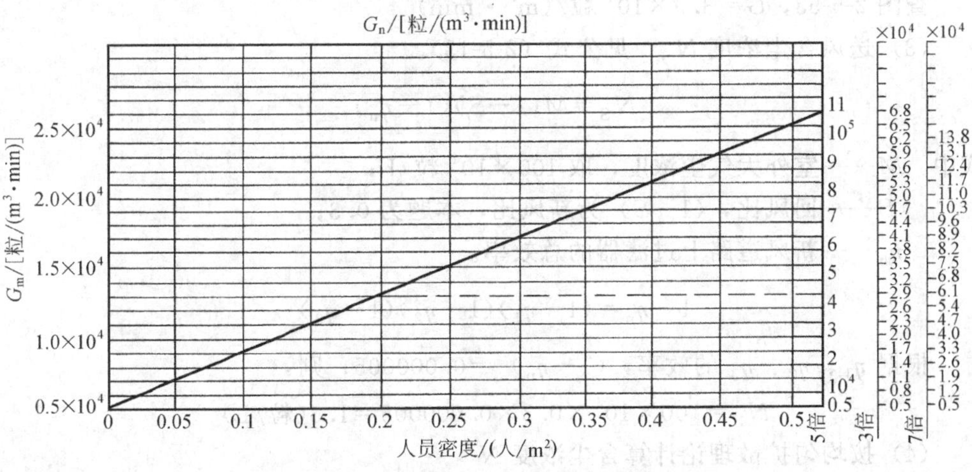

图2-5-53　洁净室单位容积发尘量计算图

（3）新风量　见本章新风量的计算。

(4) 过滤器的效率 η

粗孔泡沫塑料初级过滤器：$\eta_1=0.1\sim0.2$

中细孔泡沫塑料中效过滤器：$\eta_2=0.3\sim0.4$

玻璃纤维中效过滤器：$\eta_2=0.4\sim0.5$

高效过滤器：$\eta_3=0.99999$

(5) 换气次数 n　参见本章。

(八) 不均匀系数 Ψ 的确定

如果 B、Ψ、V_b/V 不便于确定时，则不能具体计算 Ψ 值。对于一般情况可由换气次数大致确定 Ψ 值，见表 2-5-14。

表 2-5-14　Ψ 值的选用表

换气次数 n/(次/h)	10	20	40	60	80	100	120	140	160	180	200
Ψ	1.5	1.22	1.16	1.06	0.99	0.9	0.65	0.51	0.51	0.43	0.43

(九) 含尘浓度计算例题

某洁净室长、宽、高分别为 6m，5m，2.5m，换气次数为 30 次/h，工作人员 5 人，新风比为 30%，求室内可能达到的洁净度级别。

解：

(1) 净室的人员密度 g

$$g=\frac{P}{F}=\frac{5}{6\times5}=0.17(\text{人/m}^2)$$

(2) 单位容积发尘量 G

查图 2-5-53，$G=3.9\times10^4$ 粒/($\text{m}^3\cdot\text{min}$)

(3) 送风含尘浓度 N_S　见公式 (2-5-13)。

$$N_S=M(1-S)(1-\eta_n)$$

式中　M——室外大气尘浓度，取 100×10^4 粒/L；

S——回风比，$(1-S)$ 为新风比，本题为 0.3；

η_n——新风道路上过滤器的总效率。

$$1-\eta_n=(1-\eta_1)(1-\eta_2)(1-\eta_3)$$

根据 η_1、η_2、η_3 的效率，$(1-\eta_n)=0.000005$；则：

$$N_S=100\times10^4\times0.3\times0.000005=1.5(\text{粒/L})$$

(4) 按均匀扩散理论计算含尘浓度 N

$$N=N_S+\frac{60G\times10^3}{n}=1.5+\frac{60\times3.9\times10^4\times10^3}{30}=79.5(\text{粒/L})$$

(5) 洁净室的含尘浓度 N_V　根据公式（2-5-19）得：

$$N_V \approx \Psi N$$

查表 2-5-14，$\Psi = 1.19$，则：

$$N_V \approx 1.19 \times 79.5 = 95 \text{（粒/L）}$$

该洁净室可以达到 B 级。

第六章　工艺对各专业的要求以及与之关系

洁净厂房有其特点：厂房内公用系统管道、物料主管与电缆桥架、通风管道、下水道等交错敷设，需进行竖向及横向的划分，以减低空间高度。在大面积的厂房内工艺管道的配置类似外管及综合管线的设计。

制剂生产工艺配管图的深度除平、立面图外，按不同介质的管道绘制系统透视图，对于管道走向及阀门位置和数量有直觉感，有利于备料和数量与规格的统计。

实验室支管由下而上，要求实验台面上没有暴露在外的管道，保证室内的整齐和清洁。

由于工艺与其他专业关系密切，故要求工艺负责人有较全面的专业知识和组织能力，要求其对其他各专业进行协调和统一。

第一节　对高纯水的要求

1. 制剂厂房所用高纯水制备的水处理步骤如下。

第一步原水预处理，去除水中的悬浮物和有机物；第二步除去离子，或称脱盐，使水经过初级脱盐和深度脱盐去除其中的离子；第三步后处理，清除前工序未能消除或在以后的贮存与输送过程中所造成的污染。

当工厂需要的纯水量较大，使用纯水的建筑物比较分散，水质又要求很高时，通常采用三级处理方式。第一级预处理和初级脱盐，集中在单建的全厂性纯水站内解决；第二级深度脱盐、进一步杀菌、除去微粒以及使纯水在管内循环流动，这一级分设在各厂房内；第三级一般是设在车间用水点附近，为终端处理。

一般情况下，通常采用二级处理方式。第一级预处理与脱盐合并在纯水站内解决；第二级后处理，在厂房内用水点进行。

2. 纯水站的规模取决于原水水质、生产用水量及工艺对水质的要求。其中原水水质和工艺对水质的要求决定制水流程的繁简及设备的多少，而生产用水量决定设备的大小。一般来说，当原水为地面水时，预处理的内容较多；而当工艺对水质的要求较高时，脱盐、灭菌及除微粒的设备较全。

纯水站的面积可概略估计为：当产水量为 2～20m^3/h 时，水站的面积约需 200～600m^2。

3. 当独立设置纯水站时，洁净厂房的纯水总管入口应设在洁净厂房的非洁净区，再以这个入口的起点将纯水管道引入洁净区上方或下方的技术夹层。在技术夹层内敷设环状管网，使纯水在管网内进行大循环，然后再从技术夹层或技术夹道或管井分别引向后处理设备。

4. 当原有纯水站的供水量不足，或距洁净厂房较远，或厂内主要是洁净厂房需要纯水时，可将纯水站与洁净室合建在一幢厂房内。在这种情况下应注意以下问题。

(1) 纯水站应尽量靠近用水点，以缩短管线，减少纯水水质的衰减，同时注意设备振动（如水泵、脱气塔等）对工艺生产的影响。

(2) 纯水站布置在洁净厂房的外围，应有单独的出入口。这样可便利酸碱运输，同时酸碱腐蚀气体也不至于影响其他区域运输。要注意水站位置应远离空调机房的新风入口，并在其下风侧。

(3) 水站设备较重，楼面荷载约为 $1\sim3t/m^2$，故水站宜设在建筑底层。同时酸碱不上楼有利于操作与防腐蚀。

(4) 纯水站内主要影响建筑布置与尺寸的设备是离子交换柱与再生系统等装置。柱体经常按流程呈"一"字形或两排背靠背呈"二"字形排列。由于接入柱体的管道很多，柱体最好沿墙布置，同时在柱后留出约 1m 进深作为装卸树脂和固定柱体之用。有时还在柱体背后设置平台。

一般情况下，当布置一排交换柱时，建筑净宽不能小于 4m；两排平行时，约 7～8m。最好是一个依附墙面的狭长型房间。

水站的建筑净空，一般当用水量少于 20t/h 时，约为 4～5m；用水量大于 50t/h，净空约 7m 左右。不过，若设置真空脱气塔，仅塔身就高达 7m 左右，此时须另行考虑局部处理层高的措施或采用鼓风脱气塔。

(5) 高纯水后处理装置一般做成一个带有水箱与水泵的小型四柱式自循环装置，占据的空间有限，安放的位置比较灵活，可以在洁净室内清洗设备的旁边，出水质量好，管理也方便，当洁净室面积紧张时，也可以不靠用水点而设在技术夹层或技术夹道内，但相对而言，水质在后处理之后会受到管道的污染，且室内还需设远距离控制开关。

第二节　对高纯气体的要求

1. 洁净室工艺生产所需要高纯气体包括：高纯的氢气、氧气、氮气、氩气、氦气、氖气和压缩空气等。其中用量以氢气和氮气为最多，纯度以电子工业中的半导体器件和集成电路制作为最高，危险性以氢气和氧气为最大。因此，高纯气体在总体设计中应重点考虑的问题是：气体的生产（来源）、纯化、输送和安全措施。

2. 洁净室工艺所需要的高纯气体的来源，可分为两种情况。

当洁净室用气量不大时，可外购一定纯度的瓶装气体，在洁净厂房内设置供气室，室内布置汇流排和减压装置，根据需要还可设置气体纯化装置，然后用管道经高效气体过滤器送至用气点。特殊情况下也可从具有一定纯度的高纯气瓶，用管道直接经高效气体过滤器送至用气点。

当洁净室用气量很大时，可以单独建气体动力站，用管道将高纯气体送到各洁净厂房的气体入口室，如果纯度已满足要求，可直接送至用气点，否则还应增设气体纯化装置。

气体动力站可以是气体发生站，也可以是外购液态气瓶站。

一般情况下氮气、氧气、氩气、氦气和氖气由空气分离产生，氢气由电解水产生，电解水还同时产生氧气。

3. 洁净厂房气体入口室的主要功能是控制送到厂房的气体，包括切断；减压与压力调节，计量测定气体的流量、温度等参数以及必要时检测气体的纯度。

气体入口室除上述所需的阀门、仪表外，有时还设置气体的中效过滤器。入口室的设备一般都不大，需要一定清洁的环境，并要求有足够的墙面按顺序横向排列。当布置有氢气系统时，入口室应有防火防爆措施。

气体入口室应尽量靠近洁净生产区的用气点，以缩短管线，减少污染，方便管理。

4. 气体纯化装置及其小室：设置在用气点气体高效过滤器前的气体纯化装置单机占用的空间一般不超过 1m×1m×(1.5～2.0)m。如果需要终端气体纯化装置的设备较多，可靠近用气区域安排终端纯化小室，集中设置各种气体的终端气体纯化装置，可以方便管理，但距离不能超过 10m。终端纯化小室的高度在 4m 左右，当有氢气系统时，应考虑防爆措施。

5. 洁净厂房的高纯气体供气室不应放在洁净生产区内，以减少油污的污染，同时为了运输钢瓶的方便，宜布置在底层。供气室所需面积由汇流排尺寸、空钢瓶存放面积、操作面积以及可能布置的终端气体纯化装置所需面积综合确定。汇流排尺寸按瓶距 30～50cm 计，当 5 瓶一排时不超过 3m，汇流排高度一般不超过 2m，但为了降低室内气体浓度，供气室高度不应低于 3.5m。

氢气系统和氧气系统不得共用一个供气室，有氢气系统的供气室应防爆，有氧气系统的供气室应防火。

6. 高纯气体用气点前应设高效气体过滤器。

7. 当压缩空气用量在 $10m^3/h$ 时，可将空压站与洁净厂房合建。按照设备计算，每两台空压机加上净化装置约需 $70～80m^2$ 的建筑面积，房间高度不得低于 4m。此外，应考虑空压设备的发热、噪声、振动和油污对洁净区的影响。

第三节　对电气的要求

1. 电气设计包括强电、弱电和自动控制三个方面的平时运行和火灾期间所使用的内容。强电部分包括供电、电力和照明；弱电部分包括广播、电话、闭路电视、报警和消防；自动控制包括温、湿度与微正压的控制，冷冻站、空压站、纯水与气体的净化站以及自动灭火设施等的控制。

2. 当厂区外输入的高压电源为35kV时，一般须在厂区内单独设置变配电所，然后将10kV分送给各厂房的终端变电所。

洁净厂房内是否需要设置单独使用的终端变电所，应根据全厂的供电方案、洁净厂房规模大小及用电负荷多少加以确定。当由其他厂房的终端变电站向洁净厂房供电时，应视负荷大小确定是否在洁净厂房内设置低压配电室。

3. 洁净厂房的终端变电站位置应在厂房的总体布置时统一考虑，使其尽量接近负荷中心，并设在洁净厂房的外围，以方便进线、出线和变压器的运输。变电站的朝向宜北向或东向，以避免日晒，同时宜朝向高压电源。当洁净厂房为多层时，变电站应设在底层。

4. 终端变电站的功能是将高压（10kV）变为低压（380V/220V）并进行电源分配。主要设备包括变压器、低压配电盘及操作开关等。建筑设计时通常划分为变压器室和低压配电室。估计每台1000kV的终端变电站需6m×7m房间，其中变压器室部分层高应在5m以上，配电室部分应在4.5m以上。

5. 动力配电箱是将来自低压配电室的电源分送给车间用电设备的枢纽，其体积不大，宽度一般不超过1m，高度一般不超过2m。厚度一般不超过0.5m，但设备较重，应落地放置。

6. 动力配电箱的布置应结合厂房情况决定。当洁净厂房设有钢筋混凝土板吊顶的技术夹层时，动力配电箱应设在技术夹层内，这时水平线施工很方便，并可根据用电设备的位置把配电箱布置在负荷中心，使线路尽量短直，减少线材与电耗。当洁净厂房设有不能上人的轻质吊顶或由于其他原因不能利用顶部夹层时，可将动力配电箱设在车间同层的夹墙或技术夹道内。这时线路上往往是将走在顶部技术夹层里的外线先向下引至配电箱，再从配电箱将支线通过埋地、技术下夹层或返回顶棚水平布线接至用电设备，增加了线路的长度和电耗，且线路不利于隐蔽。但由于配电箱布置在车间的同层，管理比较方便。

7. 照明配电箱是将来自低压配电室的电源分送给车间照明灯具的配电盘，其体积较小，宽度一般不超过0.7m，高度一般不超过1m，厚度一般不超过0.5m，且重量又不超过50kg，故通常挂墙固定。洁净厂房有技术上夹层时，照明配电箱应设在技术上夹层内。这时施工方便，配电箱易布置在接近负荷中心，水平布线简短，利于隐蔽。当洁净厂房无上夹层且顶棚内又不能布置照明配电箱时，或当车间面积大，须从箱内直接控制大面积灯具开关时，可将照明配电箱安放在车间同层的夹墙或技术夹道内。

8. 洁净厂房的事故照明，又称应急照明。由于洁净厂房一般是密闭厂房，室内人员流动路线复杂，出入道路迂回，为便于事故情况下人员的迅速疏散及火灾时能救灾灭火，所以洁净厂房应设置供人员疏散用的事故照明，在房间的应急安全出口和疏散用通道转角处应设置标志灯，疏散用通道的标志灯还须按照要求用穿管暗埋导线敷设在地面以上的0.8m部位，在专用消防口应设置红色应急照明灯。

9. 洁净厂房的自动控制室的位置应靠近须控制的设备、车间或者有关站房等。自动控制室内主要布置落地式控制盘。单一的落地式控制盘的宽度为1.1m左右，厚度为0.99m左右，高度为2.1m左右。按盘前操作距离2m，盘后维修距离1m考虑，单一的控制盘所需控制室的平面进深尺寸不宜小于4m，宽度视盘的数量而定，高度不低于3.5m。房间应保持洁净。

10. 火警值班室是在接收报警器发出的信号后对外联络，对内操作灭火系统（消防系统、事故照明及控制风、水、电等系统的切断与启动）场所，应有单独的出入口，厂房规模不大时，可与生产值班室合并。

第四节　对照明、给排水、消防等专业的要求

由于洁净厂房大多采用高单层、大跨度和无窗、少窗的设计，因而要求全面照明，室内照明度根据不同工作室的要求而定。

照明灯具在吊顶上时布置要同风口、工艺安装相协调，这三部分在吊顶上的开口都不是可以任意安排的。如照明除要均匀布局外，还要注意工艺设备布置和操作需要以及需让开风口等。因此在施工图进行过程中需专门对风口布置图、照明布置图以及工艺布置图及土建吊顶图做一总的协调。

在各间设置开关时，B级区域内尽量不设置开关，需要时以设在缓冲区内。

在洁净厂房中排水也是一个相当重要的问题，安排不好将会影响和污染洁净室。排水管不应穿过洁净间，所以给水排水管道应布置在技术夹层及管井内。因吊顶高度有限，而排水管又需一定坡度，因此如何走好下水管道是个关键问题，这将影响到各区域的清洁工作。

一般说A级、B级区域内不宜设地漏，若特殊需要可以设加盖地漏和水封装置。如B级结晶干燥间，地面往往容易沾有粗晶，为了清洗方便而设置有盖地漏，此种地漏为特殊需要而加工制造，一般没有定型产品，在国外有专门清洁工具来排除B级区域内的洗地面水。

另外，消火栓位置的安排也需慎重考虑，除了要符合消防规范外，尚需考虑所在位置上下水管道进出方便，并且适宜埋暗管敷设。

由于制剂车间内有不同级别的洁净区，而不同洁净区之间需要相互联系工作，因此一般需设置电话，并视洁净区大小和岗位来决定设置台数。

按GMP规定洁净室内应设报警装置，发生火灾危险时发出报警信号。除了一些共同的原因外，洁净厂房造价高，洁净室内工作人员少，一旦发生火警时将会造成较大损失。灭火装置可按投资情况选自动或非自动灭火，有烟雾和温升二种，一般说在洁净区内宜用温升，因洁净区的温度是恒定的，当温度大于规定温度时自动喷水。非自动灭火即为温度上升时将信号送至一指定地点，温度为80℃。按洁净厂房设计规定，在发出火警时应切断送风机电源，因为洁净室有较

大的换气次数，否则将会使火焰蔓延，此点很重要。

在条件许可下仓库也应设置火灾报警装置或自动喷淋灭火装置，因为制剂厂的仓库内包装材料如纸盒、纸箱特多，均为易燃物品。仓库面积大、空间高，所以除采用烟雾自动报警外，信号还应连接到值班室。

第五节 工艺与土建、通风的关系

制剂工艺与土建之关系比其他工艺与土建关系更为密切，在布置时要与土建、通风等专业进行密切配合和综合考虑。

工艺流程和工艺设备选定后既要满足工艺流程的条件又要照顾到土建上平立面的安排，如大门、安全门、楼梯间、卫生间以及制剂厂房独特的管井位置。

由于洁净厂房要求各房间能不暴露的物体尽量不暴露布置，而需暴露的物体要做到外表光滑、便于清洗，因此管道（包括工艺、通风和电缆桥架等）尽量敷设在吊顶内。

首先工艺与暖风专业在布置前要先相互协商，在布置中尚需不断加强联系，最后在施工图完成后统一对图（工艺、暖风、电力照明及吊顶图）。否则吊顶内管道就可能相碰，造成施工时的困难和修改。在管线协调和施工过程中都以风管为主。

制剂厂洁净室空调送回风形式有：顶送顶回，顶送下回，顶送侧回等。送回风形式也同样牵涉到工艺布局和土建平面布置。如送回风形式为顶送侧回时，则洁净间需设置回风墙。如粉针分装线一条或两条分装线平行布置时，则可以两面设置回风墙，若三条分装线平行设置时，则在布置和处理上显得比较复杂。另外回风墙的设置也有几种安排：若回风墙设在洁净间内则增加了洁净面积，从而增加了空调风量。反之，若回风墙设在洁净间外侧则又加大走廊，这些都需根据各厂具体情况具体布置，应从生产和管理方便的角度进行布置。因此工艺、土建、暖风三个专业关系特别密切，这三个专业渗透得越好、越深，则项目设计越好、越顺利；反之，会对今后施工和管理带来不少弊病。因此对一个好的设计人员要求专业知识面广，在考虑本专业设计时能同时考虑其他专业的需要，这样的设计进度快，施工和管理都方便。

第六节 无菌压缩空气、无菌衣处理、消毒

在洁净厂房的设计中，无菌压缩空气、无菌衣处理、室内及器具、管道的消毒等一系列辅助工艺是极其重要的，是保证贯彻 GMP 要求的重要一环。因为作为 GMP 的基本出发点，不仅是最终产品化验合格，而是在产品的制造全过程中，没有异物混入和混批的可能，并经过最终产品的分析化验合格才能够说是好的质量，最终产品化验合格不能说明这一批产品是好的质量，因为所有有关条件如原材料、空气、水、人的因素、卫生条件、厂房设施、工艺操作等条件若不完

备、不严密则有可能在成品中混入杂质或混批，而仅仅对成品抽验不一定能化验出来。要赶超世界水平一定要在各方面符合 GMP 规定，因此无菌压缩空气、无菌衣处理、管道、设备消毒以及维修等都非常重要，都是保证产品质量的重要环节。

所有需蒸汽消毒的管道和设备都需用高纯度蒸汽，可采用灭菌用的蒸汽发生器和多效蒸馏机制备，目前国内一般采用后者。美国 FDA 在 GMP 中规定针剂灭菌用蒸汽必须是无热原的高纯蒸汽。

压缩空气供成品无菌过滤、化验和仪表等用。其流程如下：

(1) 空气→空压机→冷冻干燥（4℃）→无菌过滤器→使用点前微孔薄膜过滤。

(2) 空气→空压机→后冷却器→接受槽→预过滤器→活性矾土过滤器→活性炭吸附器→后滤器→无菌过滤器→使用点前微孔薄膜过滤器。

流程中采用无油空压机和冷冻干燥器，不需要干燥剂、吸附剂。

洁净室的清扫工作不仅需要认真地选择清扫工具，而且对洁净室清扫工具要有专门地方洗涤和贮存。清扫工具应在干燥情况下贮存在洁净室的固定地方，并要指定为这个洁净室内的专用工具。

对设备表面的清洗与消毒是重要的，而清洗用水质相当重要，用好的水可以减少污染。各种器具均应清洗、烘干、消毒后保存。而任何与产品接触的设备和零件，尤其对不易被直接看到和拆下的部件更应彻底清洗，因为这都是化学、微生物污染的来源。

图 2-6-1 为某洗衣房布置图。无菌工作服的精洗间设在一般生产区，而消毒设在 C 级区域，整理处局部 A 级，并尽可能靠近人净卫生通道以减少污染。

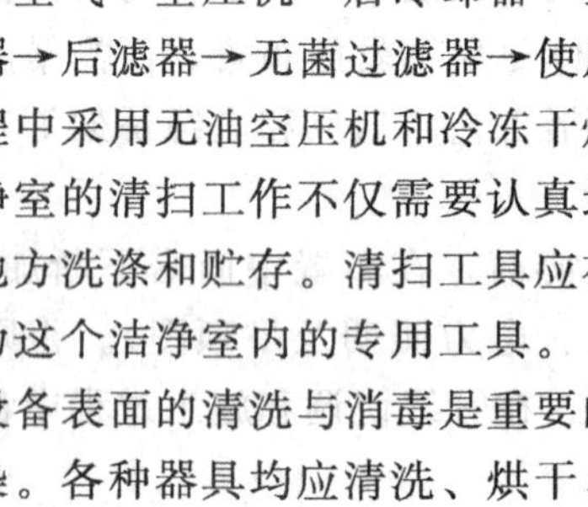

图 2-6-1 洗衣房布置

1—消毒工具存放；2—工器具消毒器；3—滚筒式洗衣机；4—工作台（塑面板）；5—洗涤池；6—无菌衣贮存柜；7—无菌消毒器；8—塑料薄膜围挡层流整衣区

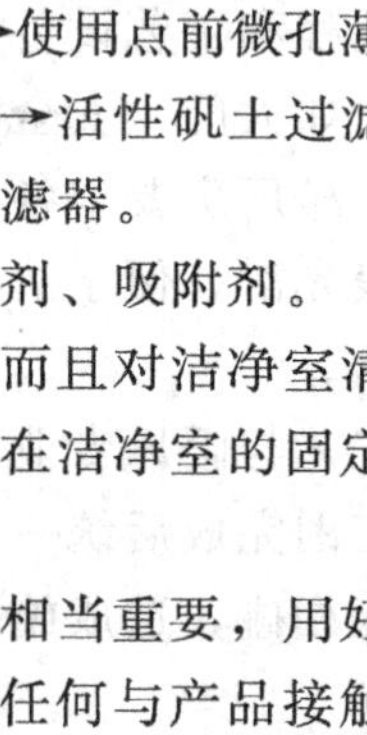

图 2-6-2 更衣柜布置

也有将整理、消毒都设在 C 级区域，可将无菌衣直接存入更衣柜，而更衣柜设计双开门，这样可以减少输送步骤，如图 2-6-2 所示。

由于洁净室中的灰尘来源于建筑物的占5%；来源于通风换气的占15%，来源于人的占80%。为了减少人的因素带入的灰尘，故对工作服的要求也就特别慎重。无菌衣应采用无纤维脱落的尼龙制品或绸制品，这二种服装的消毒方法也不一样。国外药厂不同区的服装颜色也不一样，以利管理。据国外资料介绍，当一个人坐在操作台上工作时，每人平均产尘量约10万颗粒/min，当工作紧张时，颗粒数将增至100万颗粒/min，粒度为0.3μm或更大些。

针对这些易于散发在周围环境中的人的灰尘，要靠严格的洁净服来解决。帽子、衣服、口罩、手套、鞋的穿戴也就特别重要。除了要教育工人严格按规定程序穿戴外，还要对工作服的形式认真研究和管理。

无菌室内的消毒，过去采用安装紫外灯，但紫外灯灭菌力随时间增加而减退。现在随着空调的发展，室内保证一定的换气次数和经初、中、高效过滤器过滤的空气，因此目前在设计中大面积洁净区不安装紫外灯，仅在传递柜等特殊需要处安装。在每次大检修后，一般均通甲醛蒸汽消毒B级区域（国外也有采用其他消毒液），通过专门管路到需消毒房间，消毒后经氨气中和，再开排风机。

第七章　防火、安全、工业卫生和节能

第一节　车间的防火

由于药厂制剂车间属有洁净度要求的厂房，因此在建筑设计上均考虑密闭(包括无窗厂房或有窗密闭操作的厂房)、空调等，洁净厂房的布置与构造上有很多不利于防火的因素，如工艺方面经常使用有机溶液，并布置大量贵重设备，一旦发生火灾造成的损失极大，所以更应考虑重视防火和安全问题。

一、洁净厂房的特点

(1) 车间内部的空间封闭，围护结构气密，相当数量的车间无窗，有局部外窗也为双层密封窗，不可开启，保温材料和室内装修材料大量使用高分子合成材料，火灾发生后，燃烧中会产生大量毒气和浓烟，对于疏散和扑救极为不利。同时由于热量无处泄漏，火源的热辐射经四壁反射，室内迅速升温，使室内各部位材料缩短达到燃点的时间。当厂房为无窗厂房时，一旦发生火灾不易被外界发现，故消防问题更显突出。

(2) 车间平面布置曲折，洁净区对外的总出入口少，增加了疏散路线上的障碍，延长了安全疏散的距离和时间，给人员疏散造成了困难。

(3) 空调风管密布，若干洁净室通过风管彼此相通，火灾发生时，特别是火灾刚起尚未发现而仍继续送回风时，风管将成为火及烟的主要扩散通道。

二、防火要求

车间防火要求总的应满足国家《建筑设计防火规范》及《医药工业洁净厂房设计规范》的有关条文要求。设计时应根据两个规范和工程的特点采取措施，为防止起火、延烧与便利疏散和扑救创造条件。

根据上述洁净厂房的特点，结合有关防火规范，重点提出下列注意事项及措施。

(1) 车间厂房的耐火等级不应低于二级，一般钢筋混凝土框架结构均能满足二级耐火等级的构造要求。

(2) 甲乙类生产的洁净厂房，宜采用单层厂房，其防火墙间最大允许占地面积，单层厂房应为3000m^2，多层厂房应为2000m^2。丙类生产的洁净厂房，其防火墙间最大允许占地面积，单层厂房应为7000m^2，多层厂房应为4000m^2。

(3) 为了防止火灾的蔓延，故在一个防火区内的综合性厂房，其洁净生产与一般生产区域之间应设置非燃烧体隔墙封闭到顶。穿过隔墙的管线周围空隙应采用非燃烧材料紧密填塞。

(4) 电气井及管道井等技术竖井的井壁应为非燃烧体，其耐火极限不应低于1h，几厘米厚砖墙可满足要求。井壁上检查门的耐火极限不应低于0.6h。竖井内在各层或间隔一层楼板处，应采用相当于楼板耐火极限的非燃烧体作水平防火分隔。穿过井壁的管线周围应采用非燃烧材料紧密填塞。

(5) 由于火灾时燃烧物分解的大量灼热气体在室内形成向上的高温气床，紧贴屋内上层结构流动。火焰随气流方向流动、扩散、引燃，因此提高顶棚燃烧性能有利于延缓顶棚燃烧、倒塌或向外蔓延。目前能适合于防火规范要求的顶棚材料除钢筋混凝土硬吊顶外，还有一些轻质吊顶的构造亦可满足要求，如格栅钢丝网抹灰平顶及轻钢龙骨纸面石膏板吊顶。其耐火极限不宜小于0.25h。

(6) 洁净厂房每一生产层,每一防火分区或每一洁净区段的安全出口均不应少于2个。安全出口应分散均匀布置,从生产地点至安全出口(指外部出口或楼梯)不得经过曲折的人员净化路线,厂房内由最远工作地点至安全出口的最大距离不应大于表2-7-1所述。

表 2-7-1 厂房内由最远工作地点至安全出口的最大距离

生产类别	耐火等级	单层厂房/m	多层厂房/m
甲	一、二级	30	25
乙	一、三级	75	50
丁、戊	一、二级	不限	不限

(7) 无窗厂房应在适当部位设门或窗，以备消防人员进入。当门窗口间距大于80m时，则应在该段外墙的适当部位设置专用消防口，其宽度不应小于0.75m，高度不应小于1.8m，并有明显标志。

(8) 高效过滤器及其送风口，在国内现有的产品中，采用金属外框的无隔板高效过滤器和有铝隔板的高效过滤器较能适应建筑防火要求。但风口防火性能还要决定于高效过滤器的安装骨架、密封方式和静压箱类型。一般情况下除密封材料外，安装骨架和静压箱体应为非燃烧体，否则就须把送风静压箱外壁当作防火隔断物考虑。例如利用建筑物的钢筋混凝土楼板或砖墙作为静压箱的外壁，配合管道的防火阀门，才能达到燃烧性能与耐火极限的要求，把本不符合防火要求的风口式顶棚或墙壁变成室内构件。总风管穿过楼板和防火墙处，必须设置借温感或烟感装置动作而自行关闭的防火阀；穿孔洞要做严格的防火密封处理，防火分隔物两侧2m范围内的管道及保温材料等覆盖物应为非燃烧体；风管保温材料、消声材料及黏结材料，应用非燃烧材料或难燃烧材料。洁净厂房的防爆与排烟，目前尚未成熟经验可循。

(9) 洁净厂房的内部装修和风管及其保温材料应为非燃烧体。

(10) 对于局部排风系统，凡介质混合后可产生或加剧腐蚀性、毒性、燃烧爆炸危险的，应单独设置，并采取防火、防爆措施。

三、建筑材料的防火性能及选用

洁净厂房内部空间封闭，交通路线迂回曲折，建筑门窗密闭，出入口数量较少，生产本身又存在多种引起火灾的危险因素，若一旦发生火灾，由于空间封闭，升温极快，在设计上除了需要更多考虑平面布局、出入口数量、防火分区、火灾报警、灭火系统等因素之外，洁净室内部的建筑材料尽量选用非燃或难燃材料，使建筑具有更好的防火性能。下面列举几种隔墙及顶棚的燃烧性能与耐火极限（表 2-7-2，表 2-7-3）。

表 2-7-2　几种隔墙的燃烧性能与耐火极限

构 造 类 型	构造厚度/cm	耐火极限/h	燃烧性能
钢制板面内填聚苯乙烯	0.1+0.8+0.1	0.1	非燃烧体
轻钢龙骨外钉石膏板	板厚 1.2	0.5	非燃烧体
轻钢龙骨纸面石膏板	1.0+9(空气层填矿棉毡)+1.0	1.0	非燃烧体
轻钢龙骨外钉石膏板(中填岩棉)	1.2+9(空气层填矿棉毡)+1.2	1.2	非燃烧体

表 2-7-3　几种顶棚的燃烧性能与耐火极限

构 造 类 型	构造厚度/cm	耐火极限/h	燃烧性能
轻钢龙骨双层板	石膏板每层厚 1.0	0.30	非燃烧体
轻钢龙骨石膏板，石棉水泥板各一层	石膏板厚 1.0 进口水泥板厚 0.3	0.30	非燃烧体
钢吊顶格栅，钢丝网抹灰钉石膏板	1	0.30	非燃烧体

按《医药工业洁净厂房设计规范》的要求，洁净厂房的耐火等级不应低于二级，吊顶材料应为非燃烧体或难燃烧体（二级），其耐火极限不宜小于 0.25h，隔墙材料应为非燃烧体，其耐火极限应大于 0.5h。当隔墙材料使用耐火极限为 0.5h 的难燃烧体时，整个厂房的耐火极限就降为三级。

第二节　车间防静电

一、静电的产生

静电现象是指物体中正（+）或负（-）的电荷过剩，主要是两个物体接触和分离所引起的。在摩擦、剥离、按压、拉伸、弯曲、破碎、滚转或喷出等情况下，两个物体之间距离为一个分子距离时，分界面上就会产生电荷移动，使正电荷相对排列，形成双电层（偶电层），当两个物体分离时，两个界面上就会带不同极性的等量电荷。在静电产生过程中，如果材料的电导率大并且接地，即使产生了静电也会迅速向大地泄漏而消失，不会积累电荷。但如果材料的电导率小，一部分电荷没能及时消失而积累，物体就呈带电状态。非导体电导率越小就越容易带电，并且随静电电荷的不断产生而积累。目前洁净室所用装修材料大部分为静电的非导体，如醇酸树脂、环氧树脂、尼龙聚氯乙烯、聚苯乙烯等。物体带静电后，产生力学、放电和感应三方面物理现象。静电的主要危害表现为：在生产上影响效率和成品率，在卫生上涉及个人劳动保护，安全上可能引起火灾、爆炸等事故。

二、静电的消除

洁净室静电去除应从消除起电的原因、降低起电的程度和防止积聚的静电对器件的放电等方面入手综合解决。

1. 消除起电原因

消除起电原因最有效的方法之一是采用高电导率的材料来制作洁净室的地坪、各种面层和操作人员的衣鞋。比电阻小于 $10^5\Omega\cdot m$ 的材料实际上是不会起电的。

为了使人体服装的静电尽快地通过鞋及工作地面泄漏于大地，工作地面的导电性起着很重要的作用，因此对地面抗静电性能提出一定要求。抗静电地板主要技术指标：表面电阻值在 $10^6\sim10^8\Omega$ 之间，半衰期小于 0.12s，起电电压［(21±1.5)℃，相对湿度 30%］≤2500V。必须指出，抗静电地板对静电来说是良导体，而对 200V、380V 交流工频电压则是绝缘体。这样既可以让静电泄漏，又可在人体不慎误触 220V、380V 电源时，保证人身安全。

为了保证安全，对各类工作环境的地面的泄漏电阻也提出了一定要求，详见表 2-7-4，表 2-7-5。

表 2-7-4　工作环境与工作地面的泄漏电阻

工　作　环　境	泄漏电阻/Ω	备　　注
有可能产生爆炸和火灾的危险场所	10^8 以下	处理可燃性气体和溶剂的工序等
有可能产生静电电击的场所	10^{10} 以下	粉体的装袋工序等
有可能产生生产故障的场所	10^{11} 以下	计算机室,半导体处理场所

表 2-7-5　各种地面的泄漏电阻

地面材料名称	泄漏电阻/Ω	地面材料名称	泄漏电阻/Ω
导电性水磨石	$10^5\sim10^7$	一般涂料地面	$10^6\sim10^{12}$
导电性橡胶贴面	$10^4\sim10^8$	橡胶(贴面)	$10^9\sim10^{12}$
石	$10^4\sim10^9$	木,木胶合板	$10^{10}\sim10^{13}$
混凝土(干燥)	$10^5\sim10^{10}$	沥青	$10^{11}\sim10^{13}$
导电性聚氯乙烯	$10^7\sim10^{11}$	聚氯乙烯(贴石)	$10^{13}\sim10^{15}$

洁净室的饰面材料应采用低带电性材料，即要求导电性能较好的饰面材料，并设置可靠的接地措施。防静电接地装置的电阻值以 100Ω 为合适，采用导电橡胶或导电涂料时，与接地装置接触面积不小于 $10cm^2$。静电接地必须连接牢固，

有足够的机械强度。

洁净室的非金属地面材料中掺入乙炔炭黑粉或者铜、铝等粉屑或针状物，以增大地面的电导率。此外，为提高非金属固体材料面层的导电性，可将表面活性剂涂覆在树脂材料的表面，也可掺入树脂中，构成掺表面活性剂的地面。

2. 减小起电程度

加速电荷的漏泄以减小起电程度可通过各种物理和化学方法来实现。

(1) 物理方法　接地是消除静电的一种有效方法。这种方法简单、可靠，不需要很大的费用，接地必须符合安全技术规程的要求。接地既可以将物体直接与地相接，也可以通过一定的电阻与地相接，直接接地法用于设备、插座板、夹具等导电部分的接地，对此需用金属导体以保证与地可靠接触。当不能直接接地时，就采用物体的静电接地，即物体内外表面上任意一点对接地回路之间的电阻不超过 $10^7\Omega$，则这一物体可以认为是静电接地。

(2) 调节湿度法　控制生产车间的相对湿度在40%～60%之间，可以有效地降低起电程度，减少静电发生。提高相对湿度可以使衣服纤维材料的起电性能降低，研究表明，当相对湿度超过65%时，材料中所含的水分足以保证积聚的电荷全部漏泄掉。其他介质的表面电导率也随湿度提高而提高。不过应注意过高的相对湿度将对产品质量产生不良的影响。

此外，在可能条件下还可将工艺设备、材料、工具、容器等改用导体，以及从消除人体带电着眼，改善工作服和工作鞋的导电性等方法，都可作为减小起电程度的措施。

(3) 化学方法　化学处理是减少电气材料上产生静电的有效方法之一。它是在材料的表面涂覆特殊的表面膜层和采用抗静电物质。例如，利用化学处理，在地坪和工作台介质面层的表面上以及设备和各种夹具的介质部分上涂覆一层比电阻小于 $10^5\Omega\cdot m$ 暂时性的或永久性的表面膜。这种导电膜既可涂在整个介质表面，也可涂在其局部地方。为了保证电荷可靠地从介质膜上漏泄掉，必须保证导电膜与接地金属导线之间具有可靠的电接触。

第三节　车间卫生

一、负离子的作用及其发生

大气中的离子可分为轻离子、中离子和重离子三类。轻离子是带有一个电荷，而由若干个中性气体分子组成的集合物。带正电荷的轻离子称正离子，带负电荷的轻离子称为负离子。中离子是包含有100个左右气体分子的很小的带电微粒。重离子是比轻离子约大1000倍的带电颗粒。

近代医学研究表明，负离子对人体有良好的生理作用，可以降低血压，抑制哮喘，对神经系统有镇静作用，并能促进疲劳的消除。但正离子几乎具有相反的作用。

轻离子的寿命只有几分钟。在大气中，由于空气污染，往往缺少轻离子。同时，在空气加热、冷却和过滤过程中，轻离子与金属表面接触后很快消失。因此洁净室内轻离子要比室外少得多。

为了改善卫生条件，在洁净室内应人工发生轻负离子。发生轻负离子的方法有电晕放电、紫外线照射或利用放射性物质使空气电离，较有效的方法是电晕放电法。

二、消声与减振

噪声的发生源很多，就工业噪声来说，主要有空气动力性噪声、机械性噪声、电磁性噪声三种。空调工程中主要的噪声源是通风机、制冷机、机械通风冷却塔等。通风机噪声由风道传入室内，设备的振动和噪声也可能通过建筑结构传入室内。由于洁净厂房室内的噪声有一定要求，净化空调系统除满足洁净度、温湿度要求外，还应具备控制噪声的措施，其中重要的手段之一就是通风系统的消声和设备的减振。

《医药工业洁净厂房设计规范》中要求，洁净室内的噪声级应符合下列要求：动态测试时，室内的噪声级不应超过 75dBA；空态测试时，乱流洁净室不宜大于 60dBA；层流洁净室不宜大于 65dBA。此外洁净室的噪声频谱限制，应采用倍频程声压级；各频带声压级值不宜大于表 2-7-6 数值。

表 2-7-6　噪声频谱限制值

洁净室分类 \ 低频程声压级/dBA		中心频率/Hz							
		63	125	250	500	1000	2000	4000	8000
空态	乱流	79	70	63	58	55	52	50	40
	层流	83	74	86	63	60	57	55	54
动态		87	78	72	68	65	62	60	59

空调系统的主要噪声源是通风机，其主要噪声处于低频范围内，大约为 200～800Hz。通风机的噪声大小，通常用声功率级表示。该数值由风机制造厂提供，当缺少这项资料时，在工程设计中最好能对所用风机的声功率级和频带声功率级进行实测，也可按下述比较简单的方法来估算其声功率级。

当已知风机的风量和风压时，可用下式进行估算（与实测的误差在±4dB 内）：

$$L_w = 5 + 10\lg L + 20\lg H \quad (dB)$$

式中　L——通风机的风量，m^3/h；

H——通风机的风压（全压），Pa。

如果已知风机的功率 N（kW）和风压 H（Pa），则可用下式进行估算：

$$L_w = 67 + 10\lg N + 10\lg H \quad (dB)$$

上述风机声功率的计算值是指风机在额定功率范围内工作时的情况，如果风机在低功率下工作，则产生的噪声远比计算值为大。

净化空调系统根据室内噪声级的要求，风管内风速宜按下列规定选用：

总风管为 6～10m/s；

无送、回风口的支风管为 6～8m/s；

有送、回风口的支风管为 3～6m/s。

按照上述风速进行设计，可以不必计算空调系统中的气流噪声。此外，送回风口的风速也应加以限制，以控制风口噪声。

了解了声源的大小和室内允许标准后，不必马上考虑用消声器来补偿它们之间的差值，因为在空气输送过程中还有自然衰减的作用存在，只有在自然衰减不能满足消声要求时才考虑设置消声器。有时在实际工程中也有不去计算和考虑自然衰减量的，这样做使消声器的设计更为安全可靠。

消声器是控制空气动力性噪声的主要方法，它是一种阻止声音传播而又允许气流通过的装置。把消声器装在空气动力设备的气流通道上，可以使该设备的噪声得到降低。

好的消声器应当是消声量大、空气动力性能好（阻力损失小）、结构性能好（坚固耐用、使用寿命长、体积小），这三者是缺一不可的。而对于净化空调系统来说，还要不积尘、不产尘。

消声器的形式很多，主要有阻性消声器、抗性消声器、阻抗复合消声器和微穿孔板消声器。

阻性消声器是利用吸声材料消耗声能降低噪声的。其优点是能在中、高频范围内消声，特别对刺耳的高频噪声有突出的消声作用。其缺点是在高温水蒸气以及对吸声材料有侵蚀作用的气体中，使用寿命短（个别不怕侵蚀的吸声材料例外），对低频噪声消声效果差，常见的阻性消声器有管式消声器和片式及格式消声器等。

抗性消声器是利用共振器、扩张室、穿孔屏一类滤波元件消耗声能降低噪声的。其优点是对低、中频有良好的消声性能，构造简单，不受高温和腐蚀性气体的影响；其缺点是消声频带窄，断面比大，空气阻力大且占用空间多。常见的抗性消声器有共振式消声器和膨胀式消声器等。

阻抗复合消声器是由对低、中频有效的抗性消声器和对中、高频有效的阻性消声器综合制作而成的，从而在一个宽阔的频率范围内都能得到良好的消声效果。其形式有扩张室-阻抗复合消声器、共振腔-阻抗复合消声器、穿孔屏-阻抗复合消声器等多种。

微穿孔板消声器是一种新型消声器。铝板制作的这种消声器，不仅消声效果好，而且空气动力性能好，阻力损失小，不怕油雾和水蒸气，能耐高温。目前洁净厂房的送回风系统多采用这种消声器。

关于设备的防振问题，前已述及，通风机的噪声除了通过风管传入室内外，其振动还可直接传给基础，并以弹性波的形式从设备基础沿房屋结构传到房间去，又以噪声形式出现，被称为固体声。

目前，削弱由设备传给基础的振动，是采用消除它们之间的刚性连接来达到的。通风机水泵基础多用弹簧或橡胶减振器，风机进出口采用帆布接头，水泵进出口采用可曲挠合成橡胶接头。此外，为了防止振动由风道和水管等传递出去，在管道吊卡、穿墙处均应做防振处理。

三、有害气体的排放标准及处理方法

根据对人体的危害程度，并考虑到我国现实情况，国家对有害物质的排放标准做了规定，见《中华人民共和国污水综合排放标准》（GB 8978—96）和《中华人民共和国大气污染物综合排放标准》（GB 16297—96）。

有害气体的净化处理方法主要有以下四种。

（1）燃烧法　通过燃烧烧毁废气中有毒的成分，最终生成二氧化碳和水蒸气。燃烧后不能回收废气中原来含有的物质，但可根据条件回收燃烧氧化过程中产生的热量。

（2）冷凝法　液体受热蒸发产生的有害蒸气（如铬酸蒸气）可通过冷凝使其从废气中分离。这种方法净化的效率低，仅适用于高浓度有害蒸气。

（3）吸附法　废气与多孔性固体（吸附剂）接触，其中的污染物（吸附质）被吸附在固体表面而从气流中分离出来。这种方法主要适用于废气中低浓度的有害物质。

（4）吸收法　利用适当的液体吸收剂处理废气，以除去其中的一种或几种有害物，这是净化低浓度气态污染物最常用的方法。可用于净化含有 SO_2、NO_x、HF、SiF_4、HCl、Cl_2、NH_3、汞蒸气、酸雾、沥青烟和多种组分有机物蒸气的废气。常用的吸收剂有水、碱性溶液、酸性溶液、氧化剂溶液和有机溶剂。

几种净化方法的应用范围，见表 2-7-7。设计时应注意：通风系统总干管应设置风量调节阀和测定孔；设计风量不得超过额定风量；排气筒高度应高出其周围一定范围内最高建筑物的 2～4m。

表 2-7-7　几种净化方法的应用范围

净化方法	适用气体种类	浓度范围	温度范围
燃烧法	有机气体及恶臭等	几百～几千 ppm	100℃以上
冷凝法	有机蒸气	1000ppm 以上	常温以下
吸收法	无机气体及部分有机气体	几百～几千 ppm	常温
吸附法	绝大多数有机气体和大多数无机气体	300ppm 以下	38℃以下

注：$ppm=10^{-6}$。

第四节　车间节能

随着净化空调工程的日益增多，能量消耗也越来越大，必须寻求各种途径做

好节能工作，使百元产值的能量消耗降到最低程度。为此，应考虑如下问题。

1. 严格控制洁净室的面积及洁净度等级，特别是高级别洁净室面积

这从下面的比较中可以明显看出是非常必要的。当洁净度等级不同，所消耗的电能各异。当洁净室的送风量只是按洁净度要求而设计时，则通风机的相对耗电量见表 2-7-8。

表 2-7-8　各级别洁净室的通风机相对耗电量

洁净度等级	换气次数/(次/h)	风机全压/Pa	相对用电量	洁净度等级	换气次数/(次/h)	风机全压/Pa	相对用电量
C	15	1471.5	1				
B	25	1471.5	1.7	100	360	1471.5	24

2. 合理选择空调、净化方案

空调方案包括制冷方案、热湿处理方案和送风方案，净化方案包括全室净化、局部净化、全室净化与局部净化的组合以及隧道式净化。这些都应根据工程的具体情况加以确定。一般地讲，溴化钾吸收式制冷可以大量节省电能；表面式冷却器处理空气的装置比较紧凑；集中式送风系统便于管理；局部净化加全室净化的方案更容易满足工艺的要求；特别是隧道式净化既满足了工艺对高洁净度环境的要求，又达到了节能的目的。

3. 设计时减少送风量

在洁净室设计时，减少送风量是实现节能的重要手段之一。A 级垂直层流洁净室断面风速不小于 0.25m/s；A 级水平层流洁净室断面风速不小于 0.35m/s；B 级洁净室换气次数不少于 25 次/h；C 级洁净室换气次数不少于 15 次/h。设计时层流洁净室的断面风速和乱流洁净室的换气次数不应取得过大，这样可以有效地降低能量消耗。

4. 减少局部排风量

为了有效地防止有害气体向室内扩散，必须将一切有害作业置于通风柜内进行。

5. 合理地降低排风速度

试验结果证实，通风柜的排风速度为 0.3m/s 时效果已较好，排风速度达 0.5m/s 时，效果是相当令人满意。

6. 改进通风柜的结构形式

通风柜的拉门要开启方便并可任意调节。拉门开启高度约为 0.5m，长度不宜超过 1.2m。

7. 合理地采用设备散热系数 β 值

在计算设备散热量时，设备散热系数 β 值采用得是否恰当是非常重要的。它关系到散热量的大小，进而影响到为消除余热所需通风量的大小。

8. 合理选择系统的运行方式

在严格控制洁净室面积和洁净度等级的基础上，选择合理的空调、净化方案是节能的关键环节。如果空调、净化方案本身就不合理，或不具备节能运行的环节，就根本谈不上节能或节能运行。因此，从设计角度就应为节能运行创造一定条件。

洁净室的工作班制多数是两班制，第三班往往还要考虑值班运行的问题。值班运行方式有以下几种。

(1) 净化空调系统正常运行；

(2) 几个净化空调系统共用一个值班系统；

(3) 每个净化空调系统皆设置值班风机。

9. 调节净化空调系统的送风量

假设洁净室面积为100m^2，层高为3m，正压风量为5次/h，值班送风量与正常运行送风量之比为相对送风量，见表2-7-9。由该表可以看出，洁净度等级越高，相对送风量就越小，节电也就越显著。而洁净室的面积越大，总的节电数量也就越多。

表 2-7-9 洁净室的相对送风量

洁净度等级	换气次数/(次/h)	正常送风量/(m^3/h)	值班送风量/(m^3/h)	相对送风量
A	360	108000	1500	1/72
B	25	7500	1500	1/5
C	15	4500	1500	1/3

10. 过渡季节增加新风量

一般空调系统在过渡季节都用增加新风量的方法节省冷冻机的耗电量。以往的净化空调设计，由于担心增加新风比会影响室内空气洁净度，故都采用新风比全年不变的方式。

根据计算和对工程实例的分析，如果能选择合适的预过滤器（粗效过滤器和中效过滤器），室内含尘浓度是能够保证的，同时增加新风比以后可以节约冷量而减少运行费用。因此在过渡季节增加新风比以达节能之目的是可行的。这方面需要在实践中逐步积累经验。

11. 系统运行中的再调整

有些净化空调系统的容量远比实际需要值大，其主要原因如下。

(1) 设计时为了适应工艺发展的需要，在设备容量上预留了一定的余量；

(2) 工艺设备负荷率低于设计值；

(3) 室内发尘量低于设计值；

(4) 实际冷负荷低于设计值；

(5) 局部排风量低于设计值；

(6) 系统阻力低于设计值。

对于净化空调系统，在运行过程中必须加强管理，经常了解系统运行情况，及时进行必要的调整，就能节省更多的能量。

12. 注意净化空调设备及通风管道的施工质量

一提到节能，人们往往立刻想到设计和运行两个环节，这是对的，但不全面。施工现场和已投入运行的净化空调系统以及设备生产现场，常常发现一些节能的薄弱环节。例如，装配式洁净室的壁板，聚苯乙烯泡沫塑料保温材料不能填满整个壁板；通风管道施工中不密封，保温材料脱落；已投入运行的集中式净化空调设备漏风量有的高达10%以上，如果再加上风管的漏风，即风管冷量的损失和洁净空气的损失，整个系统能量损耗将是相当可观的。因此，必须注意净化空调系统的设备加工质量和系统的施工质量，才能使节能工作有一个可靠的基础。

主要参考文献

1 中国石化集团上海工程有限公司．化工工艺设计手册（上、下）．第3版．北京：化学工业出版社，2003

2 时钧等．化学工程手册．第2版．北京：化学工业出版社，1996

3 中华人民共和国公安部．建筑设计防火规范．北京：中国计划出版社，1998（GBJ16-87，97版）

4 赵宗艾主编．药物制剂机械．北京：化学工业出版社，2003

5 药品监督管理局．药品生产质量管理规范（1998年修订）

6 药品监督管理局．药品生产质量管理规范（1998年修订）．附录

7 范碧亭等．中药药剂学．上海：上海科学技术出版社，1997

8 国家医药管理局．医药工业洁净厂房设计规范．北京．1996

9 李钧．药品实施与论证．北京：中国医药科技出版社，2001

10 陈敏恒等．化工原理．北京：化学工业出版社，1999

11 中国石化集团上海工程有限公司．医药工程设计．全国医药设计信息中心站．1994～2005

12 机械工业部．制冷空调设备产品样本．北京：机械工业出版社，1995

内 容 提 要

本书为2002年1月出版的《药物制剂生产专用设备及车间工艺设计》一书的修订版。书中结合药物制剂生产的工艺流程，论述制剂生产设备及制剂车间工艺设计要求，共两大篇九章。第一篇介绍口服固体制剂和液体灭菌制剂生产过程中涉及设备的基本构造和生产原理，同时还简要介绍一些生产过程中由设备故障引起的常见质量问题，相应的解决方法和简单的设备维修、保养知识。第二篇从“药品生产质量管理规范”和洁净车间要求出发，阐述制剂车间工艺设计的原则、程序和方法，并介绍辅助专业的设计要求。

本书在第一版的基础上，对压片设备、制药用水生产系统、多效蒸馏水机等部分内容进行了修订，并补充介绍了湿法制粒、干法制粒、中药浸膏喷雾干燥、高效包衣、水浴灭菌等新设备。

本书既可作为高等院校药物制剂专业和制药工程专业师生教学用书，也可作为从事药物制剂生产和研究、设计专业人员的参考用书。